Wärme- und Kälteschutz

in

Wissenschaft und Praxis

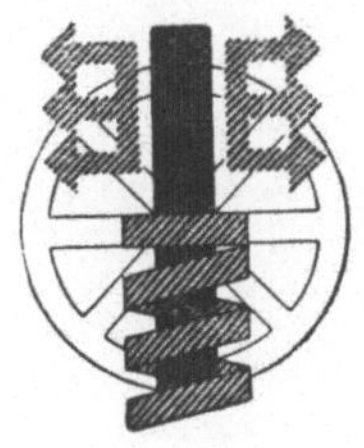

Deutsche Prioformwerke Bohlander & Co., G. m. b. H.
Köln/Rhein-Prioformhaus
1928

ISBN-13: 978-3-642-98912-4   e-ISBN-13: 978-3-642-99727-3
DOI: 10.1007/978-3-642-99727-3

M. DuMont Schauberg, Köln. 5118.

Vorwort.

Mit der Einführung von Veröffentlichungen aus unserem Arbeitsgebiet haben wir es übernommen, den interessierten technischen Kreisen all die Ergebnisse zu übermitteln, die unsere Tätigkeit zeitigte.

In dem Prioform-Handbuch, das 1925 zum ersten Male erschien, haben wir eine umfassende Zusammenstellung der zur Lösung aller betriebstechnischen Fragen notwendigen Angaben gebracht. Die außerordentliche Nachfrage und die vielen Anerkennungen haben gezeigt, daß dieses Werk seine Aufgabe in der denkbar umfassendsten Weise erfüllt hat.

Die Vielseitigkeit der in der Wärme- und Kälteschutztechnik verwendeten Stoffe, die großen Unterschiede zwischen den einzelnen Verfahren in dem mit ihnen erzielbaren Isoliereffekt, aber auch in den Anlagekosten, machen es heute dem Abnehmer einer Wärmeschutzanlage zur Notwendigkeit, die angebotenen Isolierungen einer eingehenden vergleichenden Prüfung zu unterziehen. Die bei einer solchen Prüfung sich ergebenden Gesichts - punkte haben wir in unserer Druckschrift **„Die Grundlagen für den Vergleich von Wärmeschutzangeboten"** (erschienen im April 1928) niedergelegt.

Auch zu der heute im Mittelpunkt des Wärmeschutzproblems stehenden Garantiefrage, auf deren Bedeutung wir schon frühzeitig immer wieder hingewiesen, haben wir, gestützt auf unsere langjährigen Erfahrungen, unsere Stellungnahme in einer besonderen Veröffentlichung **„Die technischrechtliche Bedeutung von Garantien für Wärmeschutzmittel"** (erschienen März 1928) näher gekennzeichnet.

Wenn wir heute mit einem neuen, die ganze **Wärme- und Kälteschutztechnik in Wissenschaft und Praxis** umfassenden Werk hervortreten, so erfüllen wir damit eine doppelte Aufgabe. Über den Rahmen unseres Handbuches hinaus geben wir einen tieferen Einblick in die theoretischen und wissenschaftlichen Erkenntnisse, die zur Lösung wärmeschutztechnischer Aufgaben erforderlich sind, und ebenso in die Methoden, nach denen man heute die Wärme- und Kälteschutzanlagen berechnen kann. Wir stützen uns dabei auf das umfassende Zahlenmaterial, das in unserem demnächst in neuer, wesentlich erweiterter Auflage erscheinenden Prioform-Handbuch zusammengestellt ist, so daß beide Werke den ganzen Stoff ergänzend und gemeinsam behandeln.

Darüber hinaus soll das Werk authentische wissenschaftliche Ergebnisse in der Untersuchung der speziell in der Wärme- und Kälteschutztechnik zur Verwendung gelangenden Stoffe und der mit diesen zur Anwendung kommenden Verfahren bringen. Dazu war es notwendig, den Stand der wissenschaftlichen und experimentellen Forschungen einem genauen Studium zu unterziehen.

Die Feststellungen, die in Wissenschaft und Praxis bis jetzt gemacht wurden, sind heute schon von so außerordentlicher Bedeutung, daß sie im Interesse der gesamten Industrie nicht übersehen werden dürfen. Wenn wir die Ergebnisse langjähriger Arbeiten in öffentlichen, privaten und wissenschaftlichen Instituten und diejenigen der Praxis heute zusammenfassend veröffentlichen, hoffen wir, in erster Linie dem Interesse unserer Kunden, der deutschen Industrie, zu dienen.

Köln, im Mai 1928.

Deutsche Prioform Werke

Bohlander & Co. G. m. b. H.

Inhaltsverzeichnis.

Buchstabenbezeichnung.

x, y	[m]	rechtwinkelig-geradlinige Koordinaten,
l	[m]	Länge,
d	[m]	Durchmesser, Wandstärke,
s	[m];[mm]	Isolierstärke,
F	[m²]	Fläche,
G	[kg]	Menge, Gewicht,
z	[h]	Zeit,
t	[⁰C]	Temperatur in der 100-Teilung, Nullpunkt = Eispunkt,
T	[⁰abs.]	Temperatur in der 100-Teilung, Nullpunkt = abs. Nullpunkt,
λ	$\left[\dfrac{\text{kcal}}{\text{m h Grad}}\right]$	Wärmeleitzahl,
a	$\left[\dfrac{\text{m}^2}{\text{h}}\right]$	Temperaturleitzahl $= \dfrac{\lambda}{R \cdot c}$,
α	$\left[\dfrac{\text{kcal}}{\text{m}^2 \text{ h Grad}}\right]$	Wärmeübergangszahl,
k	$\left[\dfrac{\text{kcal}}{\text{m}^2 \text{ h Grad}}\right]$	Wärmedurchgangszahl,
Λ	$\left[\dfrac{\text{kcal}}{\text{m}^2 \text{ h Grad}}\right]$	Wärmedurchlässigkeitszahl,
Q	[kcal]	Wärmemenge, strömend,
W	[kcal]	Wärmemenge, gespeichert,
ε	—	Wärmeersparniszahl,
R	$\left[\dfrac{\text{gr}}{\text{cm}^3}\right] ; \left[\dfrac{\text{kg}}{\text{m}^3}\right]$	Raumgewicht,
γ	$\left[\dfrac{\text{kg}}{\text{m}^3}\right]$	spezifisches Gewicht,
v	$\left[\dfrac{\text{m}^3}{\text{kg}}\right]$	spezifisches Volumen,
c	$\left[\dfrac{\text{kcal}}{\text{kg Grad}}\right]$	spezifische Wärme bei festen und flüssigen Körpern
c_p	$\left[\dfrac{\text{kcal}}{\text{kg Grad}}\right]$	spezifische Wärme bei Gasen (konst. Druck),

p	$\left[\dfrac{\mathrm{kg}}{\mathrm{m}^2}\right]$	Druck,
w	$\left[\dfrac{\mathrm{m}}{\mathrm{sec}}\right]$	Strömungsgeschwindigkeit,
η	$\left[\dfrac{\mathrm{kg\,h}}{\mathrm{m}^2}\right]$	Zähigkeit,
E	$\left[\dfrac{\mathrm{kcal}}{\mathrm{m}^2\mathrm{h}}\right]$	Emissionsvermögen einer Fläche,
A	—	Absorptionsvermögen.
C	$\left[\dfrac{\mathrm{kcal}}{\mathrm{m}^2\,\mathrm{h}\,\mathrm{Grad}^4}\right]$	Strahlungszahl,
π	—	Ludolfsche Zahl $= 3,1416$,
e	—	Basis des natürl. Logarithmensystems $= 2,718$,
ln	—	natürlicher Logarithmus.

Druckfehler-Berichtigung.

Seite 17. Gleichung (19) heißt: $\dfrac{E_I}{A_I} = \dfrac{E_{II}}{A_{II}}$

Seite 18. In der Zeichenerklärung zu Gleichung (21) muß es heißen: z = die Zeit in Stunden.

Seite 21. In der 7. Textzeile muß es heißen: senkrecht zu den Wänden.

Seite 22. In Gleichung (28b) heißt das 2. Glied der rechten Seite $\dfrac{d''}{\lambda''}$ statt $\dfrac{d'}{\lambda''}$

In Gleichung (30a) und (30b) ist zu setzen: $[C] \cdot [c]$ statt $[C] + [c]$.

Seite 26. Gleichung (31) muß lauten: $Q = k \cdot l \cdot \pi \cdot d_a \cdot z \, (t_1 - t_2)$ kcal.

Gleichung (32a) muß lauten:

$$k = \frac{1}{d_{aR}\left(\dfrac{1}{\alpha_{iR} \cdot d_{iR}} + \dfrac{1}{2\,\lambda_R} \cdot \ln \dfrac{d_{aR}}{d_{iR}} + \dfrac{1}{\alpha_{aR} \cdot d_{aR}}\right)}$$

Seite 27. Gleichung (32b) muß lauten: $k = \dfrac{1}{d_{aR}\left(\dfrac{1}{\alpha_{iR} \cdot d_{iR}} + \dfrac{1}{\alpha_{aR} \cdot d_{aR}}\right)}$

Seite 30. In beiden Textzeilen hinter Gleichung (35) ist Index i statt a zu setzen.

Seite 45. In Gleichung (65) muß die rechte Seite des Zählers heißen: $\left(\dfrac{T_i}{100}\right)^4 - \left(\dfrac{T_a}{100}\right)^4$

Seite 47. Zu Ziffer 3 ist zu bemerken, daß es sich um ein Annäherungsverfahren handelt.

Seite 70. In der 7. Zeile von oben muß es heißen: als Teil von K anstatt in % von K.

In dem Beispiel ist die Rohrtemperatur mit 200° C anstatt mit 300° C anzunehmen.

Seite 71. Absatz 3. In der 8. Textzeile muß es heißen: ....so wird sich immer das Minimum der Summenkurve bei der gleichen Isolierstärke ergeben.

Seite 72. Bei der Zahlenermittlung von f muß $t_i - t_a = 160°$ statt $140°$ eingesetzt werden, daher verschiebt sich im 𝔄-Diagramm (Abb. 12) die f · 𝔅-Linie etwas nach unten, so daß sich $s_w = 62$ mm ergibt.

In der letzten Zeile der Fußnote muß es heißen: Arbeitsgebiet der Deutschen Prioform Werke.

Einleitung.

Der erste Hauptsatz der Thermodynamik wendet das Prinzip von der Erhaltung der Energie auf solche Vorgänge an, bei denen Wärmeerscheinungen auftreten; Wärme und Arbeit sind gleichwertig.

1 kcal entspricht 427 mkg.

Die Kilogrammkalorie (Wärmeeinheit) ist diejenige Wärmemenge, durch die 1 kg Wasser bei Atmosphärendruck von $14,5^0$ auf $15,5^0$ erwärmt wird.

In fast allen technischen Arbeitsprozessen, in denen Energie in Form von Wärme benutzt wird, ist die äußere Umgebung ein Teil des zum Arbeitsprozeß herangezogenen Systems; sie kann als ein unendlich großer Behälter von unveränderlichem Druck und unveränderlicher Temperatur angesehen werden. Alle Wärmeverluste, die durch Wärmeabgabe an die Umgebung entstehen, sind Arbeitsverluste; sie bilden den nicht umkehrbaren Teil des Prozesses und können keine nutzbare Arbeit leisten.

Es gibt praktische Fälle in der Technik, wo dieser Wärmeaustausch mit der Umgebung erwünscht ist, z. B. bei der Kühlung eines Motorzylinders, der wegen der Unzulänglichkeit des Werkstoffes nicht über eine bestimmte Temperatur erhitzt werden darf; dabei erhöht man die Wärmeabgabe auf künstlichem Wege (Kühlrippen zur Erhöhung der wärmeabgebenden Fläche, Wasserkühlung). Die Fälle, in denen Wärme- und Kälteschutz angewendet wird, liegen umgekehrt. Die Wärmeverluste an die Umgebung sind unerwünscht und stellen einen Verlust an Energie dar, der zur Erreichung des günstigsten Arbeitsprozesses auf ein Mindestmaß zu beschränken ist.

Auch für die Kältetechnik gilt dieser Grundsatz; nur besteht hier die Arbeitsleistung darin, daß dem Energieträger Wärme entzogen wird. Das Temperaturgefälle zwischen dem Energieträger und der Umgebung verläuft umgekehrt. Als Maß der Energiemenge dient ebenfalls die Kilogrammkalorie, in diesem Falle auch Kälteeinheit genannt.

In allen Gebieten des täglichen Lebens, im besonderen in der industriellen Technik, spielt die Wärme eine hervorragende Rolle; sie ist eine Energieform, die seit langem zur Leistung von Arbeit herangezogen wurde. Ihre immer ausgedehntere Anwendung ist mit dem Entstehen und Emporwachsen industrieller Technik innig verknüpft. Überall, wo mit Wärme Arbeit geleistet wird, sind zweierlei Prozesse nötig: die Wärmeerzeugung und der Wärmeverbrauch; zwischen beiden stehen die Einrichtungen zum Transport der Wärme von der Erzeugungsanlage bis zu der Stelle, wo die Wärme verbraucht und in nutzbare Arbeit umgewandelt wird. Der wirtschaftliche Kernpunkt ist dabei der Wirkungsgrad; ihn durch Verringerung der nutzlosen Energieverluste an die Umgebung erhöhen zu helfen, ist die technische und volkswirtschaftliche Aufgabe eines Wärme- oder Kälteschutzes.

Die wissenschaftlichen Grundlagen der Wärme- und Kälteschutztechnik liegen in der Erforschung der physikalischen Gesetze der Wärmeübertragung begründet. Mathematische Überlegungen ermöglichen es, die Wirkung eines Wärme- oder Kälteschutzes im einzelnen Falle vorauszuberechnen. Die wissenschaftliche Forschung hat auch die Methoden geschaffen, mit denen die verwendeten Stoffe auf ihre Eignung und den Grad ihrer Leistung geprüft und beurteilt werden können. Die Wärmeschutzindustrie ist dadurch in die Lage versetzt worden, ihre Erzeugnisse einwandfrei zu bewerten und ihre Produktion nach einheitlichen Gesichtspunkten fortlaufend zu kontrollieren.

Die Methoden, mit denen die Wärmeschutzindustrie die ihr gestellten Aufgaben zu lösen bestrebt ist, sind mannigfaltig; ihre Beurteilung muß nach zwei Gesichtspunkten erfolgen. Die wissenschaftlichen Erkenntnisse haben gezeigt, daß der wärmeschutztechnische Effekt eines Stoffes in seiner physikalischen Struktur begründet liegt, und daß vornehmlich hier die Wege zur Verbesserung und Vervollkommnung gesucht werden müssen. Hand in Hand damit gehen die Erfahrungen in der technischen Anwendung, die die Bedingungen erkennen lassen, unter denen ein Wärmeschutz seine Funktion ausüben muß, und die in eindringlicher Weise gezeigt haben, wie notwendig es ist, Wärmeschutzstoffe zu schaffen, die einen höchstmöglichen Wirkungsgrad nicht nur einmal erreichen, sondern ihn auch ungeachtet der ungünstigsten Beanspruchungen der Praxis auf möglichst lange Zeit beibehalten. Man fordert mit Recht von einem Wärmeschutzmittel nicht nur höchste, sondern auch zeitlich unveränderliche Leistung, also Haltbarkeit. Die Haltbarkeit eines Wärmeschutzes ist nicht nur in seinem konstruktiven Aufbau, auch nicht allein in seiner physikalischen Struktur begründet, sondern gerade die grundlegenden Gesichtspunkte, unter denen sie beurteilt werden muß, sind in den chemischen Eigenschaften der verwendeten Grundstoffe zu suchen.

Die Leistung eines Wärmeschutzes bildet die Grundlage seiner Anwendung in technischer und wirtschaftlicher Beziehung. Ein Abnehmer einer Isolierung darf sich nicht damit begnügen, die Preiswürdigkeit und technische Eignung nach der ihm zugesicherten oder vielleicht garantierten Leistung zu entscheiden; er muß auch, wenn er sich vor Schaden bewahren will, prüfen, mit welchen Mitteln die Leistung erreicht werden soll. Grundlage eines jeden Angebotes sollten daher nicht nur die garantierte Leistung und der Preis sein, es muß auch eingehendste Aufklärung über den konstruktiven Aufbau, die physikalischen und chemischen Eigenschaften der Grundstoffe (Abgabe einer Analyse) gefordert werden. Nur so, gestützt auf eine durch wissenschaftliche Methoden aufgebaute Prüfung, kann es gelingen, Nachteile veralteter und Vorteile neuer Verfahren, und den Wert erreichter Verbesserungen zu erkennen, und die industrielle Praxis vor Fehlschlägen zu bewahren.

Der Aufbau eines Werkes, welches das große Gebiet der Wärme- und Kälteschutztechnik behandeln soll, ist nicht einfach; wissenschaftliche Forschung, Erfahrung der Praxis, technische und wirtschaftliche Gesichtspunkte greifen ineinander und erschweren eine strenge Aufteilung in einzelne Teilgebiete. Zur Vervollständigung muß daher in manchen Fällen auf verschiedene Abschnitte zurückgegriffen werden.

Zunächst werden die Gesetze der Wärmeübertragung vom naturwissenschaftlich-physikalischen Standpunkt erklärt, und Einblick in das Wesen der drei Einzelvorgänge: Wärmeleitung, Wärmeübergang und Wärmestrahlung gegeben. Der zweite Abschnitt behandelt die Methoden, nach denen die Berechnung der Wärme- und Kälteschutzanlagen vorgenommen werden; sie stützen sich teils auf mathematische Überlegungen, teils auf die physikalischen Eigenschaften der Stoffe, die Materialkonstanten, deren Kenntnis man den Ergebnissen der heutigen Prüfungsverfahren verdankt.

Die Deutschen Prioform-Werke haben es sich zu ihrem Arbeitsprogramm gemacht, gestützt auf wissenschaftlich-technische Forschung und praktische Erfahrung, für ihre Verfahren die am besten geeigneten Grundstoffe in zweckmäßigster Zusammensetzung bei vollkommenstem konstruktiven Aufbau zu verwenden. Die wichtigsten, heute bekannten Wärme- und Kälteschutz-Verfahren sind unter diesen Gesichtspunkten eingehend untersucht; dabei zeigt sich, daß der Enderfolg eines Wärmeschutzes — und besonders gilt dies für die Frage der Haltbarkeit — in entscheidender Weise von den physikalischen und chemischen Eigenschaften der in Anwendung gebrachten Grundstoffe abhängig ist. Das Interesse in der Wärme- und Kälteschutzindustrie und im Kreise ihrer Abnehmer konzentriert sich heute auf eine Anzahl bestimmter Grundstoffe, die z. T. seit langem überliefert, z. T. durch die Fortschritte der neueren Zeit für die Verwendung als Wärmeschutzmittel geeignet angesehen werden. Wie weit dies bei den einzelnen Stoffen zutrifft, und welche besondere Verarbeitung am zweckmäßigsten ist, zeigt eine eingehende Untersuchung der Grundstoffe der Wärme- und Kälteschutztechnik.

Die Wärmeübertragung.

I. Einführung.

Unter dem Begriff der Wärmeübertragung werden alle Vorgänge zusammengefaßt, durch die Wärme innerhalb eines Raumes von einer Stelle zur anderen fortgeführt werden kann. Sobald an zwei räumlich getrennten substanziellen Partikeln aus einem beliebigen Grunde verschiedene Temperaturen vorhanden sind, wird von der wärmeren nach der kälteren Stelle solange Wärme übergeführt, bis die Temperaturen beider Stellen völlig ausgeglichen sind.

Die Wärmeübertragung ist demnach ein ausgleichender physikalischer Vorgang. Sie kann auf dreierlei Weise erfolgen, durch Wärmeleitung, Wärmeübergang oder Konvektion und Wärmestrahlung. Alle drei Arten sind unter sich grundsätzlich verschieden.

II. Wärmeleitung.

1. Theorie der Wärmeleitung.

Den Vorgang der Wärmeleitung erklärt man sich aus der Hypothese über die Molekularbewegung in der Weise, daß die Wärme dabei in Form kinetischer Energie zwischen den Molekülen ausgetauscht wird, wobei diese schwingende, drehende und fortschreitende Bewegungen ausführen. Nach dieser Theorie ist die molekulare Wärmeleitung an das Vorhandensein von Materie gebunden und kann nur da erfolgen, wo bei Annahme eines allgemein stationären physikalischen Zustandes ein molekulares Gleichgewicht herrscht, eine Voraussetzung, die mit genügender Annäherung bei homogenen festen Körpern, tropfbaren Flüssigkeiten und Gasen erfüllt ist. Der molekulare Wärmetransport ist außerdem nur da möglich, wo kein Temperaturgleichgewicht herrscht, wo also die absoluten Beträge der Temperaturen von Ort zu Ort verschieden sind; einem bestimmten Temperaturintervall entspricht dabei immer eine bestimmte Geschwindigkeitsverteilung für die Bewegung der Moleküle.

Ohne Zuhilfenahme der kinetischen Gastheorie und der aus ihr entwickelten molekulartheoretischen Anschauungen hat zuerst Fourier[1]) rein empirisch die mathematischen Gesetzmäßigkeiten der Wärmeleitung entwickelt. Die aus der Fourierschen Theorie gezogenen Schlußfolgerungen sind demnach nur dadurch als zutreffend erwiesen, daß sie alle durch die praktische Erfahrung eine Bestätigung gefunden haben. Die Erfahrung lehrt, daß in einem Körper von gestörtem Temperaturgleich-

---

[1]) Fourier, Théorie analytique de la Chaleur, 1822.

gewicht die Wärmeleitung in Richtung der Normalen zu den Isothermen-flächen d. h. den sich in dem Körper einstellenden Flächen gleicher Temperatur verläuft. Unter der vereinfachenden Annahme, daß die Isothermen ebene parallele Flächen sind, und die Wärme nur in Richtung der Koordinate x strömt, ist die durch Wärmeleitung übertragene Wärmemenge Q bestimmt durch die Gleichung:

$$Q = \lambda \cdot F \cdot z \cdot \frac{dt}{dx} \text{ wenn}$$

t = die Temperatur,
x = die Entfernung von Ort zu Ort,
$\dfrac{dt}{dx}$ = das Temperaturgefälle,
F = die Oberfläche und
λ = die Stoffkonstante ist.

2. Wärmeleitzahl.

Ist $t = 1$, $x = 1$, $F = 1$, so ist die Wärmeleitung charakterisiert durch die Stoffkonstante des Wärmeleitvermögens, die mit λ bezeichnet wird.

Im technischen Maßsystem ist die Wärmeleitzahl die Wärmemenge, die in einer Stunde durch 1 m² Fläche des Stoffes zu einer anderen im Abstand von 1 m und bei einem Temperaturunterschied zwischen diesen von 1⁰ C übertritt; die Dimension im technischen Maßsystem ist also:

$$\lambda \text{ (techn. Maßsystem) in kcal/m h}\,^0\text{C.}$$

Im physikalischen Maßsystem benutzt man als Einheit der Fläche 1 cm², der Länge 1 cm, der Zeit 1 sec und der Temperatur 1⁰ C, woraus folgt:

$$\lambda \text{ (techn. Maßsyst.)} = 360 \cdot \lambda \text{ (physikal. Maßsyst.)} \qquad (2)$$

Nach dem englischen Maßsystem gelten als Einheiten:
Wärmemenge .... 1 B T U (British Thermal Unit)
Fläche .... 1 Quadratfuß
Länge .... 1 Fuß oder ein Zoll
Zeit .... 1 Stunde
Temperatur ..... 1⁰ Fahrenheit.

Daraus ergeben sich die Beziehungen:

$$1 \text{ BTU/Fuß h }^0\text{F.} = 0{,}124 \cdot \text{kcal/m h }^0\text{ C;} \qquad (3)$$
$$1 \text{ BTU} \cdot \text{Zoll/Quadratfuß h }^0\text{F} = 0{,}149 \text{ kcal/m h }^0\text{ C.} \qquad (4)$$

3. Abhängigkeit des Wärmeleitvermögens vom physikalischen Zustand der Stoffe.

Während die Stoffkonstanten des Wärmeleitvermögens ohne jede erkennbare Beziehung zu der elementaren chemischen Natur der Stoffe in Abhängigkeit zu stehen scheinen, sind in bezug auf ihren physikalischen Zustand eine Reihe wichtiger Gesetzmäßigkeiten zu erkennen. Diese Abhängigkeiten sind zum Teil außerordentlich verwickelt und je nach der molekularen Orientierung der Stoffe verschieden.

a) Abhängigkeit des Wärmeleitvermögens von der Richtung des Stromes.

Die grundlegenden Versuche zur Bestimmung dieser Abhängigkeit stammen vom Sénarmont[1]). Dieser ermittelte an planparallel geschliffenen Scheiben fester Körper, deren Flächen mit einer dünnen Wachsschicht überzogen waren, und die durch einen auf einer Fläche aufgesetzten, dünnen elektrisch geheizten Platindraht punktförmig erwärmt wurden, die Fortpflanzungsgeschwindigkeit der Wärme in Abhängigkeit von der Richtung, indem er in bestimmten Zeitabständen die Schmelzkurven der Wachsschicht beobachtete. Diese Kurven sind der geometrische Ort aller Punkte gleicher Temperatur, also isothermische Linien, die, wenn der Vorgang der Wärmeleitung auf den Raum ausgedehnt gedacht wird, sich als Projektionen der isothermischen Flächen darstellen. Aus der relativen Beziehung zwischen Fortpflanzungsgeschwindigkeit und Wärmeleitvermögen konnte der absolute Wert des letzteren, und aus der isothermischen Fläche seine relative Abhängigkeit von der Richtung des Wärmestromes errechnet werden.[2]) Auf Grund dieser Versuche und späterer ähnlicher Ermittlungen, die Schulz[3]) in einer interessanten Monographie zusammengestellt und ergänzt hat, lassen sich diese Zusammenhänge folgendermaßen kennzeichnen:

Amorphe feste Körper und reguläre Kristalle.

Der Wärmeleitzahl ist von der Richtung unabhängig, die isothermische Fläche ist eine Kugel, daher e in e Stoffkonstante.

Auch für Flüssigkeiten (tropfbare und gasförmige) gilt dieses Gesetz, jedoch nur im vollkommenen Ruhezustand, der praktisch niemals vorhanden ist.

Homogene Kristalle mit Ausnahme des regulären Systems.

Die Wärme pflanzt sich im Innern des Körpers nicht mehr gleichmäßig fort, und bei punktförmiger Erwärmung ergeben die Flächen gleicher Temperatur ähnliche und ähnlich gelegene Ellipsoide. Dabei sind die Hauptachsen proportional den Quadratwurzeln der Leitfähigkeiten in Richtung dieser Achsen, die man daher Hauptleitfähigkeiten nennt; jedoch sind die Absolutwerte der Leitfähigkeiten vom Kristallsystem unabhängig, das nur die Verhältniswerte der Leitfähigkeiten eines Kristalls untereinander bestimmt. Im einzelnen ergibt sich:

Hexagonales und tetragonales System: Die isothermische Fläche ist ein Rotationsellipsoid, dessen Rotationsachse in die kristallographische Hauptachse fällt. Unbestimmt sind nur die Längen der letzteren und des Aequatorialhalbmessers; daher zwei Stoffkonstanten.

---

[1]) Sénarmont: Pogg. Annal. 1849/50.

[2]) Später hat Röntgen das Verfahren verfeinert, indem er die Flächen mit Hauch überzog und die Verdunstungskurven beobachtete.

[3]) Schulz: Wärmeleitung in Mineralien usw. Fortschr. d. Mineral. Krist. u. Petrogr. 9, 221/411, 1924.

Rhombisches System: Die isothermische Fläche ist ein Ellipsoid mit drei ungleichen Achsen von festen Richtungen, nämlich denjenigen der kristallographischen Hauptachsen. Unbestimmt sind nur die Längen der Achsen; daher drei Stoffkonstanten.

Monoklines System: Die isothermische Fläche ist ein ungleichachsiges Ellipsoid, dessen eine Achse in die Richtung der kristallographischen Orthoachse fällt, während ihre Länge unbestimmt ist. Bei den beiden anderen Achsen sind Richtung und Länge veränderlich; daher vier Stoffkonstanten.

Triklines System: Die isothermische Fläche ist ein ungleichachsiges Ellipsoid. Alle drei Achsen haben veränderliche Richtung und Länge; daher sechs Stoffkonstanten.

b) Abhängigkeit des Wärmeleitvermögens von der absoluten Höhe der Temperatur.

Die Wärmeleitfähigkeit homogener amorpher Körper, ebenso die der Flüssigkeiten nimmt mit steigender Temperatur zu; die Zunahme erfolgt dabei ähnlich der der spezifischen Wärme, wie z. B. Eucken[1]) für Borosilikatglas nachgewiesen hat:

^{0} C	λ	c
— 190	$2{,}796 \cdot 10^{-3} \cdot 0{,}42$	$0{,}182 \cdot 0{,}35$
— 78	„ $\cdot 0{,}91$	„ $\cdot 0{,}76$
0	„ $\cdot 1{,}00$	„ $\cdot 1{,}00$
+ 100	„ $\cdot 1{,}555$	„ $\cdot 1{,}175$

Im Gegensatz zu den amorphen Körpern ist bei allen Kristallen die Änderung der Leitfähigkeiten umgekehrt proportional der Temperaturänderung; mit steigender Temperatur nehmen die Leitfähigkeitswerte ab. Für Quarz gibt Eucken an:

^{0} C	λ senkrecht zur Achse	λ parallel zur Achse
— 190	21,5	42,1
— 78	8,68	16,8
0	6,25	11,7
+ 100	4,80	7,75

Der Absolutwert der Wärmeleitfähigkeiten amorpher Körper ist stets geringer als der des chemisch gleichen Kristalles. Eucken gibt für Quarzglas und Kristall das Verhältnis an zu:

^{0} C	λ (Glas)	λ (Kristall)
Schmelzpunkt	1	1
0	1/7,5	1
— 190	1/55	1

[1]) Eucken: Annalen der Physik, 1911.

Ein anschauliches Bild dieser Zusammenhänge geben auch die durch zahlreiche Beobachtungen ermittelten Wärmeleitzahlen von Quecksilber bei verschiedenen Temperaturen (vgl. Abb. 1). Der Schmelzpunkt von Quecksilber liegt bei—39°C. Im flüssigen Aggregatzustand ist der Temperaturkoeffizient positiv, im festen Zustand negativ; auch die Differenz der absoluten Beträge der Wärmeleitzahlen für die beiden Zustände ist erheblich, beim Erstarren des Quecksilbers bei — 39° C steigt die Wärmeleitzahl sprunghaft auf nahezu den dreifachen Betrag.

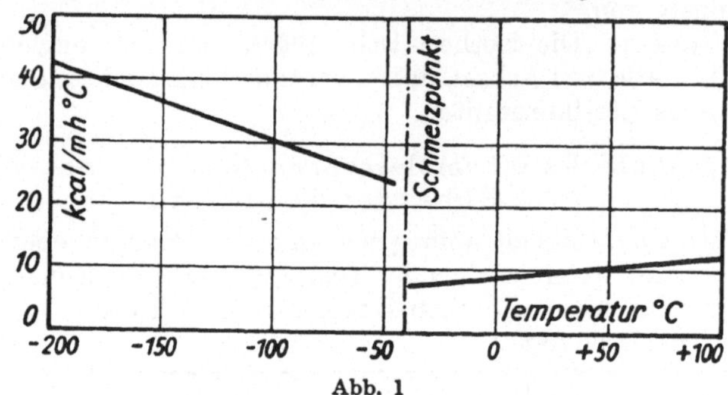

Abb. 1
Wärmeleitfähigkeit von Quecksilber.

Von großer Bedeutung in der Wärmeschutztechnik ist das Verhalten von Luft. Die Abhängigkeit ihres Wärmeleitvermögens von der Temperatur ist bestimmt durch die Funktion:

$$\lambda_{(Luft)} = 0,00167 \cdot \frac{(1 + 0,00019 \cdot T \cdot \sqrt{T}}{1 + \dfrac{117}{T}}, \tag{5}$$

wenn $T =$ die absolute Temperatur der Luft ist.

Im einzelnen ergibt sich:

$$
\begin{aligned}
T = \quad &0°\,\mathrm{C} & \lambda = {}&0{,}0203 \ \mathrm{kcal/m\,h\,°C.}\\
&100 \ „ & &0{,}0263 \qquad „\\
&200 \ „ & &0{,}0318 \qquad „\\
&500 \ „ & &0{,}0460 \qquad „
\end{aligned}
$$

c) Abhängigkeit des Wärmeleitvermögens von Druck- oder Zugwirkung.

Für feste Körper haben Versuche von Badior[1]) keine Abhängigkeit ergeben; die an Glas und Schiefer beobachteten Wärmeleitfähigkeiten hatten parallel und senkrecht zur Druckrichtung stets die gleichen Werte. Auch ähnliche Versuche an gezogenen Gummibändern zeigten keine Abhängigkeit von der Zugbeanspruchung.

Die Wärmeleitfähigkeit der Gase ist ebenfalls in einem großen Druckbereich unabhängig vom Gasdruck; erst bei sehr starker Verdünnung ist eine merkbare Abnahme festzustellen. Auf die molekulartheoretische Erklärung dieser an sich erstaunlichen Tatsache wird in einem späteren Ab-

---

¹) Badior: Annal. Phys., 1910.

schnitt bei der Besprechung der Vakuum-Isolierungen noch näher eingegangen werden.[1])

4. Wärmeleitfähigkeit inhomogener Stoffe.

Aus der Theorie der Wärmeleitung ist schon gefolgert worden, daß sie als eine molekulare Bewegung nur in homogenen, d. h. chemisch gleichartigen Medien, möglich ist. In der Natur und vor allem bei den Baustoffen der Technik liegen nur in den seltensten Fällen vollkommen homogene Körper vor.

Bei dichten, keine oder fast keine Lufteinschlüsse enthaltenden kristallinisch-amorphen Konglomeraten ist die in irgendeiner Richtung vorhandene Wärmeleitfähigkeit ein Mittelwert aus allen Einzelleitfähigkeiten der mit ihren kristallographischen Achsen unregelmäßig zur Richtung des Wärmestromes liegenden Kristalle, und der etwa vorhandenen amorphen Bestandteile. Bei sehr feiner Struktur ist dieser Mittelwert in jeder Richtung praktisch gleich; man nennt solche Körper „quasiisotrop"[2]). Da der Temperaturkoeffizient der Wärmeleitung bei den kristallischen Bestandteilen negativ, bei den amorphen positiv ist, beide also einander entgegenwirken, ist die Temperaturabhängigkeit des Wärmeleitvermögens von Konglomeraten oft sehr gering.

Bei porösen, d. h. mehr oder weniger viele und große Lufteinschlüsse enthaltenden Stoffen, worunter viele natürliche Gesteine, die meisten unserer Baustoffe und alle Isolierstoffe fallen, ist die Wärmeleitung zunächst ein Mittelwert der Wärmeleitung in den festen Bestandteilen und in den Poren, d. h. der in ihnen eingeschlossenen Luft. Bei dem geringen Wärmeleitvermögen der Luft treten die Einflüsse der mikroskopischen physikalischen Struktur und der chemischen Beschaffenheit der festen Bestandteile mehr und mehr zurück; die Wärmeleitung des porösen Körpers ist im wesentlichen eine Funktion seines Porenvolumens. Ferner wird in den Poren die Wärme außer durch Leitung noch durch Strahlung und Konvektion übertragen, so daß sich Abweichungen von der Fourierschen Theorie ergeben; neben der Größe des Porenvolumens wird auch noch seine Form von entscheidender Bedeutung. Bei dem überragenden Einfluß von Porosität und Struktur auf die Wärmeleitzahlen der Wärme- und Kälteschutzstoffe wird dieser Zusammenhang in einem späteren Abschnitt noch ausführlich untersucht werden[3]).

5. Die Stoffkonstanten der Wärmeleitfähigkeit.

Über die Wärmeleitzahlen der verschiedenen Stoffe sind in der Literatur ausführliche Zusammenstellungen enthalten[4]). Es genügt hier, die Werte in großen Gruppen zusammengefaßt aufzuführen.

---

[1]) Vgl. Seite 116.

[2]) (Nach W. Voigt.) Vgl. Handb. d. Phys. Bd. 10 „Thermische Eigenschaften der Stoffe" Kap. I.

[3]) Vgl. Abschnitt „Wärmeschutzverfahren", Seite 83.

[4]) „Die Wärmeleitzahlen auf Grund von Meßergebnissen", Mitt. a. d. Forsch. Heim f. Wärmeschutz, München, H. 5, 1924.

ZAHLENTAFEL 1
Wärmeleitzahlen.

Stoff	kcal/m h ⁰ C	Temp.⁰ C
Reine Metalle	30 — 360	0 — 20
Legierungen	9 — 80	0 — 20
Mineralische feste Bestandteile	2,0 — 3,5	0 — 20
Wasser (ruhend)	0,5	0 — 20
Gase (ruhend): Wasserdampf	0,016	0 — 20
Wasserstoff..........	0,14	
Stickstoff	0,02	
Kohlensäure	0,012	
Luft	0,02	

Poröse Bau- und Isolierstoffe: schwankend zwischen den Grenzwerten von Luft und von mineralischen festen Bestandteilen.

III. Wärmeübergang.

1. Einführung.

Da Wärmeleitung nur bei Vorhandensein eines molekularen Gleich-
gewichtes möglich ist, kann an der Berührungsstelle zweier verschiedener
Stoffe die Wärme nicht durch Leitung übertragen werden. Bringt man
einen festen Körper mit einer Flüssigkeit oder einem Gas in Berührung,
und beobachtet man die bei einem durch beide gehenden Wärmestrom
sich einstellende Temperaturkurve, so kann man an der Berührungsstelle
einen Temperatursprung erkennen, der darauf hinweist, daß an dieser
Stelle die Wärme vermöge irgendwie vorhandener Strömungen des Gases
oder der Flüssigkeit durch einen molaren Transport übertragen wird.
Die Strömungen können entweder von außen aufgezwungen sein, ein
einfaches Beispiel bildet der Windanfall an der Oberfläche einer Isolierung,
sie können aber auch als freie Strömungen auftreten, die man Konvektionsströme nennt. Der Wärmeübergang hängt dadurch mit den verwickelten hydrodynamischen Gesetzen zusammen, denen die Strömungen
unterworfen sind; außerdem wird ein absoluter Betrag bestimmt durch
die Strömungsgeschwindigkeiten, die ihrerseits wieder mit dem Temperaturgefälle und mit der molekularen Leitfähigkeit der in Bewegung befindlichen Materie in Zusammenhang stehen. Molare Wärmeübertragung und
molekulare Leitung treten in Flüssigkeiten immer zusammen auf; beide
Vorgänge zusammen nennt man Wärmeübergang.

2. Berechnung des Wärmeübergangs.

Die Größe der durch Übergang übertragenen Wärme läßt sich rechnerisch durch eine einfache Beziehung darstellen, wenn man die kom-

---

[1] Prioform-Handbuch 1925, Seite 56—120, Tab. 4—7.

plizierten Funktionen des Wärmeübergangs durch die Wärmeübergangszahl α zusammenfaßt. Die übertragene Wärmemenge Q berechnet sich dann nach der Gleichung:

$$Q = \alpha \cdot F \cdot z \cdot (t_1 - t_2) \text{ in kcal} \qquad (6)$$

wenn

$Q =$ die übertragene Wärmemenge in kcal,
$F =$ die Fläche in m_2,
$(t_1 - t_2) =$ die Temperaturdifferenz zwischen beiden Medien in ^{0}C,
$z =$ die Zeit in Stunden und
$\alpha =$ die Wärmeübergangszahl ist.

Die Wärmeübergangszahl α gibt dabei diejenige Wärmemenge an, die von 1 m² Fläche stündlich bei 1^0 C Temperaturdifferenz an das Medium übergeht.

3. Die Wärmeübergangszahlen.

Auf die theoretische Entwicklung der Gesetze, nach denen sich die Wärmeübertragung vollzieht, soll hier nicht näher eingegangen werden. In den Lehrbüchern über die Wärmeübertragung sind diese Zusammenhänge ausführlich dargestellt, und auch die vielen durch Laboratoriumsversuche gefundenen Werte eingehend kritisiert.

Für die in der Wärmeschutztechnik häufig vorkommenden Fälle kann man mit folgenden Wärmeübergangszahlen rechnen:

a) für siedendes Wasser: $\alpha = 2000$ bis 6000,
b) für nicht siedendes Wasser: $\alpha = 500$,
c) für kondensierenden Wasserdampf: $\alpha = 10000$,
d) für ebene, senkrechte Wände:
    an ruhende Luft nach Nusselt[1]) und Hencky[2]) :

$$\alpha = 2{,}2 \sqrt[4]{\triangle}, \text{ bei } \triangle > 10^0 \text{ C und} \qquad (7a)$$
$$\alpha = 3{,}0 + 0{,}08\,\triangle, \text{ bei } \triangle < 10^0 \text{ C} \qquad (7b)$$

    an bewegte Luft nach Jürges[3]) :

bei gerauhter Wand:

$$\alpha = 6{,}47 \text{ w}^{0{,}78} \quad \text{bei } w > 5\,\text{m/sec}, \qquad (8a)$$
$$\alpha = 5{,}3 + 3{,}6w, \text{ bei } w \leqq 5\,\text{m/sec}, \qquad (8b)$$

bei glatter Wand:

$$\alpha = 6{,}12 \text{ w}^{0{,}78} \quad \text{bei } w > 5\,\text{m/sec}, \qquad (9a)$$
$$\alpha = 4{,}8 + 3{,}4w, \text{ bei } w \leqq 5\,\text{m/sec}, \qquad (9b)$$

---

[1]) Nusselt: Forschungsheft 63/64, 1909.

[2]) Hencky, Zeitschrift für die gesamte Kälteindustrie, 1915. (Für beide Gleichungen sind im Prioform-Handbuch 1925 Zahlentafeln für die verschiedenen Temperaturen von 1—100^0 C zu finden, Tab. 20, Seite 141.)

[3]) Jürges: Beiheft z. Ges. Ing., Heft 19.

e) für wagerechte Rohre, außen,

an ruhende Luft nach Nusselt[1]):

$$\alpha = 1{,}02 \sqrt[4]{\frac{\triangle}{d}}\,, \qquad\qquad (10)$$

wenn d der Rohrdurchmesser in m ist,

an bewegte Luft, Strömungsrichtung senkrecht zur Rohrachse, nach Nusselt[2]):

$$\alpha = 0{,}067\,\frac{\lambda}{d}\,(1273 + \frac{d \cdot w \cdot R}{\eta})^{0{,}716}\,, \qquad\qquad (11)$$

wenn d = der äußere Rohrdurchmesser in m,
λ = die mittlere Wärmeleitzahl der Luft in kcal/m h °C,
w = die Windgeschwindigkeit in m/sec,
R = die mittlere Dichte der Luft in g/m³ und
η = die mittlere Zähigkeitszahl der Luft in Dynen sec/m².

f) für Rohrleitungen,

an Gas und überhitzte Dämpfe nach Nusselt[3]):

$$\alpha = 22{,}60\,\frac{\lambda}{d}\,(\frac{d}{l})^{0{,}054} \cdot (\frac{d \cdot w \cdot \gamma \cdot c_p}{\lambda})^{0{,}786}\,, \qquad\qquad (12)$$

wenn d = der Durchmesser in m, (bei nicht kreisförmigem Querschnitt $d = \frac{4\,F}{S}$),

l = die Rohrlänge in m,
F = der Querschnitt in m,
S = der Umfang in m,
w = die Strömungsgeschwindigkeit in m/sec,
λ = die Wärmeleitzahl in kcal/m h °C,
γ = das Raumgewicht des Gases in kg/m³,
c_p = die spezifische Wärme in kcal/kg ist,

an Wasser nach Soennecken[4]):
bei glatter Oberfläche:

$$\alpha = 2020\,\frac{w^{0{,}9}}{d^{0{,}1}}\,(1 + 0{,}014\,t_i)\,, \qquad\qquad (13\,a)$$

---

1) Nusselt: Z. d. V. D. I., 1911.
2) Nusselt: Die Kühlung eines Zylinders durch senkrecht zur Achse strömende Luft. Ges. Ing., 1922, S. 97.
3) Nusselt: Z. d. V. D. I., 1917.
4) Soennecken: Forsch. Heft, 108/109).

(Für sämtliche Gleichungen sind im Prioform-Handbuch Zahlentafeln für die wichtigsten Werte zu finden, Tab. 22—27.)

bei rauher Oberfläche:

$$\alpha = 735 \ \frac{w^{0,7}}{d^{0,3}} \ (1 + 0,014 \ t_i) \ , \qquad (13\,\text{b})$$

wenn $\quad w =$ die mittlere Wassergeschwindigkeit in m/sec,

$\quad\quad\quad d =$ der Rohrdurchmesser in m und

$\quad\quad\quad t_i =$ die innere Wandtemperatur in °C ist.

Die Nusseltschen Gleichungen (12) zur Bestimmung der Übergangszahlen im Innern von Rohrleitungen an Gase und überhitzte Dämpfe gelten nur oberhalb der Reynoldschen[1]) kritischen Geschwindigkeit, also im turbulenten Strömungsgebiet, während bei laminarer Strömung die Übergangszahl konstant bleibt. Da in den meisten technischen Fällen bereits Turbulenz erreicht ist, genügt die Gleichung (12) für fast alle Rechnungen.[2])

4. Konvektion in abgeschlossenen Lufträumen.

Eine besondere Bedeutung für die Wärmeschutztechnik nimmt die Wärmeübertragung in abgeschlossenen Lufträumen ein; die in einem von Wänden umschlossenen Raum den Wärmeübergang vermittelnden Luftbewegungen sind freie, d. h. von außen nicht aufgezwungene Strömungen, sogenannte Konvektionsströme. Sie entstehen, sobald die Temperaturen der Wände ungleich sind, also ein Temperaturfeld vorhanden ist. Bei der in Abbildung 2 ersichtlichen Luftschicht sei die Annahme gemacht, daß die beiden Begrenzungswände 1 und 2 verschiedene Temperaturen haben; die dann entstehenden Konvektionsströme können wie folgt erklärt werden.

An der wärmeren Seite nimmt die Luft von der Wand Wärme auf, wird dadurch leichter und steigt nach oben; auf der kälteren Seite kühlt sie sich ab, wird schwerer und sinkt wieder nach untern. So entsteht eine kreisende Bewegung der Luft, die um so schneller vor sich geht und um so mehr Wärme übertragen kann, je größer die Höhe h und die Temperaturdifferenz $T_1 - T_2$, und von beiden abhängig die relativen Dichteunterschiede der Luft sind; je kleiner also h ist, um so langsamer verlaufen die Konvektionsströme und um so weniger Wärme geht über. Ist

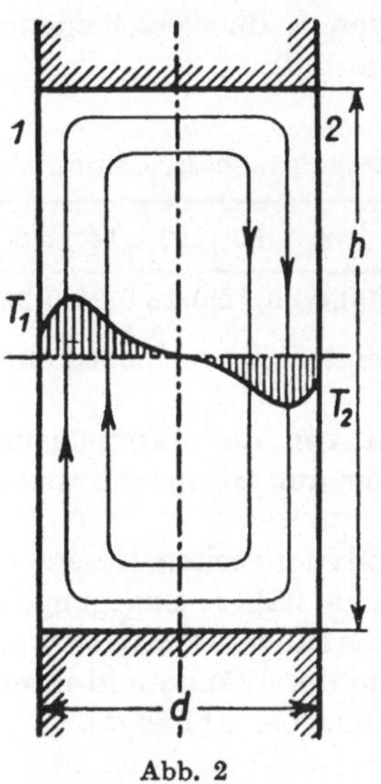

Abb. 2
Konvektionsströme in einer
Luftschicht (nach Gröber).

---

[1]) Osborne-Reynolds: Papers on mechanical and physical subject, Bd. 2. Ferner Schiller: Untersuchungen über laminare und turbulente Strömungen. Forschungsheft 248.

[2]) Für einige technisch wichtige Flüssigkeiten (Luft, Wasser, Wasserdampf u. a.) ist die kritische Geschwindigkeit für verschiedene Rohrdurchmesser und Temperaturen sowie verschiedene Drücke im Prioform-Handbuch 1925, Tab. 25 zusammengestellt.

[3]) Gröber: Die Wärmeübertragung, 1926, S. 155.

die Dicke d der Luftschicht verhältnismäßig groß (d∿h), so entsteht eine kreisende Bewegung mit nur geringer innerer Reibung; ist die Luftschicht dagegen sehr dünn, so besteht die Bewegung mehr und mehr in einem Vorbeigleiten zweier Grenzschichten; die Strömungsgeschwindigkeit wird dann durch die innere Reibung der Luftteilchen erheblich beeinträchtigt.

Die Wärmeübergangszahl ist demnach um so größer, je höher und dicker die Luftschicht, und je größer die Temperaturunterschiede der Begrenzungswände sind.

E. Schmidt[1]) hat die Konvektion in senkrechten Luftschichten von 8 und 16 cm Dicke experimentell untersucht. Die Messungen wurden mit einem Versuchshäuschen des Forschungsheims für Wärmeschutz an Luftschichten von 1 m Breite und 1,5 m Höhe bei Mitteltemperaturen von 12—15 ° C durchgeführt. Die Innenseite der die Luftschichten begrenzenden Sperrholzplatten war mit Aluminiumfolie beklebt, deren Strahlungskonstante genau bekannt ist (C = 0,30). Nach Messung der übertragenen Wärme wurde unter Abzug des berechneten Strahlungsaustausches und der Wärmeleitung die Konvektionszahl k ermittelt. Ein weiterer Versuchspunkt für 2,5 cm Dicke wurde an einem Plattenapparat von R. Poensgen[2]) gemessen. Die interpolierten Werte von k für verschiedene Luftschichtdicken sind in Zahl. Taf. 2 zusammengestellt.

ZAHLENTAFEL 2

Konvektionszahlen k in einer senkrechten Luftschicht (nach E. Schmidt).

Dicke in cm	0	1	2	4	6	8	10	12	14	16
k in kcal/m h °C	0	0,005	0,01	0,030	0,05	0,08	0,12	0,16	0,20	0,25

Die Konvektionszahl k nimmt mit wachsender Luftschichtdicke zunächst langsam, dann aber immer schneller zu.

Über die Abhängigkeit der Konvektionszahl von der Temperatur liegen bis heute keine Versuche vor; man ist daher auf allgemeine theoretische Überlegungen angewiesen.

Aus dem Zusammenhang zwischen den hydrodynamischen Gesetzen und der Wärmeübergangszahl, auf die hier nicht näher eingegangen werden soll, ist zu entnehmen, daß die Wärmeübergangszahl außer von den Abmessungen des Luftraumes, der Ausbildung der Wände und ihrer Temperaturdifferenz noch irgendwie von den Kenngrößen abhängt:

$$\frac{\gamma^2}{g \cdot \eta}\,;\,\lambda\,;\,c$$

wenn
$\gamma = $ das spezifische Gewicht in kg/m³
$\eta = $ die Zähigkeit in kg . h/m²,
$g = $ die Erdbeschleunigung in m/sec²,
$\lambda = $ die Wärmeleitzahl in kcal/m h ° C und
$c = $ die spezifische Wärme in kcal/kg ° C ist.

---

[1]) E. Schmidt: Mitt. a. d. Forsch. Heim f. Wärmeschutz, München, Heft 4, 1924. Z. d. V. D. J. 1927, S. 1395—96.
[2]) Beschreibung des Poensgenschen Plattenapparates siehe Seite 77.

Durch die mit steigender Temperatur zunehmende Wärmeleitzahl und spezifische Wärme wird die Wärmeübergangszahl erhöht; durch die ebenfalls wachsende Zähigkeit und die mit der Temperatursteigerung abnehmende Dichte wird sie jedoch verringert. Ohne die Abhängigkeit wirklich zu kennen, kann man aus diesen entgegengesetzten Einwirkungen schließen, daß der Einfluß der absoluten Höhe der Temperatur auf den Wärmeübergang nicht sehr erheblich ist.

Das Glied γ^2 im Zähler weist noch darauf hin, daß der Wärmeübergang in Gasen mit zunehmender Verdünnung schnell abnimmt, eine Tatsache, die experimentell festgestellt ist und in einem späteren Abschnitt noch genauer untersucht werden wird.[1])

IV. Wärmestrahlung.

1. Einführung.

Während die Wärmeleitung und der Wärmeübergang an das Vorhandensein von Materie gebunden sind, stellt die Wärmestrahlung eine auch im völligen Vakuum mögliche Form der Energieübertragung dar. Ihre Entstehung selbst ist natürlich, schon aus dem Gesetz der Energieerhaltung, an eine Substanz gebunden, aber ihre Fortpflanzung nicht.

Wärmestrahlen sind elektromagnetische Schwingungen, ebenso wie die Lichtstrahlen und die elektrischen Strahlen; ihr Wellenlängenbereich liegt zwischen beiden und beträgt nach der heute geltenden Einteilung 0,76 bis 342 μ.

Aus der Analogie mit den optischen und elektrischen Wellen folgt auch, daß sie denselben Gesetzen wie diese unterliegen.

2. Emission.

Die Ausstrahlung von Wärme durch die Oberfläche eines Körpers in einen Raum nennt man die Emission. Den eine Umwandlung der Molekularbewegung in eine elektromagnetische Schwingung darstellenden Vorgang kann man sich so erklären, daß die aus dem Innern des Körpers kommenden Strahlen von der Oberfläche teils reflektiert, teils durchgelassen werden. Das Verhältnis der durchgelassenen Energie zur Gesamtenergie charakterisiert dabei das Emissionsvermögen. Die von einem Körper in den umgebenden Raum ausgestrahlte Wärmemenge Q ist nach dem Stefan-Boltzmannschen[2]) Gesetz:

$$Q_h = \sigma \cdot F \cdot T^4 \qquad \text{kcal/ h} , \qquad ((14)$$

wenn $\quad F = $ die Größe der strahlenden Fläche in m²

$\qquad T = $ die absolute Temperatur der Fläche in °C, und

$\qquad \sigma = $ die Strahlungskonstante in kcal/m² h °C⁴ ist.

Das Emissionsvermögen E des Körpers ist die von der Einheit der Oberfläche ausgestrahlte Energie; also nach Gleichung (14) :

$$E = \sigma \cdot T^4 \qquad \text{kcal/m² h} \qquad (15)$$

---

[1]) Vgl. Abschnitt „Vakuum-Isolierungen", S. 116.

[2]) J. Stefan: Wien. Ber. 79, 1879. L. Boltzmann: Wid. Annal. 22, 1884.

E ist also abhängig von der physikalischen und chemischen Natur des Körpers (σ), außerdem steigt es mit der vierten Potenz der absoluten Temperatur.

Wenn auch diese Beziehung darauf hinweist, daß das Strahlungsvermögen eines Körpers bei höheren Temperaturen eine besonders große Bedeutung hat, so darf aber doch nicht verkannt werden, daß auch im Gebiet niedriger Temperaturen, selbst bei den normalen Raumtemperaturen die Strahlung nicht unterschätzt werden darf. Gerade diese Annahme hat sich in der historischen Entwicklung der Wärme- und Kälteschutztechnik als ein verhängnisvoller Irrtum erwiesen.

Um in der Technik mit handlichen Zahlen arbeiten zu können, formt man die Gleichung (15) zweckmäßig noch um:

$$E = C \cdot \left(\frac{T}{100}\right)^4 \qquad \text{kcal/m}^2\,\text{h} \qquad (16)$$

wenn

$$C = \sigma \cdot 10^8 \qquad \text{gesetzt wird. Die Gleichung (14) hat dann auch die}$$

Form:

$$Q_h = C \cdot F \cdot \left(\frac{T}{100}\right)^4 \quad \text{kcal/ h} \qquad (17)$$

Für „absolut schwarze" Strahlung, bei der Strahlen aller Wellenlängen ausgesandt werden, ist der Strahlungsfaktor $C_s = 4{,}96$.

Wenn die Energie sich nicht mehr so regelmäßig wie bei der schwarzen Strahlung auf alle Wellenlängen verteilt, spricht man von „farbiger" Strahlung. Sind dagegen alle Wellenlängen vertreten, aber nur mit einem Bruchteil der Energie für schwarze Strahlung, so bezeichnet man sie mit „grau"; die meisten festen Körper haben mit ausreichender Annäherung graue Strahlung. Auch für diese gilt das Stefan-Boltzmannsche Gesetz.

3. Absorption.

Wenn die von einem Körper in dem Raum emittierten Strahlen auf die Oberfläche eines Mediums treffen, werden sie z. T. reflektiert, z. T. durchgelassen und im Inneren des Mediums fortgepflanzt; die nicht reflektierten Strahlen werden also vernichtet oder besser gesagt in Molekularbewegung wieder zurückverwandelt. Den Vorgang nennt man Absorption; er stellt die Umkehrung der Emission dar. Die Reflexion erfolgt entweder „regulär", d. h. nur in einer bestimmten Richtung, oder „diffus", wobei die Strahlen sich nach allen Richtungen ausbreiten. Außerdem können als Grenzfälle entweder Absorption oder Reflexion gleich Null oder gleich Eins sein; je nach diesen Eigenschaften hat man verschiedene Oberflächenbezeichnungen gewählt. Gröber gibt ein Schema dieser Flächen an[1]):

	Reguläre Reflexion (glatt)	Diffuse Reflexion (rauh)
Reflexion $= 1$ .... Absorption $= 0$	spiegelnd	weiß
Reflexion $= 0$ .... Absorption $= 1$	—	schwarz

---

[1]) Gröber: Die Wärmeübertragung, 1926, S. 121.

Die meisten Oberflächen haben diffuse Reflexion; spiegelnd sind mit Annäherung polierte Metallflächen. Eine glatte, alles absorbierende Fläche gibt es nicht.

4. Das Kirchhoffsche Gesetz.

Eine Beziehung zwischen dem Emissionsvermögen E und dem Absorptionsvermögen A liefert der von Kirchhoff[1]) aufgestellte Satz. Für zwei Körper I und II, deren Temperaturen zunächst verschieden sind, mit den Emissionsvermögen E_I und E_{II} und den Absorptionsvermögen A_I und A_{II} ist die endgültig ausgetauschte Wärmemenge Q, d. h. die Wärmemenge, die der wärmere Körper einbüßt:

$$Q = \frac{E_I \cdot A_{II} - E_{II} \cdot A_I}{A_I + A_{II} - A_I \cdot A_{II}} \text{ in kcal/m}^2 \text{ h.} \tag{18}$$

Für den Fall, daß beide Körper gleiche Temperaturen haben, wird $Q = O$, weil dann keine Wärme übertragen wird; Gleichung (18) wird nur erfüllt, wenn

$$\frac{E_I}{A_I} = \frac{II}{A_{II}} \tag{19}$$

Denkt man sich den Körper II als absolut schwarz ($E_{II} = E_s$; $A_{II} = 1$) so ist:

$$\frac{E_I}{A_I} = E_s = \sigma \cdot T^4 = C_s \left(\frac{T}{100}\right)^4 \tag{20}$$

d. h. das Verhältnis zwischen Emissionsvermögen und Absorptionsvermögen ist bei allen Körpern gleich und nur eine Funktion ihrer Temperatur. Körper mit großem Emissionsvermögen absorbieren auch viel Wärme, und umgekehrt glatte Flächen, die wenig absorbieren und nahezu alle Strahlen, die auf sie treffen, reflektieren, haben auch eine geringe Eigenstrahlung.

5. Das Lambertsche Gesetz.[2])

Für die gegenseitige Bestrahlung zweier endlicher Oberflächen hat das Gesetz von Stefan-Boltzmann keine Gültigkeit, da es nur die Strahlungsenergie bestimmt, die von einer endlichen Fläche nach allen Richtungen des Raumes ausgestrahlt wird. Die Intensität der Strahlung ist in Richtung der Flächennormalen am größten und nimmt mit wachsendem Winkel φ zu der Normalen ab; nach dem Lambertschen Gesetz ist sie dem Kosinus des Winkels φ proportional. Je nach diesem Winkelverhältnis, das von Form, Größe und gegenseitiger Lage der Körper abhängig ist, ist der Strahlungsaustausch verschieden. Für praktische Fälle ist die Berechnung nach dem Gesetz von Lambert oft recht schwierig; für eine Reihe technisch wichtiger Fälle, z. B. Strahlung in Feuerräumen, haben Gerbel[3]) und Gröber[4]) Berechnungen durchgeführt.

---

[1]) Kirchhoff: Pogg. Annal. 109, 1860.
[2]) Lambert: Photometria, Augsburg 1760.
[3]) Gerbel: Grundgesetze der Wärmestrahlung, 1917.
[4]) Gröber: Die Wärmeübertragung, 1926.

Für blanke Metalle hat das Lambertsche Gesetz keine Gültigkeit. Nach Untersuchungen von Schmidt[1]) ist die Intensität in Richtung der Flächennormalen ein Minimum und nimmt in schräger Richtung stark zu bis zu einem Maximum in der Nähe des streifenden Einfalls.

6. Einfache Fälle des Strahlungsaustausches zwischen benachbarten Körpern.

Für den einfachen Fall, daß zwei ebene parallele und sehr große Flächen von verschiedener Temperatur sich gegenseitig bestrahlen, berechnet man die ausgetauschte Wärmemenge Q nach der aus dem Kirchhoffschen Gesetz zuerst von Nusselt entwickelten Gleichung:

$$Q_{st} = \frac{1}{\dfrac{1}{C_1} + \dfrac{1}{C_2} - \dfrac{1}{C_s}} \cdot \left[\left(\frac{T_1}{100} \right)^4 - \left(\frac{T_2}{100} \right)^4 \right] \cdot F \cdot z \text{ in kcal} \qquad (21)$$

Darin sind:

$$F = \text{die strahlende Fläche in m}^2,$$
$$Z = \text{die Zeit in Stunden,}$$
$$T_1 = T_2 \quad = \text{die absoluten Temperaturen der Flächen in }^0\text{C,}$$
$$C_1 = \text{die Strahlungskonstante der Fläche 1 in } \frac{\text{kcal}}{\text{m}^2\text{h}^0\text{C}^4}$$
$$C_2 = \quad\text{,,}\qquad\qquad\text{,,}\qquad\qquad\text{,,}\quad\text{,,}\quad 2\quad\quad\text{,,}$$
$$C_s = \text{die Strahlungszahl des absolut schwarzen}$$
$$\text{Körpers} = 4{,}96 \text{ kcal/m}^2\text{h } ^0\text{C.}^4$$

Die von einem Körper emittierte Strahlungsenergie ist unabhängig von der Temperatur eines ihm benachbarten Körpers und nur eine Funktion seiner Strahlungskonstanten und seiner eigenen Temperatur. Ein Körper von der Temperatur von 100 ^{0}C strahlt z. B. auf einen anderen Körper von 0 ^{0}C die gleiche Energie wie auf einen solchen von 1000 ^{0}C. Wirksam, d. h. zu einer Erwärmung des kälteren und damit zu einer Wärmeübertragung führend, ist nur die endgültig ausgetauschte Wärme; hinsichtlich der Temperaturen wird sie gekennzeichnet durch den Temperaturfaktor [c],

wenn

$$[c] = \frac{\left(\dfrac{T_1}{100} \right)^4 - \left(\dfrac{T_2}{100} \right)^4}{T_1 - T_2} \qquad (22)$$

ist. Der Temperaturfaktor [c] steigt sehr schnell mit dem absoluten Betrag der Temperatur und beträgt z. B. für eine gleichbleibende Temperaturdifferenz von 20 ^{0}C:

T_1	T_2	[c]
0 ^{0}C	— 20 ^{0}C	0,726
+ 20 ,,	0 ,,	0,905
+ 100 ,,	+ 80 ,,	1,912
+ 200 ,,	+ 180 ,,	3,867
+ 500 ,,	+ 480 ,,	17,813

[1]) E. Schmidt: Wärmestrahlung technischer Flächen bei gewöhnlicher Temperatur, 1927.

Die Berechnung des Temperaturfaktors ist wegen der vierten Potenzen recht unbequem; in der einschlägigen Literatur sind Tabellen für alle vorkommenden Werte von T_1 und T_2 berechnet[1]).

Mit dem Strahlungsfaktor $[C]$,
wenn

$$[C] = \frac{1}{\dfrac{1}{C_1} + \dfrac{1}{C_2} - \dfrac{1}{C_s}} \qquad (23)$$

gesetzt wird, werden die Strahlungskonstanten der Stoffe in Rechnung genommen; mit ihm werden also die besonderen, von der chemischen Natur des Stoffes, aber auch von seiner Oberflächenbeschaffenheit abhängenden Eigenschaften zum Ausdruck gebracht. Für große Strahlungskonstanten kann man angenähert

$$[C] = C_1 \qquad (24)$$

setzen, wodurch die Rechnung vereinfacht wird.

Für den Fall, daß der Körper 1 vollständig von Körper 2 umschlossen wird, ist der Strahlungsfaktor:

$$[C] = \frac{1}{\dfrac{1}{C_1} + \dfrac{F_1}{F_2} \cdot \left(\dfrac{1}{C_2} - \dfrac{1}{C_s} \right)} \qquad (25)$$

wenn

F_1 und F_2 die Oberflächen der beiden sich bestrahlenden Körper 1 und 2 sind (in m²).

Form, gegenseitige Lage und Abstand sind gleichgültig, dagegen darf Körper 1 keine einspringenden Ecken haben, da sonst die Gleichung nicht mehr gilt.

7. Gasstrahlung.

Medien, die auf sie treffende Wärmestrahlen weder absorbieren noch reflektieren, sondern unverändert hindurchlassen, nennt man „diatherman". Trockene Luft z. B. kann als praktisch diatherman angesehen werden. Dagegen haben entgegen der noch vor wenigen Jahren allgemein gültigen Annahme eine Reihe technisch wichtiger Gase, wie Wasserdampf, Kohlensäure, Kohlenoxyd und Methan, also Bestandteile der technischen Rauch- und Abgase, eine ganz beträchtliche Eigenstrahlung. Ihre Absorption ist „selectiv", d. h. nur Strahlen ganz bestimmter Wellenlängen werden vernichtet, andere dagegen unverändert durchgelassen. Es würde zu weit führen, auf die neueren Erkenntnisse der Gasstrahlung näher einzugehen; zu diesem Zweck kann das Studium der Originalarbeiten von Nusselt[2]) und Schack[3]) empfohlen werden.

---

[1]) Ausführliche Tabellen sind im Prioform-Handbuch 1925 enthalten (S. 151).

[2]) Nusselt: Der Wärmeübergang in der Verbrennungskraftmaschine, Forsch.-Arb. H. 264.

[3]) Schack: Z. techn. Phys., 1924, S. 278/87.

8. Die Strahlungskonstanten der technisch wichtigen Stoffe.

Die Strahlungskonstanten sind, wie schon erwähnt, abhängig von der chemischen Natur und der Oberflächenbeschaffenheit der Stoffe. Rauhe Oberflächen haben im allgemeinen größere Strahlung als glatte Flächen; mit wachsender Rauhigkeit nähern sie sich der Strahlung des schwarzen Körpers. Da man auch experimentell den schwarzen Körper durch einen Hohlraum gleicher Wandtemperatur mit sehr feiner Öffnung verwirklicht hat, kann diese Erscheinung aus der mikroporigen Struktur rauher Flächen erklärt werden. Für Körper, deren Absorptionsvermögen erst in einer größeren Schichttiefe liegt, wie z. B. eine Eisschicht, wird die Strahlungszahl durch Aufrauhen vermindert[1]).

Bei nichtmetallischen Stoffen sind die Strahlungszahlen annähernd unabhängig von der Temperatur; bei metallischen Flächen steigen sie jedoch nicht unerheblich mit zunehmender Erwärmung; über den Glühtemperaturen sind sie wieder ziemlich konstant, weil dann die glatte glänzende Fläche verschwindet.

Die Strahlungskonstanten der technisch wichtigen Körper können aus der einschlägigen Literatur entnommen werden[2]).

---

[1]) Schmidt: Vgl. Anm. S. 18.

[2]) Eine ausführliche Zusammenstellung aller bekannten Strahlungskonstanten ist im Prioform-Handbuch 1925, Tab. 26, enthalten. Diese Tabelle erscheint in der demnächst herauskommenden zweiten Auflage des Prioform-Handbuches in wesentlich erweiterter Form.

Berechnung von Wärme- und Kälteschutzanlagen.

I. Wärmedurchgang durch ebene Wände.

1. Grundgleichungen.

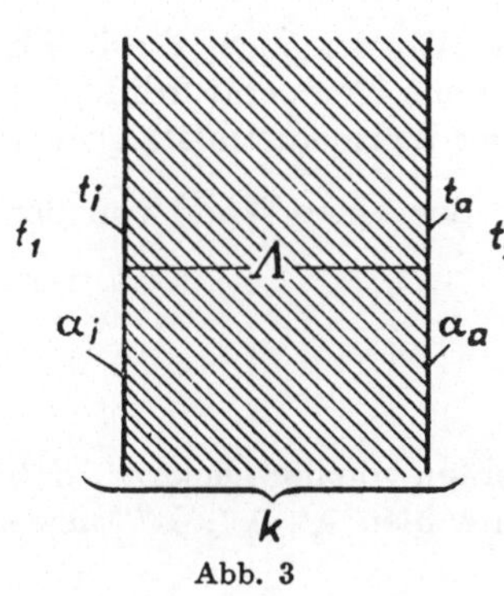

Abb. 3

Man denke sich eine homogene ebene Wand mit parallelen Begrenzungsflächen, die auf beiden Seiten von einem flüssigen oder gasförmigen Medium umgeben ist und deren Oberflächen selbst keine Temperaturunterschiede aufweisen, ferner einen Wärmestrom der nur senkrecht Wänden auftritt (vgl. Abb. 3).

Die durchgehende Wärmemenge ist dann:

$$Q = k \cdot F \cdot z \cdot (t_1 - t_2) \text{ kcal} \qquad (26)$$

wenn

$Q =$ die übertragene Wärmemenge in kcal,
$F =$ die Fläche in m²,
$z =$ die Zeit in h,
t_1 und $t_2 =$ die Temperaturen der Medien beiderseits der Wände in ⁰ C und
$k =$ die Wärmedurchgangszahl in kcal/m² h ⁰ C ist.

k gibt dabei diejenige Wärmemenge an, die in 1 h durch eine Fläche von 1 m² hindurchgeht, wenn die Temperaturdifferenz der flüssigen oder gasförmigen Medien auf beiden Seiten der Wand 1 ⁰ C beträgt.

Wenn also k die Wärmedurchgangszahl ist, so kann man $\dfrac{1}{k}$ als Wärmedurchgangswiderstand bezeichnen.

Es seien ferner noch folgende Bezeichnungen eingeführt. t_i und t_a seien die beiderseitigen—konstant angenommenen—Wandtemperaturen, α_i und α_a die Wärmeübergangszahlen, d. h. diejenigen Wärmemengen, die in 1 h von dem flüssigen oder gasförmigen Medium auf 1 m² Wandoberfläche übertragen werden, wenn zwischen dem Medium und der Wandoberfläche ein Temperaturunterschied von 1⁰ C besteht. Die Wärmedurchlässigkeitszahl Λ gibt an, welche Wärmemenge in 1 h durch 1 m² der

Wand selbst hindurchgeht, wenn zwischen den beiderseitigen Wandtemperaturen ein Unterschied von 1 ⁰ C besteht[1]). Diesen Zahlen entsprechen dann die Widerstände $\dfrac{1}{\alpha_i}$, $\dfrac{1}{\alpha_a}$, $\dfrac{1}{\Lambda}$.

Der Gesamtdurchgangswiderstand ist die Summe der Einzelwiderstände, also:

$$\frac{1}{k} = \frac{1}{\alpha_i} + \frac{1}{\Lambda} + \frac{1}{\alpha_a} \qquad (27\,\text{a})$$

oder

$$k = \frac{1}{\dfrac{1}{\alpha_i} + \dfrac{1}{\Lambda} + \dfrac{1}{\alpha_a}}; \qquad (27\,\text{b})$$

Die Wärmeleitzahl λ bezeichnet diejenige Wärmemenge, die in 1 h durch 1 m² einer Wand von der Dicke 1 m bei einer Temperaturdifferenz der Wandoberflächen von 1⁰ C hindurchgeht. Der Wärmedurchlässigkeitswiderstand einer 1 m dicken Wand ist also $\dfrac{1}{\lambda}$, der einer Wand von der Dicke d ist $\dfrac{d}{\lambda}$, also ist auch

$$\frac{1}{\Lambda} = \frac{d}{\lambda}.$$

Besteht die Wand aus mehreren Einzelschichten von der Dicke d', d'', d''' usw. und den entsprechenden Wärmeleitzahlen λ', λ'', λ''' usw., so ist

$$\frac{1}{\Lambda} = \frac{d'}{\lambda'} + \frac{d'}{\lambda''} + \frac{d'''}{\lambda'''}; \qquad (28\,\text{b})$$

Hieraus und aus Gleichung (27a) folgt:

$$k = \frac{1}{\dfrac{1}{\alpha_i} + \dfrac{d'}{\lambda'} + \dfrac{d''}{\lambda''} + \dfrac{d'''}{\lambda'''} + \text{usw.} + \dfrac{1}{\alpha_a}} \qquad (29)$$

Hierin ist:

$$\alpha_i = \alpha_{ki} + [C] + [c] \quad \text{kcal/m}^2\,\text{h} \; ^0\text{C} \qquad (30\,\text{a})$$
und
$$\alpha_a = \alpha_{ka} + [C] + [c] \qquad\qquad\text{,,} \qquad (30\,\text{b})$$

wenn außer den bekannten Strahlungsgrößen α_{ki}, α_{ka} den reinen Wärmeübergang kennzeichnen und je nach dem vorliegenden Fall aus Gleichung (7a, b) (8a, b) (9a, b) berechnet werden können. $[C]$ und $[c]$ werden aus Gleichung (22) (23) (24) berechnet.

2. Zahlenbeispiele.

Beispiel 1. Der stündliche Wärmeverlust der Außenmauer eines Wohngebäudes von 80 m² Fläche ist zu berechnen. Die einzelnen Werte sind: Ziegelmauer, 38 cm, λ (in feuchtem Zustand) $= 0{,}6$; beiderseitiger

---

[1]) Vgl. Hencky: Der Wärmeverlust durch ebene Wände, 1921, S. 10.

Verputz je 1,5 cm, $\lambda = 0,7$; Innentemperatur $= +20^0$ C, Außentemperatur $= -10^0$ C; $\alpha_i = 5,0$; $\alpha_a = 20$.

$$k = \frac{1}{\dfrac{1}{5} + \dfrac{0,015}{0,70} + \dfrac{0,38}{0,60} + \dfrac{0,015}{0,70} + \dfrac{1}{20}} = 1,08,$$

$$Q = 1,08 \cdot 80 \cdot 30 = 2592 \text{ kcal/h}.$$

Beispiel 2. Die Seitenwände eines Feuerraumes bestehen aus feuerfestem Schamottemauerwerk, 25 cm, und Ziegelmauerwerk, 25 cm, ohne Putz (vgl. Abb. 4). Temperatur des Feuerraumes $= 1000^0$ C, Außentemperatur $= 20^0$ C. Wie groß ist der Wärmedurchgang durch 1 m² Wandfläche?

Bei so großen Temperaturdifferenzen muß die Temperaturabhängigkeit des Wärmeleitvermögens und der Wärmeübergangszahlen möglichst genau berücksichtigt werden. Man macht sich daher zweckmäßig zunächst ein schätzungsweise angenommenes Bild von dem im Beharrungszustand sich einstellenden Temperaturverlauf in der ganzen Wand, ermittelt aus den geschätzten Wandtemperaturen die Wärmeübergangszahlen α_i und α_a und aus dem arithmetischen Mittel der Temperaturen der einzelnen Begrenzungswände die mittlere Temperatur in jeder Stoffschicht und aus dieser die Wärmeleitzahl. Es sei demnach:

$\alpha_i = 60$, in diesem Falle ein unter Berücksichtigung der Gasstrahlung geschätzter Wert,

Innere Schicht (Schamotte) $t_m = 800^0$ C, $\lambda = 0,70$,

Äußere Schicht (Ziegel) $\qquad t_m = 350$ „ , $\lambda = 0,45$.

$\qquad\qquad \alpha_a = 25$, nach Gleichung (8b).

Es ergibt sich dann:

$$k = \frac{1}{\dfrac{1}{60} + \dfrac{0,25}{0,70} + \dfrac{0,25}{0,45} + \dfrac{1}{25}} = 1,03 \text{ und}$$

$$Q = 1,03 \cdot 980 = 1010 \text{ kcal/m}^2 \text{ h}.$$

Will man die geschätzten Temperaturen nachprüfen, so kann man aus Gleichung (26) und (29) die Temperaturen für jede beliebige Stelle ausrechnen. Nennt man t_i die innere Wandtemperatur, t' die Temperatur an der Berührungsstelle zwischen Schamotte- und Ziegelschicht, t_a die äußere Wandtemperatur, so ist:

$$t_1 - t_i = Q\frac{1}{\alpha_i} = \frac{1010}{60} \qquad = 17^0 \text{ C}; \; t_i = 983^0 \text{ C},$$

$$t_i - t' = Q\frac{d}{\lambda} = 1010\frac{0,25}{0,70} = 361^0 \text{ C}; \; t' = 622^0 \text{ C},$$

$$t' - t_a = Q\frac{d}{\lambda} = 1010\frac{0,25}{0,45} = 562^0 \text{ C}; \; t_a = 60^0 \text{ C},$$

$$t_a - t_2 = Q\frac{1}{\alpha_a} = \frac{1010}{25} \qquad = 40^0 \text{ C}; \; t_2 = 20^0 \text{ C},$$

$$\overline{\qquad\qquad t_1 - t_2 = 980^0 \text{ C}.\qquad\qquad}$$

Die mittleren Temperaturen sind also:

$$\text{Schamotteschicht:} \quad t_m = \frac{983 + 622}{2} = 802{,}5\,^0\,\text{C};$$

$$\text{Ziegelschicht:} \quad t_m = \frac{622 + 60}{2} = 347^0\,\text{C}.$$

Genügt die Genauigkeit bei erster Schätzung nicht, so muß die Rechnung wiederholt werden.

Beispiel 2a. Zur Verminderung der Wärmeverluste der Feuerraumwand aus Beispiel 2 soll diese mit einem wärmeschützenden Material, etwa porösen Steinen, außen in 5 cm Stärke isoliert werden. Wie groß ist dann der Wärmeverlust für 1 m² Wandfläche? (Vgl. Abb. 4).

Man schätzt wieder den Temperaturverlust und die zugehörigen Konstanten:

$$\alpha_i = 60,$$

Schamotteschicht $t_m = 850^0$ C, $\lambda = 0{,}80$;

Ziegelschicht $\quad t_m = 600 \quad$ „ $\quad \lambda = 0{,}60$;

Isolierschicht $\quad t_m = 250 \quad$ „ $\quad \lambda = 0{,}10$;

$$\alpha_a = 25;$$

dann ist unter der Benutzung der bekannten Werte:

$$k = \frac{1}{\dfrac{1}{60} + \dfrac{0{,}25}{0{,}80} + \dfrac{0{,}25}{0{,}60} + \dfrac{0{,}05}{0{,}10} + \dfrac{1}{25}} = 0{,}775;$$

$$Q = 0{,}775 \cdot 980 = 760 \ \text{kcal/m}^2 \ \text{h};$$

Die Nachprüfung der Temperaturen ergibt, wenn mit t'' noch die Temperatur zwischen Ziegelschicht und Isolierschicht bezeichnet wird:

$$t_1 - t_i = 760 \ \frac{1}{60} = 13^0\,\text{C}; \quad t_i = 987^0\,\text{C};$$

$$t_i - t' = 760 \ \frac{0{,}25}{0{,}80} = 239^0\,\text{C}; \quad t' = 748^0\,\text{C};$$

$$t' - t'' = 760 \ \frac{0{,}25}{0{,}60} = 318^0\,\text{C}; \quad t'' = 430^0\,\text{C};$$

$$t'' - t_a = 760 \ \frac{0{,}05}{0{,}10} = 380^0\,\text{C}; \quad t_a = 50^0\,\text{C};$$

$$t_a - t_2 = 760 \ \frac{1}{25} = 30^0\,\text{C}; \quad t_2 = 20^0\,\text{C};$$

$$\overline{t_1 - t_2 = 980^0\,\text{C}.}$$

Die Mitteltemperaturen in den einzelnen Schichten sind:

$$\text{Schamotteschicht:} \quad t_m = \frac{987 + 748}{2} = 867{,}5^0\,\text{C};$$

$$\text{Ziegelschicht:} \quad t_m = \frac{748 + 430}{2} = 589^0\,\text{C};$$

$$\text{Isolierschicht:} \quad t_m = \frac{430 + 50}{2} = 280^0\,\text{C}.$$

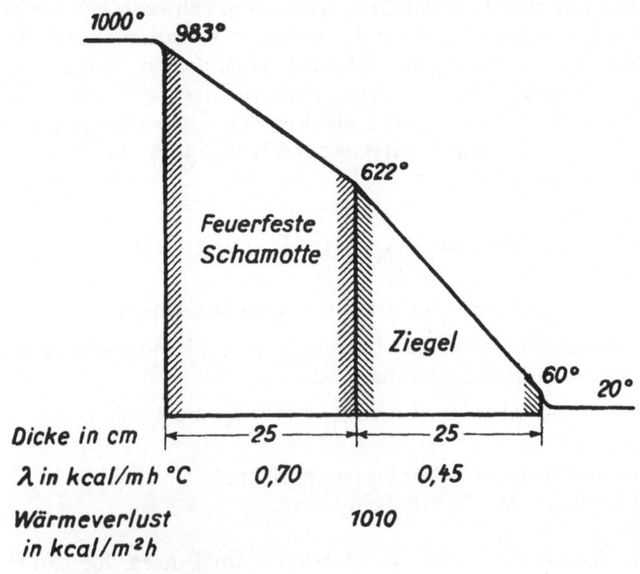

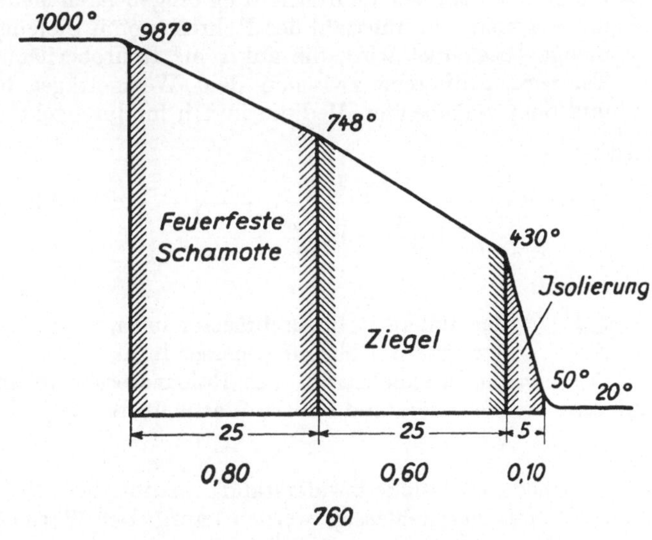

Abb. 4

Wärmeschutz von Feuerraumwänden. Temperaturverlauf im ungeschützten und isolierten
Zustand (nach den Beispielen 2 und 2a).

Bei dem vorstehenden Verfahren ist die Annahme gemacht worden,
daß die Temperatur in einer gleichartigen Schicht geradlinig verläuft
und man die mittlere Temperatur gleich dem arithmetischen Mittel der
beiden Randtemperaturen setzen kann. In Wirklichkeit verläuft die
Temperatur jedoch, da die inneren Schichten wärmer sind als die äußeren

und daher besser die Wärme leiten, nach einer schwach konvex geneigten Kurve. Die Fehlergröße, die mit der üblichen Rechnung unter Benutzung der mittleren Temperatur gemacht wird, ist indessen gering und beträgt nur wenige Prozent. Will man sehr genau rechnen, so denkt man sich die ganze Wand in eine Anzahl gleich starker Schichten zerlegt und ermittelt für jede Teilschicht den Temperaturverlauf durch das schon gezeigte Näherungsverfahren[1]).

II. Wärmedurchgang durch zylindrische Wände.

1. Wärmeverlust eines nackten Rohres.

Die von einem Wärmeträger innerhalb eines zylindrischen Rohres nach außen durchgehende Wärmemenge ist:

$$Q = k \cdot l \cdot \pi \cdot z \cdot (t_1 - t_2) \text{ kcal} \tag{31}$$

wenn bedeuten:

Q = die übertragene Wärmemenge in kcal,
l = die Länge der Rohrleitung in m,
z = die Zeit in h,
t_1 = die Temperatur des Wärmeträgers im Innern des Rohres in ^{0} C,
t_2 = die Temperatur des die Rohrleitung umgebenden Mediums in ^{0} C,
k = die Wärmedurchgangszahl des Rohres, womit diejenige Wärmemenge bezeichnet wird, die auf 1 m^2 Rohroberfläche bei 1 ^{0} C Temperaturdifferenz zwischen dem Wärmeträger im Inneren und dem umgebenden Medium in 1 h hindurchgeht.

Dabei ist:

$$k = \frac{1}{\dfrac{1}{\alpha_{iR} \cdot d_{iR}} + \dfrac{1}{2 \lambda_R} \cdot \ln \dfrac{d_{aR}}{d_{iR}} + \dfrac{1}{\alpha_{aR} \cdot d_{aR}}} \text{ kcal/m}^2 \text{ h } ^0\text{C}, \tag{32a}$$

wenn bedeuten:

d_{aR} = der äußere Rohrdurchmesser in m,
d_{iR} = der innere Rohrdurchmesser in m,
λ_R = die Wärmeleitzahl des Rohrmaterials in kcal/m $h\,^0$C,
α_{iR} und α_{aR} = die innere und äußere Wärmeübergangszahl in kcal/m^2 h ^{0} C.

Der Wärmedurchlässigkeitswiderstand metallischer Rohre ist so gering daß er stets vernachlässigt werden kann. Der Wärmeübergangswiderstand $\dfrac{1}{\alpha_{iR}}$ ist bei Flüssigkeiten und kondensierenden Dämpfen ebenfalls vernachlässigbar klein, so daß man für diese Fälle setzen kann:

$$t_1 = t_w,$$

wenn t_w die Temperatur der äußeren Rohrwand bedeutet. Für über-

---

[1]) Ein Zahlenbeispiel für ein solches Verfahren zeigt ten Bosch: Die Wärmeübertragung, 1927, S. 53.

hitzte Dämpfe und Gase muß jedoch $\dfrac{1}{\alpha_{iR}}$ berücksichtigt werden (Gleichung [12]); es ergibt sich dann die Beziehung:

$$k = \cfrac{1}{\cfrac{1}{\alpha_{iR} \cdot d_{iR}} + \cfrac{1}{\alpha_{aR} \cdot d_{aR}}} \qquad (32\,\mathrm{b})$$

Aus der Kontinuität der Wärmeströmung folgt ferner:

$$\cfrac{1}{\cfrac{1}{\alpha_{iR} \cdot d_{iR}}}\,(t_1 - t_w) = \cfrac{1}{\cfrac{1}{\alpha_{aR} \cdot d_{aR}}}\,(t_w - t_2) \qquad (32\,\mathrm{c})$$

In beiden Gleichungen ist die zunächst unbekannte Wandtemperatur t_w enthalten. Da eine allgemein gültige Bestimmungsgleichung für t_w nicht möglich ist, muß man zunächst t_w schätzen, danach α_{iR} ermitteln und mit diesem Wert t_w berechnen aus der Beziehung:

$$t_w = t_1 - \cfrac{\cfrac{1}{\alpha_{iR} \cdot d_{iR}}}{\cfrac{1}{\alpha_{iR} \cdot d_{iR}} + \cfrac{1}{\alpha_{aR} \cdot d_{aR}}}\,(t_1 - t_2), \qquad (33)$$

und zwar so lange, bis angenommener Wert und berechneter Wert übereinstimmen.

α_i ist aus den Gleichungen für den Wärmeübergang in Rohrleitungen zu entnehmen. Für überhitzten Wasserdampf (versch. Drücke, Temperaturen und Geschwindigkeiten) sind die Temperaturdifferenzen $t_1 - t_w$ in Zahlentafel 3 berechnet. Mit der bekannten Wandtemperatur ist dann der Wärmeübergang außen zu ermitteln.

ZAHLENTAFEL 3
Temperaturdifferenz $t_1 - t_w$ in ^{0} C bei Lufttemperatur 20^0 C.
(Ruhende Außenluft, Strahlungs-Konstante C = 4,0)

Dampfgeschwindigkeit w in m/sec		5	10	20	30	60
Dampfdruck p in at. abs.	Temp. t_1 in ^{0}C					
2	150	42	38	18	13	7
	200	66	48	32	24	16
	250	92	67	48	40	25
5	200	38	24	14	10	6
	250	55	38	25	17	10
	300	81	57	39	30	18
	350	105	77	52	42	24

Dampfgeschwindigkeit w in m/sec.		5	10	20	30	60
Dampfdruck p in at. abs.	Temp. t_1 in ^{0}C					
10	200	24	14	8	6	4
	250	35	22	12	10	5
	300	54	36	21	15	9
	350	74	52	31	24	14
20	250	20	13	5	5	3
	300	33	21	9	6	4
	350	45	31	17	10	7
	400	64	40	24	20	12
60	300	12	6	3	0	0
	400	28	16	8	4	0

Die Berechnung von α_R erfolgt nach der Gleichung:

$$\alpha_{aR} = \alpha_k + [C] \cdot [c] \tag{34}$$

Der Strahlungsfaktor $[C]$ wird nach Gleichung (23), der Temperaturfaktor $[c]$ nach Gleichung (22) ermittelt. Für ruhende Außenluft ist α_k nach Gleichung (10), für Windanfall nach Gleichung (11) zu berechnen.

Die Strahlungskonstante der Rohre ist je nach ihrem Zustand sehr verschieden, unter normalen Verhältnissen kann mit $C = 4{,}0$ gerechnet werden. Bei ruhender Luft steigen die Wärmeverluste nackter Rohre sehr schnell mit der Temperaturdifferenz Rohr—Luft, außerdem sind sie um so größer, je kleiner der Rohrdurchmesser ist. Bei Windanfall tritt der Einfluß dieser Größen mehr zurück, der Wärmeübergang ist dann in starkem Maße von der Strömungsgeschwindigkeit der Luft abhängig. Da die Windgeschwindigkeiten nur nach roher Schätzung angenommen werden können, wird die Berechnung gegenüber den wirklichen Betriebsverhältnissen ziemlich ungenau.

ZAHLENTAFEL 4

Wärmeverlust nackter Rohrleitungen und ebener Wände.

Strahlungs-Konstante $C = 4{,}0$ kcal/m^2 h ^{0} C^4; Lufttemperatur $= 0\ ^0$ C.

Ruhende Luft.

kcal/m h

Temp. Diff. zwischen Wandung und Luft ^{0}C	100	200	300	400
Lichter Rohrdurchmesser in mm				
50	217	600	1200	2100
100	378	1060	2140	3790
200	696	1970	4040	7230
300	982	2800	5750	10400
400	1260	3600	7470	13520
1 m^2 senkr. Wand	1250	3430	6830	11920

Windanfall w = 5,0 m/sec.
kcal/m h

Temp. Diff. zwischen Wandung und Luft ^{0} C	100	200	300	400
Lichter Rohrdurchmesser in mm				
50	636	1390	2340	3580
100	1010	2240	3850	6000
200	1700	3870	6760	10740
300	2230	5140	9110	14700
400	2800	6500	11600	18800
1 m² senkr. Wand	2880	6440	11070	17300

In Heft 6 der „Mitteilungen aus dem Forschungsheim für Wärmeschutz" sind eine Reihe von Diagrammen enthalten, die die Berechnung für viele praktische Fälle erleichtern.

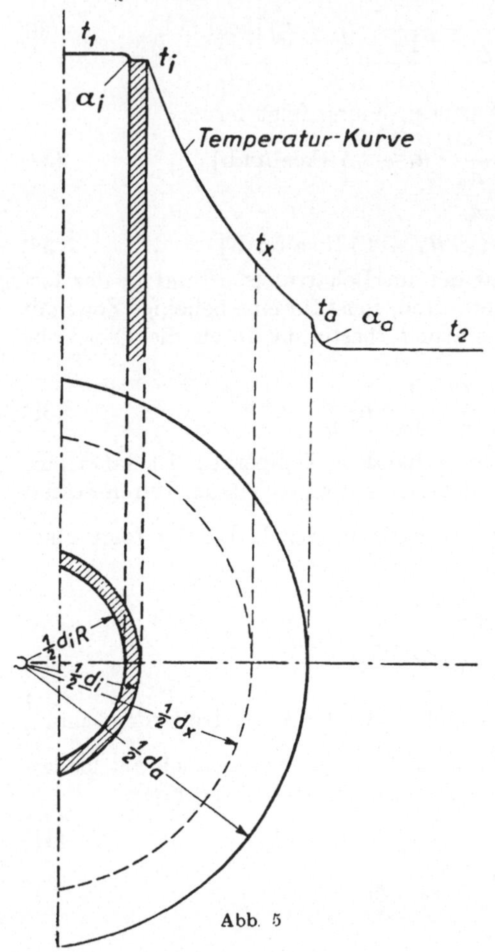

Abb. 5

2. Wärmeverlust eines isolierten Rohres.

a) Grundgleichungen.

In den nachfolgenden Gleichungen sollen bedeuten (vgl. Abb. 5):

Q ...... Wärmeverlust von 1 m Rohrlänge pro Stunde in kcal/m h,

t_1 ...... Temperatur des Energieträgers im Rohr in ^{0} C,

t_i ...... Temperatur der inneren Rohrwand in ^{0} C,

t_a ...... Temperatur der Oberfläche der Isolierung in ^{0} C,

t_2 ...... Temperatur der umgebenden Luft in ^{0} C,

α_i ...... Wärmeübergangszahl im Innern des Rohres in kcal/m² h ^{0}C,

α_u ...... Wärmeübergangszahl an der Oberfläche der Isolierung in kcal/m² h ^{0} C,

$d_{i\,R}$ ....innerer (lichter) Rohrdurchmesser in m,
d_i .....äußerer Rohrdurchmesser in m,
d_a .....äußerer Durchmesser der Isolierung in m,
λ ......Wärmeleitzahl des Isoliermaterials in kcal/m h ° C.

Der Wärmedurchgangswiderstand des Rohrmaterials kann in allen Fällen vernachlässigt werden. Die bei einem isolierten Rohr von 1 m Länge in 1 h nach außen durchgehende Wärmemenge ist dann:

$$Q = \pi \cdot \cfrac{1}{\cfrac{1}{\alpha_i \cdot d_{i\,R}} + \cfrac{1}{2\lambda} \cdot \ln \cfrac{d_a}{d_i} + \cfrac{1}{\alpha_a \cdot d_a}} \cdot (t_1 - t_2) \,[\text{kcal/m h}] \tag{35}$$

In den meisten Fällen ist die Wärmeübergangszahl α_a im Innern des Rohres so groß, daß der Wärmeübergangswiderstand $\dfrac{1}{\alpha_a \cdot d_a}$ ebenfalls vernachlässigt werden kann; man kann dann unmittelbar $t_1 = t_i$ setzen, und die Gleichung (35) vereinfacht sich:

$$Q = \pi \cdot \cfrac{1}{\cfrac{1}{2\,\lambda} \cdot \ln \cfrac{d_a}{d_i} + \cfrac{1}{\alpha_a\, d_a}} \cdot (t_1 - t_2) \,[\text{kcal/m h}] \tag{36}$$

Aus der Kontinuität der Wärmeströmung folgt ferner:

$$Q = \pi \cdot \cfrac{1}{\cfrac{1}{2\,\lambda} \cdot \ln \cfrac{d_a}{d_i}} \cdot (t_i - t_a) \,[\text{kcal/m h}] \tag{37}$$

und $$Q = \pi \cdot \alpha_a \cdot d_a \cdot (t_a - t_2) \,[\text{kcal/m h}] \tag{38}$$

Betrachtet man den Verlauf der im Beharrungszustand in der Isolierung sich einstellenden Temperaturen, so ist für eine beliebige Zone mit dem Durchmesser d_x die Temperatur t_x bestimmt durch die Gleichung (vgl. Abb. 5):

$$t_x = t_i - \frac{Q}{\pi} \cdot \frac{1}{2\,\lambda} \cdot \ln \frac{d_x}{d_i} ; \tag{39}$$

Die an jeder beliebigen Stelle vorhandene Temperatur ist daher eine Funktion des natürlichen Logarithmus des entsprechenden Durchmesser-verhältnisses $\dfrac{d_x}{d_i}$; der Temperaturverlauf in der Isolierung folgt einer logarithmischen Kurve.

Setzt man für den Ausdruck:

$$\frac{1}{2\,\lambda} \cdot \ln \frac{d_a}{d_i} = J, \tag{40}$$

so stellt J den Wärmedurchlässigkeitswiderstand der Isolierung, und $\dfrac{1}{J}$ die Wärmedurchlässigkeitszahl dar; J bezeichnet man auch als Isolierkonstante. Die Gleichung (36) hat dann die einfachere Form:

$$Q = \pi \cdot \cfrac{1}{J + \cfrac{1}{\alpha_a \cdot d_a}} \cdot (t_i - t_2) \tag{41}$$

Besteht die Isolierung aus mehreren einzelnen Schichten, mit den Wärmeleitzahlen λ', λ'', λ''' usw. und den entsprechenden Durchmessern d_i', d_i'', d_i''' usw. und d_a', d_a'', d_a''' usw., so lautet die Gleichung (36):

$$Q = \pi \cdot \frac{1}{\dfrac{1}{2\lambda'}ln\,\dfrac{d_a'}{d_i'} + \dfrac{1}{2\lambda''}\cdot ln\,\dfrac{d_a''}{d_i''} + \dfrac{1}{2\lambda'''}ln\,\dfrac{d_a'''}{d_i'''} + \cdots + \dfrac{1}{\dfrac{1}{\alpha_a \cdot d_a}}} \cdot (t_i - t_2), \qquad (42)$$

oder wenn man mit J', J'', J''' usw. die Isolierkonstanten der einzelnen Schichten bezeichnet.:

$$Q = \pi \cdot \frac{1}{J' + J'' + J''' + \cdots + \dfrac{1}{\alpha_a \cdot d_a}} \cdot (t_i - t_2). \qquad (43)$$

Die Berechnung des Wärmeverlustes nach den vorstehenden Gleichungen wird wegen der Temperaturabhängigkeit der Konstanten λ und α_a ziemlich umständlich. Für die Bestimmung von λ kann man mit genügender Genauigkeit die mittlere Temperatur tm in der Isolierung zugrunde legen, wobei tm durch die Gleichung bestimmt ist:

$$t_m = \frac{t_i + t_a}{2} ; \qquad (44)$$

Die Wärmeübergangszahl α_a wird aus den Gleichungen (10) für ruhende Luft und (11) für Windanfall berechnet; ferner kommt zu diesen, den reinen Wärmeübergang berücksichtigenden Größen noch der Strahlungsverlust hinzu, der aus Gleichungen (22) und (23) ermittelt wird. Es ist also: Für ruhende Luft:

$$\alpha_a = 1{,}02 \cdot \sqrt[4]{\frac{t_a - t_2}{d_a}} + [C] \cdot [c] , \qquad (45)$$

für Windanfall:

$$\alpha_a = 0{,}067 \cdot \frac{\lambda}{d} \left(1273 + \frac{d \cdot w \cdot R}{\eta} \right)^{0,716} + [C] \cdot [c] . \qquad (46)$$

Die Größe α_a ist also außer von der Strahlungskonstanten C der Isolierungsoberfläche abhängig von der Temperaturdifferenz $t_a - t_2$, die man auch Übertemperatur der Isolierungsoberfläche nennt, sowie auch von den absoluten Beträgen dieser Temperaturen; bei Windanfall kommt noch der Einfluß der Windgeschwindigkeit hinzu.

Da eine allgemein gültige Beziehung für t_a nicht aufzustellen ist, kann man die Berechnung nur durch Annäherung an die wahren Werte durchführen, ein Verfahren, wie es für den Wärmedurchgang durch ebene Wände in analoger Weise bereits beschrieben wurde. Für den allgemeinen Fall einer aus mehreren Schichten zusammengesetzten Isolierung, deren jeweilige äußere Temperaturen mit t', t'', t''' usw. bezeichnet werden, sind die Temperaturen zu berechnen, aus den Bestimmungsgleichungen:

1. Schicht $t_i - t' = \dfrac{Q \cdot J'}{\pi}$; hieraus wird berechnet: t' ,

2. Schicht $t' - t'' = \dfrac{Q \cdot J''}{\pi}$; „ „ t'' ,

3. Schicht $t'' - t''' = \dfrac{Q \cdot J'''}{\pi}$; „ „ „ t''',

usw.

n-te Schicht $t^n - t_a = \dfrac{Q \cdot J^n}{\pi}$; „ „ „ t_a,

ferner ist:

$$t_a - t_2 = \frac{Q}{\pi} \cdot \frac{1}{\alpha_a \cdot d_a},$$ woraus ebenfalls t_a nachgerechnet werden kann.

Für die Temperaturabhängigkeit der Wärmeleitzahl lassen sich keine allgemein gültigen Beziehungen finden, da sie von der Beschaffenheit der Isolierstoffe selbst abhängig ist und sehr verschiedene Werte aufweisen kann. Die Berechnung von α_a in Abhängigkeit von t_a und t_2 und den etwa vorhandenen Windgeschwindigkeiten ist für die meisten in der Praxis vorkommenden Fälle in nachstehenden Zahlentafeln durchgeführt;

ZAHLENTAFEL 5[1])

Wärmeübergangszahlen von isolierten Rohren an ruhende Luft in kcal/m² h ° C.

$$\left(\alpha_a = 1{,}02 \cdot \sqrt[4]{\frac{t_a - t_2}{d_a}} + [C] \cdot [c] \right)$$

(C = 2,85 kcal/m² h ° C[4])

Über-temperatur der Isolie-rungsober-fläche in °C	Lufttemperatur 0 ° C						Lufttemperatur 20 ° C					
	Äußerer Durchmesser der Isolierung in mm						Äußerer Durchmesser der Isolierung in mm					
	50	100	200	300	500	700	50	100	200	300	500	700
5	5,6	5,1	4,7	4,5	4,2	4,1	6,2	5,7	5,2	5,0	4,8	4,6
10	6,3	5,7	5,2	4,9	4,6	4,4	6,9	6,3	5,7	5,5	5,2	5,0
20	7,2	6,5	5,9	5,5	5,2	5,0	7,7	7,0	6,4	6,1	5,8	5,5
30	7,8	7,0	6,3	6,0	5,6	5,4	8,4	7,6	6,9	6,6	6,2	6,0
40	8,3	7,4	6,7	6,4	5,9	5,7	8,9	8,1	7,4	7,0	6,6	6,3
50	8,8	7,9	7,1	6,7	6,3	6,0	9,4	8,5	7,8	7,4	6,9	6,7
60	9,2	8,3	7,5	7,0	6,6	6,3	9,9	8,9	8,1	7,7	7,3	7,0
70	9,6	8,6	7,8	7,4	6,9	6,6	10,3	9,3	8,5	8,1	7,6	7,3
80	10,0	9,0	8,1	7,7	7,2	6,9	10,7	9,7	8,9	8,4	7,9	7,6
90	10,4	9,3	8,4	8,0	7,5	7,2	11,1	10,1	9,2	8,7	8,2	7,9
100	10,8	9,7	8,7	8,3	7,8	7,5	11,5	10,5	9,5	9,0	8,5	8,2

[1]) Die Zahlentafel 5 ist entnommen: Mitt. d. Forsch.-Heim f. Wärme-schutz, Heft 2, 1922, Tafel VII.

Die Strahlungszahl der Isolierungsoberfläche kann je nach Beschaffenheit der äußeren Umkleidung sehr verschieden sein; z. B.

Blechmantel (verz. Eisenblech) $C = 1,1 - 1,4$,
Nesselbinde mit Lackanstrich $C = 2,85$
Dachpappe ohne Anstrich $C = 4,5$

Will man die Strahlung möglichst genau berücksichtigen, so rechnet man Wärmeübergang nach Zahlentafel 6 und Strahlungsanteil nach Gleichungen (22) und (23) für sich allein.

ZAHLENTAFEL 6
Wärmeübergangszahl für Rohrleitungen an ruhende Luft (ohne Strahlung).

$$\left(\alpha = 1,02 \cdot \sqrt[4]{\frac{t_a - t_2}{d_a}} \ \text{kcal/m}^2 \ \text{h}\ ^0\text{C.} \right)$$

Übertemperatur der Isolierungsoberfläche in ^{0}C	Äußerer Durchmesser in mm					
	50	100	200	300	500	700
5	3,23	2,71	2,28	2,06	1,81	1,67
10	3,84	3,23	2,71	2,45	2,16	1,98
20	4,56	3,84	3,23	2,91	2,56	2,36
30	5,05	4,24	3,57	3,23	2,84	2,61
40	5,43	4.56	3,84	3,46	3,05	2,80
50	5,74	4,82	4,05	3,66	3,23	2,96
60	6,00	5,05	4,24	3,84	3.38	3,10
70	6,24	5.25	4,41	3.99	3,51	3,23
80	6,45	5,43	4,56	4,12	3,63	3,34
90	6,64	5,59	4,70	4,24	3,74	3,44
100	6,82	5,74	4,82	4,36	3,84	3,53

ZAHLENTAFEL 7 [1])
Wärmeübergangszahl isolierter Rohre von 100 ^{0}C Oberflächentemperatur bei Wind quer zum Rohr und bei 20 ^{0}C Lufttemperatur.

$$\alpha_a = 0,067 \frac{\lambda}{d} \cdot \left((1273 + \frac{d \cdot w \cdot R}{\eta})^{0,716} \right) + [C] \cdot [c] \ \text{in kcal/m}^2 \ \text{h}\ ^0\text{C}$$

$$C = 4,3 \ \text{kcal/m}^2 \ \text{h}\ ^0\text{C}^4.$$

Äußerer Durchmesser der Isolierung in m	Windgeschwindigkeit in m/sec.								
	1	2	3	4	5	10	15	20	25
0,052	16,2	21,7	26,8	31,1	35,3	54,2	69,3	83,2	97,6
0,076	14,2	19,3	23,6	28,8	31,6	48,1	62,4	75,4	87,5
0,102	13,1	17,8	21,8	25,6	29,1	44,5	57,6	69,8	80,4
0,127	12,3	16,8	20,6	23,9	27,4	41,7	54,4	65,7	76,3
0,152	11,8	16,0	19,7	23,1	26,2	39,8	51,5	62,3	72,5
0,180	11,3	15,4	19,0	22,2	25,2	38,2	49,5	59,9	69,5
0,203	11,0	15,0	18,4	21,5	24,3	36,9	48,4	57,6	66,9
0,300	10,0	13,4	16,6	19,0	21,6	32,4	42,3	51,0	58,9
0,500	9,2	12,2	14,9	17,0	19,2	28,6	37,1	43,7	51,7
0,700	8,6	11,4	13,6	15,8	17,6	26,2	34,6	40,6	47,0

[1]) Die Zahlentafel 7 ist entnommen: Mitt. d. Forsch. Heim f. Wärmeschutz, Heft 2, 1922, Tafel VIII.

Zur Berücksichtigung einer etwa von dem Wert C = 4,3 abweichenden Strahlungskonstanten kann man auch hier den Wärmeübergang und die Strahlung gesondert berechnen, jedoch ist der Einfluß der Strahlung gegenüber dem der Windgeschwindigkeit und des Rohrdurchmessers nur sehr gering, wie ein Vergleich von Zahlentafel 7 und 8 zeigt.

ZAHLENTAFEL 8

Wärmeübergangszahl isolierter Rohre von 100° C Oberflächentemperatur bei Wind quer zum Rohr und bei 20° C Lufttemperatur (ohne Strahlung).

$$\alpha = 0,067 \cdot \frac{\lambda}{d} \cdot \left(1273 + \frac{d \cdot w \cdot R}{\eta}\right)^{0,716}$$

in kcal/m² h ° C.

Äußerer Durchmesser der Isolierung in m	Windgeschwindigkeit in m/sek.								
	1	2	3	4	5	10	15	20	25
0,052	12,0	17,5	22,6	26,9	31,3	50,3	65,5	79,7	94,3
0,076	9,9	15,0	19,5	24,5	27,3	43,8	58,1	71,1	83,2
0,102	8,8	13,5	17,5	21,3	24,8	40,2	53,3	65,5	76,1
0,127	8,0	12,5	16,3	20,6	23,1	37,4	50,1	61,4	72,0
0,152	7,5	11,7	15,4	18,8	21,9	35,5	47,2	58,0	68,2
0,178	7,0	11,1	14,7	17,9	20,9	33,9	45,2	55,6	65,2
0,203	6,7	10,7	14,1	17,2	20,0	32,6	44,1	53,3	62,6
0,300	5,7	9,1	12,3	14,7	17,3	28,1	38,0	46,7	54,6
0,500	4,9	7,9	10,6	12,7	14,9	24,3	32,8	39,4	47,4
0,700	4,3	7,1	9,3	11,5	13,3	21,9	30,3	36,6	42,7

Man erkennt aus den Zahlenwerten, daß der Einfluß der Windgeschwindigkeit und des Rohrdurchmessers sehr groß ist, der Einfluß der von der Temperatur abhängenden Strahlung dagegen mehr und mehr zurück tritt. Bei den z. T. unsicheren Annahmen für die Windgeschwindigkeiten kann daher Zahlentafel 8 für viele praktische Fälle Anwendung finden, auch wenn die Temperatur von den angenommenen Werten etwas abweicht.

b) Zahlenbeispiel.

Gegeben sei:
Rohrdurchmesser 200/216 mm,
 Temperatur des Energieträgers = Rohrtemperatur = $t_i = t_1$ = 300 ° C.,
 Lufttemperatur = 20 °C.,
Rohrleitung in Innenräumen, ruhende Luft;
Wärmeschutz:
 Die Isolierung bestehe aus einem hitzebeständigen Unterstrich von Masse:
 Isolierstärke = 30 mm
 Wärmeleitzahl bei t_m = 200 ° C, λ' = 0,140,
  „   bei t_m = 300 ° C, λ' = 0,160.

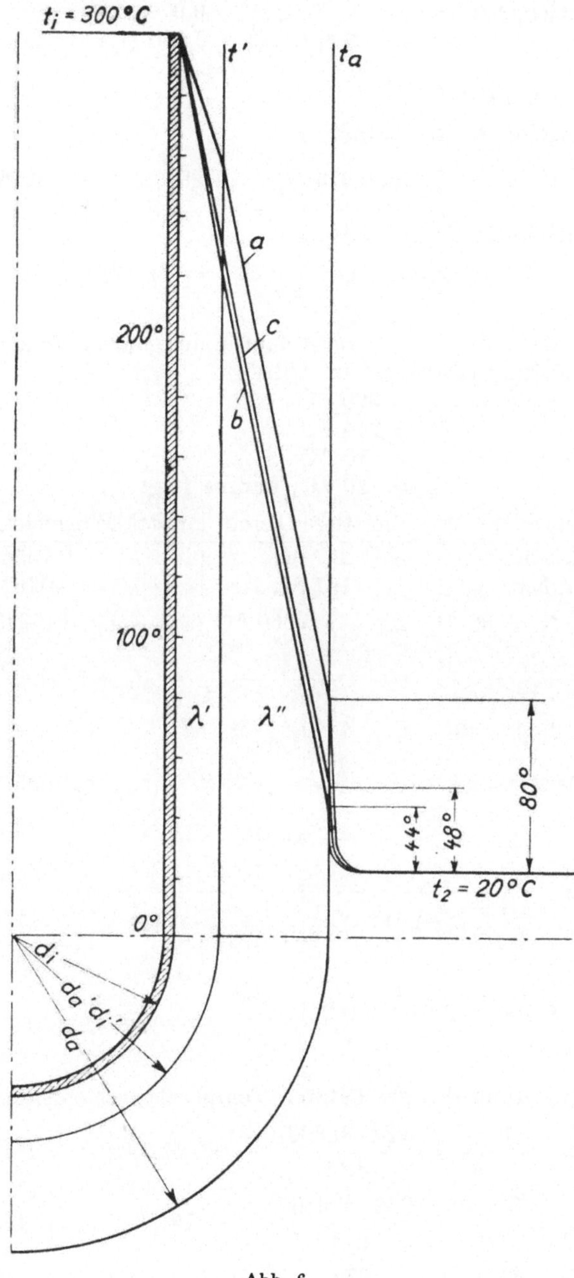

Abb. 6

Darüber sei eine nicht hitzebeständige Masse in 70 mm Stärke aufgetragen.

Wärmeleitzahl bei $t_m = 100\,^0\mathrm{C}$, $\lambda'' = 0{,}070$
„   bei $t_m = 200\,^0\mathrm{C}$, $\lambda'' = 0{,}080$.

Zunächst sei berechnet:

Innere Isolierschicht $d_i = 0{,}216$

$$d_a' = 0{,}276;\ \frac{d_a'}{d_i} = 1{,}28;\ ln\,\frac{d_a'}{d_i} = 0{,}247$$

Äußere Isolierschicht $d_i' = 0{,}276$

$$d_a = 0{,}416;\ \frac{d_a}{d_i'} = 1{,}51;\ ln\,\frac{d_a}{d_i'} = 0{,}412$$

1. Rechnung. Der Temperaturverlauf in der ganzen Isolierung **werde**
zunächst geschätzt: (Linie „a" in Abb. 6)

$$t_i = 300\,^0\mathrm{C}$$
$$t' = 254\,^0\mathrm{C}$$
$$t_a = 80\,^0\mathrm{C}$$
$$t_2 = 20\,^0\mathrm{C};\ \text{daraus folgt:}$$

Isolierschicht	mittlere Temp.	mittl. Wärmeleitz.
innen	$277\,^0\mathrm{C}$	$\lambda' = 0{,}1554$
außen	$167\,^0\mathrm{C}$	$\lambda'' = 0{,}0767$

ferner α_a bei $t_a = 80\,^0\mathrm{C}$, $t_a - t_2 = 60\,^0\mathrm{C}$ (aus Zahlentafel 5) $= 7{,}50$.

$$Q = \pi \cdot \cfrac{1}{\cfrac{1}{2 \cdot \lambda'} \cdot \cfrac{d_a'}{d_i} + \cfrac{1}{2 \cdot \lambda''} \cdot \cfrac{d_a}{d_i'} + \cfrac{1}{\alpha_a \cdot d_a}} \cdot (t_i - t_2)\ [\mathrm{kcal/m\,h}];$$

$$\text{oder}\ Q = \pi \cdot \cfrac{1}{J' + J'' + \cfrac{1}{\alpha_a \cdot d_a}} \cdot (t_i - t_2)\ [\mathrm{kcal/m\,h}];$$

$$Q = 3{,}14 \cdot \cfrac{1}{\cfrac{1}{2 \cdot 0{,}1554} \cdot 0{,}247 + \cfrac{1}{2 \cdot 0{,}0767} \cdot 0{,}412 + \cfrac{1}{7{,}5 \cdot 0{,}416}} \cdot 280$$

$$= 3{,}14 \cdot \cfrac{1}{0{,}800 + 2{,}670 + 0{,}321} \cdot 280$$

$$= 232\ \mathrm{kcal/m\,h}.$$

Die Nachprüfung des geschätzten Temperaturverlaufes ergibt:

$$t_i - t' = \frac{Q \cdot J'}{\pi} = \frac{232 \cdot 0{,}800}{3{,}14} = 59\,^0\mathrm{C};\ t' = 241\,^0\mathrm{C}$$

$$t' - t_a = \frac{Q \cdot J''}{\pi} = \frac{232 \cdot 2{,}670}{3{,}14} = 197\,^0\mathrm{C};\ t_a = 44\,^0\mathrm{C}$$

$$t_a - t_2 = \frac{Q}{\pi} \cdot \frac{1}{\alpha_a \cdot d_a} = \frac{232}{3{,}14} \cdot 0{,}321 = 24\,^0\mathrm{C};\qquad -$$

$$\overline{\hspace{3cm}}$$
$$t_i = t_2 = 280\,^0\mathrm{C}.$$

2. Rechnung. Temperaturverlauf (Linie „b" in Abb. 6)

$$t_i \;=\; 300\ ^0\mathrm{C}$$
$$t' \;=\; 241\ ^0\mathrm{C}$$
$$t_a \;=\; 44\ ^0\mathrm{C}$$
$$t_2 \;=\; 20\ ^0\mathrm{C}$$

Hieraus:

Isolierschicht	mittlere Temp.	mittl. Wärmeleitz.
innen	270,5 ^{0}C	$\lambda' \;=0,1541$
außen	142,5 ^{0}C	$\lambda'' =0,07425$

ferner α_a bei $t_a = 44\ ^0$C, $t_a - t_2 = 24\ ^0$C (aus Zahl.-Taf. 5) $= 6{,}10$.

$$Q = 3{,}14 \cdot \cfrac{1}{\cfrac{1}{2 \cdot 0{,}1541} \cdot 0{,}247 + \cfrac{1}{2 \cdot 0{,}07425} \cdot 0{,}412 + \cfrac{1}{6{,}10 \cdot 0{,}416}} \cdot 280$$

$$= 3{,}14 \cdot \cfrac{1}{0{,}802 + 2{,}760 + 0{,}393} \cdot 280$$

$$= 224 \ \mathrm{kcal/m\ h.}$$

Die zweite Nachprüfung der Temperaturen ergibt:

$$t_i - t' = \frac{224 \cdot 0{,}802}{3{,}14} = 57\ ^0\mathrm{C}; \quad t' = 243\ ^0\mathrm{C}$$

$$t' - t_a = \frac{224 \cdot 2{,}760}{3{,}14} = 195\ ^0\mathrm{C}; \quad t_a = 48\ ^0\mathrm{C}$$

$$t_a - t_2 = \frac{224 \cdot 0{,}393}{3{,}14} = 28\ ^0\mathrm{C}; \quad t_2 = 20\ ^0\mathrm{C}$$

$$\overline{\ t_i - t_2 = 280\ ^0\mathrm{C}}$$

3. Rechnung. Temperaturverlauf (Linie „c" in Abb. 6)

$$t_i \;=\; 300\ ^0\mathrm{C}$$
$$t' \;=\; 243\ ^0\mathrm{C}$$
$$t_a \;=\; 48\ ^0\mathrm{C}$$
$$t_2 \;=\; 20\ ^0\mathrm{C}$$

Hieraus:

Isolierschicht	mittlere Temp.	mittl. Wärmeleitz.
innen	271,5 ^{0}C	$\lambda' \;=0,1543$
außen	145,5 ^{0}C	$\lambda'' =0,07455$

ferner α_a bei $t_a = 48\ ^0$C, $t_a - t_2 = 28\ ^0$C (aus Zahl.-Taf. 5) $= 6{,}30$.

$$Q = 3{,}14 \cdot \cfrac{1}{\cfrac{1}{2 \cdot 0{,}1543} \cdot 0{,}247 + \cfrac{1}{2 \cdot 0{,}07455} \cdot 0{,}412 + \cfrac{1}{6{,}30 \cdot 0{,}416}} \cdot 280$$

$$= 3{,}14 \cdot \cfrac{1}{0{,}800 + 2{,}760 + 0{,}382} \cdot 280$$

$$= 223 \ \mathrm{kcal/m\ h.}$$

Die dritte Nachprüfung der Temperaturen ergibt:

$$t_i - t' = \frac{223 \cdot 0{,}800}{3{,}14} = 57 \ ^0\mathrm{C}; \ t' = 243 \ ^0\mathrm{C}$$

$$t' - t_a = \frac{223 \cdot 2{,}760}{3{,}14} = 196 \ ^0\mathrm{C}; \ t_a = 47 \ ^0\mathrm{C}$$

$$t_a - t_2 = \frac{223}{3{,}14} \cdot 0{,}382 = 27 \ ^0\mathrm{C}; \ t_2 = 20 \ ^0\mathrm{C}$$

$$t_i - t_2 = 280 \ ^0\mathrm{C}$$

Fehlerberechnung:

	t_a	α_a	Q
Schätzung	$+ 67\%$	$+ 19\%$	$+ 4\%$
1. Rechnung	$- 8{,}3\%$	$- 0{,}32\%$	$+ 0{,}45\%$
2. Rechnung...........	$+ 2{,}1\%$	—	—

Man erkennt an dem Beispiel, daß selbst ein sehr großer Schätzungsfehler von t_a schon in erster Rechnung stark verkleinert wird und sich nur zu einem sehr geringen Bruchteil auf den zu ermittelnden Wert Q auswirkt.

Vergleicht man ferner die geschätzten und errechneten mittleren Temperaturen der Isolierschichten und die zugehörigen Wärmeleitzahlen, so zeigt sich, daß trotz des großen Schätzungsfehlers von t_a (im Beispiel 67%) die mittleren Temperaturen und damit die Wärmeleitzahlen sich nur wenig ändern:

	Innere Isolierschicht		Äußere Isolierschicht	
	t_m ^{0} C	λ_m kcal/m h ^{0} C	t_m ^{0} C	λ_m kcal/m h ^{0} C
Schätzung	277	0,1554	167	0,0767
1. Rechnung	270,5	0,1541	142,5	0,07425
2. Rechnung	271,5	0,1543	145,5	0,07455
3. Rechnung	271,5	0,1543	145	0,0745
Endgült. Änderung in %	-2%	$-0{,}07\%$	-13%	$-2{,}9\%$

Bei den ohnehin unsicheren Annahmen für die Wärmeleitfähigkeiten, die immer mit einer gewissen Toleranz in die Rechnung eingesetzt werden müssen, kann man daher für die meisten Fälle der Praxis nach erster Schätzung der mittleren Temperatur und der zugehörigen Wärmeleitzahl diese für die weitere Rechnung als konstant annehmen.

c) Vereinfachte Berechnung des Wärmeverlustes isolierter Rohrleitungen.

In der Praxis muß der Wärmeverlust isolierter Rohre häufig für eine Reihe von Rohrdurchmessern, verschiedenen Temperaturen und mit verschiedenen Isolierstärken und Wärmeleitzahlen berechnet werden, so daß sich eine sehr zeitraubende Arbeit ergeben würde. Es hat daher nicht an Bemühungen gefehlt, die Berechnung unter Zulassung einer wenn auch geringeren, aber doch genügenden Genauigkeit zu vereinfachen.

Aus der Nusseltschen Gleichung für den Wärmeübergang (Gleichung (45), unter Einbeziehung der Strahlung) und einer rein empirisch von van Rinsum[1]) gefundenen Gleichung

$$\alpha_a = 4{,}5 + 0{,}1 \cdot (t_a - t_2), \tag{46}$$

die für die Rohre von 180 mm Durchmesser und Übertemperaturen von $0 - 35^{0}$ C bei ruhender Luft und einer Strahlungskonstanten von C $= 2{,}58$ gilt, hat Cammerer[2]) eine neue Bestimmungsgleichung für α_a angegeben:

$$\alpha_a = 5{,}0 + 0{,}05 \cdot (t_a - t_2). \tag{47}$$

In extremen Fällen weicht diese Gleichung von den Nusseltschen Werten immer noch erheblich ab; bei sehr kleinem und sehr großem Durchmesser (0,05 und 0,8 m) um etwa 25%. Da jedoch das Glied $\dfrac{1}{\alpha_a \cdot d_a}$ der Gleichung (36) bei einigermaßen normaler Isolierung nur etwa 10% des ganzen Nennerwertes annimmt, beträgt der maximale Fehler nur etwa 2,5%. Gleichung (47) kann daher für die meisten Fälle der Praxis als genügend genau angesehen werden.

Aus Gleichung (37) und (38) erhält man ferner:

$$\alpha_a = \frac{t_i - t_a}{d_a \cdot J \cdot (t_a - t_2)} \; ; \tag{48}$$

Setzt man vereinfachend

$$\frac{1}{d_a \cdot J} = B, \tag{49}$$

wobei B eine nur von Rohrdurchmesser und Isolierstärke abhängige Hilfsgröße darstellt, so ergibt sich die Bestimmungsgleichung der Übertemperatur:

$$t_a - t_2 = -(50 + 10\,B) + \sqrt{(50 + 10\,B)^2 + 20\,B \cdot (t_i - t_2)} \tag{50}$$

Nach Ermittelung von B und t_a wird dann der Wärmeverlust bestimmt durch die Gleichung:

$$Q = \pi \cdot \frac{d_a}{\underset{B}{1}} \cdot (t_i - t_a) \;[\text{kcal/m h}] \tag{51}$$

Die vorstehende Gleichung gilt nur für ruhende Außenluft. Bei Windanfall läßt sich keine feste Beziehung zwischen Oberflächentemperatur und Lufttemperatur angeben. Man muß in diesem Falle von Gleichung (36) ausgehen und bestimmt Q aus der neuen Gleichung:

$$Q = \pi \cdot \frac{d_a}{\dfrac{1}{B} + \dfrac{1}{\alpha_a}} \cdot (t_i - t_2) \tag{52}$$

Den Wert α_a kann man, da bei Windanfall seine Abhängigkeit von t_a nur sehr gering ist, nach ungefährer Schätzung von t_a genügend genau

---

1)W. van Rinsum: Forschungsarbeiten auf dem Gebiete des Ingenieurwesens, 1919, Heft 228.
2) Mitt. d. Forsch. Heim f. Wärmeschutz, 1922, Heft 2, S. 20.

ermitteln, z. B. aus Zahlentafel 6. Führt man noch eine neue Hilfsgröße B_w ein, wobei

$$B_w = \frac{1}{\dfrac{1}{B} + \dfrac{1}{\alpha_a}} \tag{53}$$

ist, so geht Gleichung (52) über in die ebenfalls einfache Form:

$$Q = \pi \cdot \frac{d_a}{\dfrac{1}{B_w}} \cdot (t_i - t_2) \ . \tag{54}$$

Bei aus mehreren Schichten zusammengesetzten Isolierungen sind die Gleichungen (51) und (54) sinngemäß umzuwandeln. Bezeichnet man mit J', J'', J''', usw. die Isolierkonstanten der einzelnen Schichten, mit B', B'', B''' usw. die entsprechenden Hilfsgrößen, so ist:

$$B = \frac{1}{\dfrac{1}{B'} \cdot \dfrac{d_a}{d_a'} + \dfrac{1}{B''} \cdot \dfrac{d_a}{d_a''} + \dfrac{1}{B'''} \cdot \dfrac{d_a}{da'''} + \text{usw.}}, \tag{55}$$

wenn d_a', d_a'', d_a''' usw. die äußeren Durchmesser der Schichten bedeuten.

Das vorstehende Verfahren eignet sich zu graphischen Berechnungsmethoden, wobei Fluchtlinientafeln (Nomogramme) oder Kurventafeln verwendet werden.[1])

Ein weiteres graphisches Verfahren, das wegen seiner Einfachheit und Übersichtlichkeit für praktische Bedürfnisse besonders geeignet erscheint, hat E. Borschke[2]) in neuerer Zeit ausgearbeitet. Das Verfahren, auf dessen mathematische Ableitung hier nicht näher eingegangen werden soll, baut sich auf dem in dem Zahlenbeispiel auf Seite 41 durchgeführten Gedanken auf, durch Schätzung von t_a, Errechnung von Q und Nachprüfung des geschätzten t_a — Wertes den Wärmeverlust in fortschreitender Annäherung zu bestimmen. Dabei ist die vereinfachende Annahme gemacht, daß die Wärmeleitzahl für das durch den Schätzungsfehler von t_a gekennzeichnete Gebiet der mittleren Temperatur $\dfrac{t_i + t_a}{2}$ als konstant angesehen werden kann. Zur leichteren graphischen Darstellung ist Gleichung (37) und (38) noch durch Multiplikation mit dem Faktor $\dfrac{1}{\pi \cdot d_a}$ umgewandelt, so daß man den Wärmeverlust pro m² äußere Isolierungsoberfläche erhält.

$$Q = \frac{1}{d_a \cdot \dfrac{1}{2\lambda} \cdot \ln \dfrac{d_a}{d_i}} (t_i - t_a) \ [\text{kcal/m}^2\,\text{h}]. \tag{56}$$

und

$$Q = \alpha_a \cdot (t_a - t_2) \ [\text{kcal/m}^2\,\text{h}]. \tag{57}$$

---

[1]) Vgl. Mitt. d. Forsch. Heim f. Wärmeschutz, München, Heft 2, 1922. Ferner Heft 5, 1924.

[2]) E. Borschke: Berechnung der wirtschaftlichsten Isolierdicken. Archiv für Wärmewirtschaft 1928, Heft 4.

Es wird ferner wieder eine Hilfsgröße B eingeführt, wobei

$$B = \frac{1}{d_a \cdot \frac{1}{2\lambda} \cdot \ln \frac{d_a}{d_i}} \text{ ist.} \tag{58}$$

Gleichung (56) hat dann die Form:

$$Q = B \cdot (t_i - t_a), \tag{59}$$

und hieraus und aus Gleichung (57) ergibt sich

$$t_a = \frac{B\,(t_i - t_a) + \alpha_a\, t_2}{\alpha_a}. \tag{60}$$

Nachstehend sei zur Veranschaulichung der Konvergenz des graphischen Verfahrens ein analoges Zahlenbeispiel ausgeführt. Hierbei ist α_a zur Vereinfachung unveränderlich[1]) angenommen (zur direkten Ermittlung von t_a aus Gl. (57) und (59) kann das willkürlich eingesetzte α_a, das beim graphischen Verfahren gleichfalls auf den physikalisch richtigen Endwert konvergiert, natürlich nicht dienen.)

$$\begin{aligned}
\text{Gegeben:}\quad t_i &= 250\ ^0\text{C} \\
t_2 &= 10\ \text{„} \\
B &= 1{,}5 \\
\alpha_a\ (\text{geschätzt}) &= 7{,}5 \\
t_a\ (\text{geschätzt}) &= 40\ ^0\text{C.}
\end{aligned}$$

Dann ergibt sich aus Gleichung (59) und (60):

Schätzung: $\quad Q = 1{,}5\,(250 - 40) = 315\ [\text{kcal/m}^2\ \text{h}];$

1. Rechnung: $\quad t_{a_1} = \dfrac{315 + 75}{7{,}5} = 52\ ^0\text{C};$

$\qquad\qquad\qquad Q_1 = 1{,}5\,(250 - 52) = 297\ [\text{kcal/m}^2\ \text{h}];$

2. Rechnung: $\quad t_{a_2} = \dfrac{297 + 75}{7{,}5} = 49{,}6\ ^0\text{C};$

$\qquad\qquad\qquad Q_2 = 1{,}5\,(250 - 49{,}6) = 301\ [\text{kcal/m}^2\ \text{h}];$

3. Rechnung: $\quad t_{a_3} = \dfrac{301 + 75}{7{,}5} = 50{,}1\ ^0\text{C};$

$\qquad\qquad\qquad Q_3 = 1{,}5\,(250 - 50{,}1) = 300\ [\text{kcal/m}^2\ \text{h}];$

4. Rechnung: $\quad t_{a_4} = \dfrac{300 + 75}{7{,}5} = 50\ ^0\text{C.}$

t_a liegt also zwischen 50,1 und 50 °C, eine Differenz, die so klein ist, daß sie praktisch keinen Einfluß mehr hat. Es ergibt sich also:

$$Q = 1{,}5\,(250 - 50) = 300\ [\text{kcal/m}^2\ \text{h}].$$

---

[1]) Ein mathematischer Beweis dafür, daß dieses Verfahren nach einer endlichen Zahl von Rechnungen zum wahren Wert von α_a und t_a führt, ist in der schon erwähnten Veröffentlichung von E. Borschke durchgeführt. Dabei ist, ebenso wie in dem Zahlenbeispiel α_a innerhalb des durch den Schätzungsfehler gekennzeichneten Gebietes als konstant angenommen. Diese Vereinfachung ist zulässig, da an der Konvergenz der ermittelten t_a- und Q-Werte nur die Stärke geändert wird.

Fehlerberechnung:

	t_a	Q
Schätzung:	-20 v. H.	$+5$ v. H.
1. Rechnung	$+1$ „	-1 „
2. Rechnung	$-0,8$ „	$+0,33$ „
3. Rechnung	$+0,2$ „	—

Bei einem Schätzungsfehler von 20 % für t_a ergab sich schon in erster Rechnung ein Q, das nur einen Fehler von 1 % aufweist.

Auf diesem Gedankengang baut sich das graphische Verfahren auf (vgl. Abb. 7). Man geht von dem äußeren Rohrdurchmesser vertikal bis zum Schnitt mit der Kurve gewählter Isolierstärke, von dort horizontal bis zur entsprechenden Kurve der Wärmeleitzahl, über die Abszissenachse, auf der die so gefundenen Werte für B maßstäblich aufgetragen sind, hinweg bis zum Schnitt mit der geschätzten $(t_i - t_a)$-Linie, weiter horizontal über die Ordinatenachse, auf der die Wärmeverluste aufgetragen, bis zu der dem vorhandenen Rohrdurchmesser entsprechenden $\alpha_a \cdot (t_a - t_2)$-Kurve und senkrecht herunter bis zur Abszissenachse, auf der man die Werte $(t_a - t_2)$ abliest. Den ermittelten Wert von t_a setzt man nochmals ein, geht vom früher gefundenen Wert B bis zur neuen $(t_i - t_a)$-Linie und liest auf der Ordinatenachse die erste fast stets hinreichend genaue Annäherung von Q ab. Erforderlichenfalls ist das Verfahren nochmals zu wiederholen. Für ebene Wände geht man an Stelle des Rohrdurchmessers von der auf der Ordinatenachse aufgetragenen Isolierstärke aus. Die Diagramme ermöglichen die Berechnung für ruhende Luft und Windgeschwindigkeiten von 5 und 20 m/sec. Infolge des überragenden Einflusses der Windgeschwindigkeit und des Rohrdurchmessers, — die Übertemperatur $(t_a - t_2)$ verliert fast vollkommen ihre Einwirkung auf α_a —, sind die $(t_a - t_2)$-Kurven mit hinreichender Genauigkeit durch gerade Linien dargestellt. Die Tabelle auf der Rückseite des Blattes ermöglicht schließlich eine schnelle und bequeme Umrechnung des für den m² äußere Oberfläche ermittelten Wärmeverlustes auf 1 m Rohrlänge.

In der Abb. 7 ist ein Rechenbeispiel eingetragen. Es sei:

$$t_i = 300, \ t_2 = 20 \ ^0\text{C},$$

Isolierstärke $s = 50$ mm,

Wärmeleitzahl $\lambda = 0,085$,

äußerer Rohrdurchmesser $= 200$ mm.

Man berechnet zunächst durch Verfolgen des Linienzuges B zu 1,4. t_a werde geschätzt zu 55 ⁰ C, hieraus $(t_i - t_a) = 245$ ⁰ C. Es ergibt sich $Q = 342$ und die Übertemperatur $(t_a - t_2) = 49$ ⁰ C; hieraus $t_a = 69$ und $(t_i - t_a) = 231$ ⁰ C. Für diesen Wert findet man ein $Q = 323$ und ein $t_a = 47$ ⁰ C. Zwischen dieser und der nächsten Annäherung von 326 kcal besteht nur noch ein Unterschied von 3 kcal = ca. 1 v. H. Da es sich aber um eine alternierende Reihe handelt, muß der wahre Wert zwischen diesen beiden Ergebnissen liegen, mithin um weniger als 1 v. H. von der zweiten Annäherung abweichen.

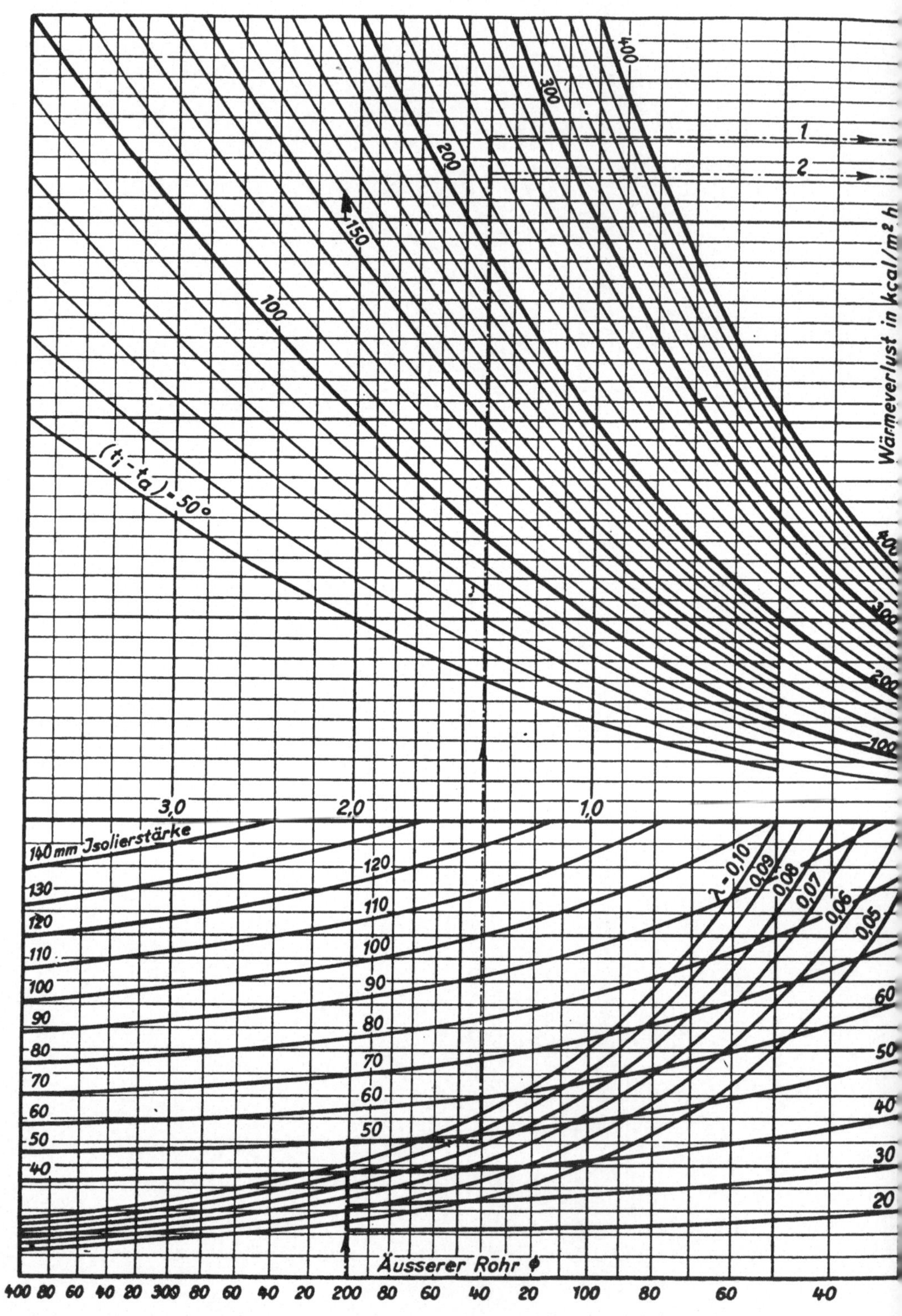
Wärmeverlust in kcal/m² h
1
2
400
300
200
150
100
(ti-ta)=50°
3,0
2,0
1,0
140 mm Isolierstärke
130
120
110
100
90
80
70
60
50
40
120
110
100
90
80
70
60
50
λ=0,10
0,09
0,08
0,07
0,06
0,05
60
50
40
30
20
Äusserer Rohr ø
400 80 60 40 20 300 80 60 40 20 200 80 60 40 20 100 80 60 40

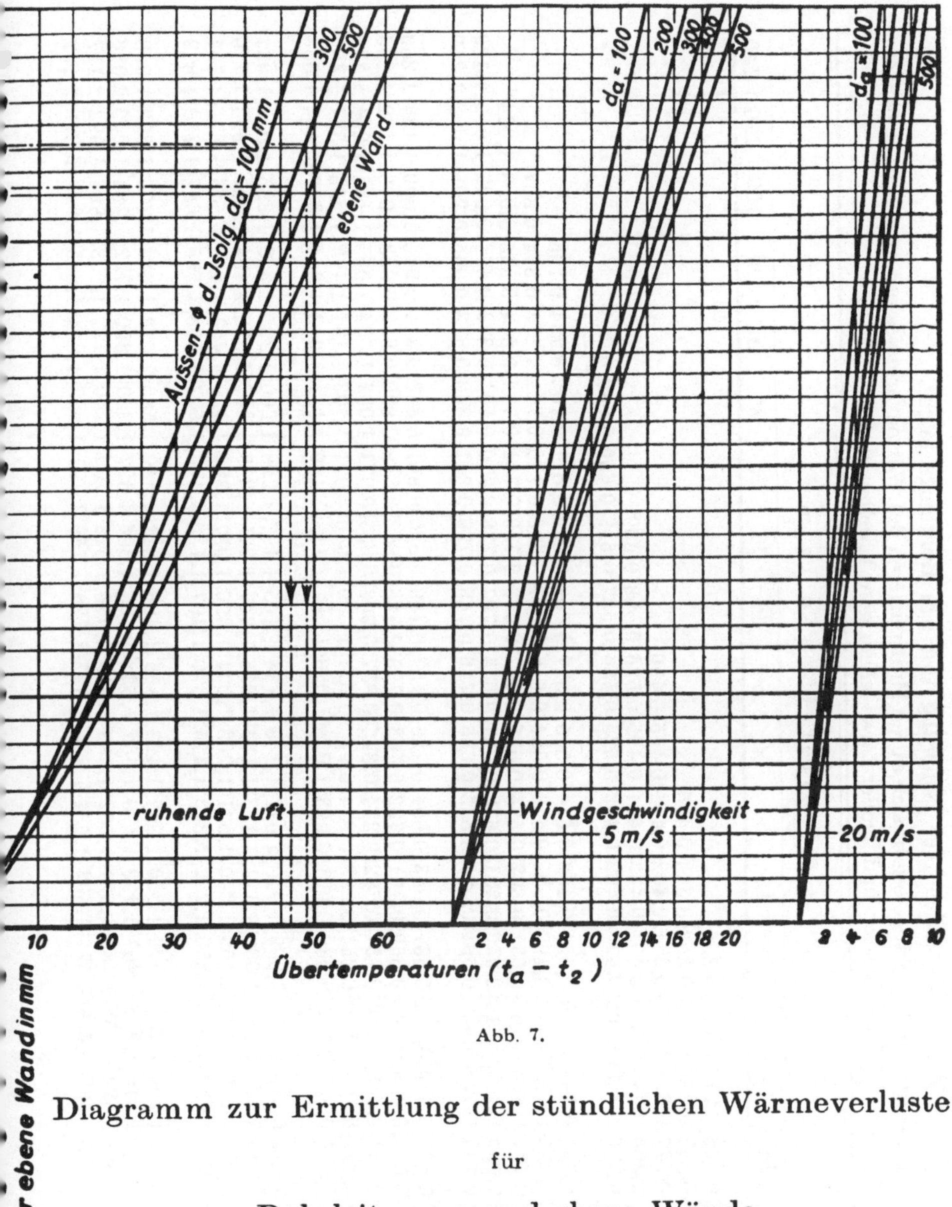

Abb. 7.

Diagramm zur Ermittlung der stündlichen Wärmeverluste

für

Rohrleitungen und ebene Wände

in kcal/m² der äußeren Isolierungsoberfläche

Tabelle der Umrechnungsfaktoren auf Wärmeverluste für 1 m Rohrlänge umseitig.

Äußere Oberfläche der Isolierung von 1 m Rohrlänge in m².

Der stündliche Wärmeverlust für 1 m Rohrlänge ergibt sich durch Multiplizieren des Wärmeverlustes pro m² mit dem zu Rohrdurchmesser und Isolierstärke gehörigen Tabellenwert.

Nennweite des Rohres in mm	Isolierstärken in mm																	
	20	25	30	35	40	45	50	55	60	65	70	75	80	85	90	100	120	140
20	0,2105	0,242	0,273	0,305	0,336													
25	0,226	0,258	0,289	0,320	0,352	0,383	0,415											
32	0,245	0,277	0,308	0,340	0,371	0,402	0,434	0,465	0,496									
40	0,275	0,306	0,338	0,369	0,401	0,432	0,464	0,495	0,526	0,558	0,589							
50	0,305	0,336	0,368	0,399	0,430	0,462	0,493	0,525	0,556	0,587	0,619	0,650	0,682	0,713				
60	0,325	0,357	0,388	0,420	0,451	0,482	0,514	0,545	0,577	0,608	0,639	0,671	0,702	0,734	0,765			
70	0,364	0,396	0,427	0,459	0,490	0,521	0,553	0,584	0,616	0,647	0,679	0,710	0,741	0,773	0,804	0,867		
80	0,405	0,437	0,468	0,500	0,531	0,562	0,594	0,625	0,657	0,688	0,719	0,751	0,782	0,814	0,845	0,908	1,034	
90	0,424	0,456	0,487	0,518	0,550	0,581	0,613	0,644	0,675	0,707	0,738	0,770	0,801	0,833	0,864	0,927	1,052	1,178
100	0,465	0,496	0,528	0,559	0,591	0,622	0,653	0,685	0,716	0,748	0,779	0,811	0,842	0,873	0,905	0,968	1,093	1,219
110	0,506	0,537	0,569	0,600	0,631	0,663	0,694	0,726	0,757	0,789	0,820	0,851	0,883	0,914	0,946	1,009	1,134	1,260
125	0,544	0,575	0,606	0,638	0,669	0,701	0,732	0,763	0,795	0,826	0,858	0,889	0,920	0,952	0,983	1,046	1,172	1,298
150	0,625	0,657	0,688	0,719	0,751	0,782	0,814	0,845	0,877	0,908	0,939	0,971	1,002	1,034	1,065	1,128	1,254	1,379
175	0,726	0,757	0,789	0,820	0,851	0,883	0,914	0,946	0,977	1,009	1,040	1,071	1,103	1,134	1,165	1,228	1,354	1,480
200	0,804	0,836	0,867	0,898	0,930	0,961	0,993	1,024	1,056	1,087	1,118	1,150	1,181	1,213	1,244	1,307	1,433	1,558
225	0,883	0,914	0,946	0,977	1,009	1,040	1,071	1,103	1,134	1,165	1,197	1,228	1,260	1,291	1,323	1,385	1,511	1,637
250	0,964	0,996	1,027	1,059	1,090	1,121	1,153	1,184	1,216	1,247	1,279	1,310	1,342	1,372	1,404	1,467	1,593	1,719
275	1,043	1,074	1,106	1,137	1,169	1,200	1,231	1,263	1,294	1,326	1,357	1,389	1,420	1,451	1,483	1,546	1,671	1,797
300	1,125	1,156	1,188	1,219	1,250	1,282	1,313	1,345	1,376	1,407	1,439	1,470	1,502	1,533	1,565	1,627	1,753	1,879
325	1,203	1,235	1,266	1,297	1,329	1,360	1,392	1,423	1,455	1,486	1,517	1,549	1,580	1,612	1,643	1,706	1,832	1,958
350	1,282	1,313	1,345	1,376	1,407	1,439	1,470	1,502	1,533	1,565	1,596	1,627	1,659	1,690	1,722	1,784	1,910	2,036
375	1,364	1,395	1,426	1,458	1,489	1,521	1,552	1,583	1,615	1,646	1,678	1,709	1,740	1,772	1,803	1,866	1,992	2,117
400	1,445	1,477	1,508	1,539	1,571	1,602	1,634	1,665	1,697	1,728	1,759	1,791	1,822	1,854	1,885	1,948	2,073	2,199

Das Diagramm gibt weiterhin die Möglichkeit, auf einfachste Weise die erforderliche Isolierstärke oder auch die Wärmeleitzahl zu bestimmen, wenn ein bestimmter Wärmeverlust pro m² oder eine bestimmte Oberflächentemperatur gegeben sind.

III. Wärmeübertragung in Luftschichten.

1. Die äquivalente oder wirksame Wärmeleitzahl einer Luftschicht.

Die durch Leitung, Konvektion und Strahlung erfolgende Wärmeübertragung in Luftschichten läßt sich auf einfache Weise berechnen, wenn man die Einzelvorgänge durch eine Hilfsgröße zusammenfaßt. Es seien:

λ_l = die eigentliche Wärmeleitzahl der ruhenden Luft,

λ_k = die Wärmeleitzahl, die ein den Hohlraum ausfüllender fester Körper haben müßte, um die gleiche Wärmemenge zu übertragen, wie durch Konvektion allein,

λ_s = die Wärmeleitzahl eines festen Körpers, der die gleiche Wärmemenge überträgt, wie durch die Strahlung allein.

Die insgesamt übertragene Wärmemenge ist dann gleich der Summe dieser drei Wärmeleitzahlen; sie wird die äquivalente[1]) oder wirksame[2]) Wärmeleitzahl λ_w der Luftschicht genannt.

$$\lambda_w = \lambda_l + \lambda_k + \lambda_s \ [\text{kcal/m h }^0\text{C}] \tag{61}$$

Ist die Wärmeleitzahl λ_w einer Luftschicht bekannt, so gestaltet sich die Berechnung der übertragenen Wärmemenge recht einfach, und es finden die in den vorstehenden Abschnitten entwickelten Grundgleichungen sinngemäß Anwendung.

2. Senkrechte Luftschichten.

Die in einer von senkrechten Wänden von großer Ausdehnung eingeschlossenen Luftschicht übertragene Wärmemenge Q ist bestimmt durch die Gleichung:

$$Q = F \cdot z \cdot \frac{\lambda_w}{d} \cdot (t_1 - t_2) \ [\text{kcal}], \tag{62}$$

wenn bedeuten:

F = die Fläche der gegenüberliegenden Wände in m²,

z = die Zeit in Stunden,

t_1 und t_2 = die beiderseitigen Wandtemperaturen in °C,

d = die Dicke der Luftschicht in m,

λ_w = die äquivalente oder wirksame Wärmeleitzahl der Luftschicht in kcal/m h ° C.

λ_w ist aus Gleichung (61) zu berechnen.

λ_l wird nach Gleichung (5) berechnet oder einer Tabelle[3]) entnommen; dabei kann mit genügender Genauigkeit das arithmetische Mittel der

---

[1]) Vgl. K. Hencky: Die Wärmeverluste durch ebene Wände, 1921, S. 27.

[2]) Vgl. E. Schmidt: Z. d. V. D. J. 1927, S. 1395.

[3]) Eine Tabelle der λ_l-Werte ist im Prioform-Handbuch 1925, S. 130 enthalten.

Wandtemperaturen $\dfrac{t_1 + t_2}{2}$ zugrunde gelegt werden. Für λ_k liegen die Versuchswerte von Schmidt vor (vgl. Zahlentafel 2).

Aus Gleichung (21) und (62) ergibt sich:

$$\lambda_s = \frac{d}{\dfrac{1}{C_1} + \dfrac{1}{C_2} - \dfrac{1}{Cs}} \cdot \frac{\left(\dfrac{T_1}{100}\right)^4 - \left(\dfrac{T_2}{100}\right)^4}{T_1 - T_2}. \tag{63}$$

Für sehr kleine Temperaturunterschiede, verschiedene Mitteltemperaturen, verschiedene Strahlungskonstanten der Wände und verschiedene Luftschichtdicken sind die Werte von λ_l, λ_k, λ_s und λ_w in Zahlentafel 9 zusammengestellt.

ZAHLENTAFEL 9

Äquivalente (wirksame) Wärmeleitzahl senkrechter Luftschichten bei kleinen Temperaturunterschieden.

$$\lambda_w = \lambda_l + \lambda_k + \lambda_s$$

Mittlere Temperatur °C	Strahl.-Konst. $C_1 = C_2$ kcal/m² h °C⁴		Dicke der Luftschicht in cm					
			1	2	4	6	10	15
0	4,0	λ_l	0,020	0,020	0,020	0,020	0,020	0,020
		λ_k	0,005	0,010	0,030	0,050	0,120	0,225
		λ_s	0,028	0,056	0,111	0,167	0,278	0,417
		λ_w	0,053	0,086	0,161	0,237	0,418	0,662
	1,0	λ_l	0,020	0,020	0,020	0,020	0,020	0,020
		λ_k	0,005	0,010	0,030	0,050	0,120	0,225
		λ_s	0,005	0,009	0,018	0,028	0,046	0,069
		λ_w	0,030	0,039	0,068	0,098	0,186	0,314
100	4,0	λ_l	0,026	0,026	0,026	0,026	0,026	0,026
		λ_k	0,005	0,010	0,030	0,050	0,120	0,225
		λ_s	0,071	0,142	0,284	0,430	0,711	1,066
		λ_w	0,102	0,178	0,340	0,506	0,857	1,317
	1,0	λ_l	0,026	0,026	0,026	0,026	0,026	0,026
		λ_k	0,005	0,010	0,030	0,050	0,120	0,225
		λ_s	0,012	0,023	0,046	0,070	0,116	0,174
		λ_w	0,043	0,059	0,102	0,146	0,262	0,425
200	4,0	λ_l	0,032	0,032	0,032	0,032	0,032	0,032
		λ_k	0,005	0,010	0,030	0,050	0,120	0,225
		λ_s	0,145	0,290	0,580	0,870	1,450	2,175
		λ_w	0,182	0,332	0,642	0,952	1,602	2,432
	1,0	λ_l	0,032	0,032	0,032	0,032	0,032	0,032
		λ_k	0,005	0,010	0,030	0,050	0,120	0,225
		λ_s	0,024	0,047	0,095	0,142	0,237	0,356
		λ_w	0,061	0,089	0,157	0,224	0,389	0,613

Man erkennt an den prozentualen Werten den mit steigender Temperatur immer mehr überragenden Anteil der Strahlung, besonders bei hohen Strahlungszahlen.

3. Horizontale Luftschichten.

Zu unterscheiden sind zwei Fälle, einmal wenn die Wärme von oben nach unten strömt, oder wenn sie in entgegengesetzter Richtung übertragen wird. Im ersteren Falle findet keine Luftumwälzung statt, da die wärmeren und spezifisch leichteren Luftteilchen sich ohnehin oben befinden; λ_k kann $= O$ gesetzt werden. Im zweiten Falle kann man mit dem Wert für vertikale Luftschichten, eher mit etwas größeren Werten rechnen. λ_l und λ_s bleiben unverändert.

4. Zylindrische horizontale Luftschichten.

Versuche zur Bestimmung von λ_k sind für diesen Fall bis heute nicht ausgeführt worden. Da die Wärme für einen Teil des Umfangs annähernd von oben nach unten strömt, ist λ_k geringer als bei vertikalen ebenen Schichten zu wählen, nach einem Vorschlag von E. Schmidt zu $^2/_3$ dieses Wertes.[1])

Die in einer zwischen zwei koaxialen zylindrischen Mänteln, etwa einem Rohr und einem dieses umgebenden Mantel, eingeschlossenen Luftschicht übertragene Wärmemenge Q ist bestimmt durch die Gleichung:

$$Q = \pi \cdot l \cdot z \cdot \frac{1}{\frac{1}{2\,\lambda_w} \cdot \ln \frac{d_a}{d_i}} \cdot (t_i - t_a) \; [\text{kcal}], \tag{64}$$

wenn außer den schon bekannten Größen bedeuten:

l = die Länge der Mäntel in m,
d_i = der Durchmesser des inneren Mantels in m,
d_a = der Durchmesser des äußeren Mantels in m,
t_i = die Temperatur des inneren Mantels in ⁰ C,
t_a = die Temperatur des äußeren Mantels in ⁰ C.

Dabei wird λ_s nach Gleichung (25) und (63) berechnet zu:

$$\lambda_s = \frac{d}{\frac{1}{C_i} + \frac{F_i}{F_a} \cdot \left(\frac{1}{C_a} - \frac{1}{C_s}\right)} \cdot \frac{\left(\frac{T_i}{100}\right)^4 - \left(\frac{T_a}{100}\right)^4}{T_i - T_a} \; ; \tag{65}$$

darin sind:

C_i , C_a = die Strahlungskonstanten des inneren und äußeren Mantels mit den absoluten Temperaturen T_i und T_a in ⁰ C,
F_i = $\pi \cdot d_i \cdot l$ = die Fläche des inneren Mantels in m ^{2},
F_a = $\pi \cdot d_a \cdot l$ = die Fläche des äußeren Mantels in m ^{2},
d = $\dfrac{d_a - d_i}{2}$ = die Dicke der zwischen den Mänteln eingeschlossenen Luftschicht in m.

---

[1]) Vgl. Anm. 1 auf Seite 14.

IV. Wärmespeicherung.

1. Allgemeine Bemerkungen.

Bei Betriebsunterbrechungen spielen die in einer Wärmeschutzanlage aufgespeicherten Wärmemengen gegenüber den Gesamtverlusten eine bedeutende Rolle. Es ist daher häufig notwendig, die im Beharrungszustand aufgespeicherte Wärme rechnerisch zu ermitteln. Im folgenden sollen für einige Fälle der Praxis Berechnungsmethoden entwickelt werden; dabei ist die Annahme gemacht, daß in Richtung nach dem Energieträger — etwa nach dem Innern eines Behälters oder Rohres — auch bei Unterbrechung der Energiezufuhr keine Ableitung der im Wärmeschutz aufgespeicherten Wärme erfolgt; die Speicherwärme ist daher in Bezug auf die Temperatur der Umgebung zu berechnen.

2. Wärmespeicherung in einer ebenen Wand.

Es sei (vgl. Abb. 8):

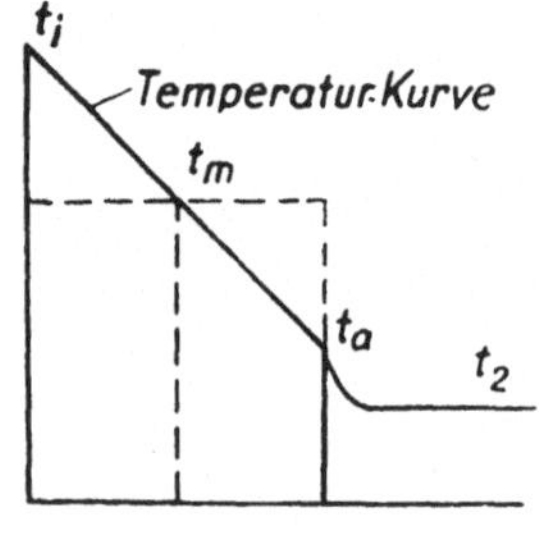

d = die Dicke der Wand in m,
t_i = die Temp. d. inneren Seite in ^{0}C,
t_a = die Temp. d. äußeren Seite in ^{0}C,
t_2 = die Temp. d. Umgebung in ^{0}C,
R = das Raumgewicht in kg/m^3,
c = die spezifische Wärme in kcal/kg ^{0}C.

Läßt man die vereinfachende Annahme zu, daß die Wärmeleitzahl des die Wand bildenden Stoffes sich innerhalb des Temperaturbereichs von t_i bis t_a nicht ändert — zweckmäßig wird die Wärmeleitzahl dabei für die mittlere Temperatur

$$t_m = \frac{t_i + t_a}{2} \quad \text{bestimmt} \text{ — so verläuft die Tem-}$$

peraturkurve in der Wand im Dauerzustand geradlinig; die mittlere Temperatur t_m entspricht der Temperatur in der mittleren Zone der Wand, und die Teile der Wand mit höherer Temperatur als t_m haben die gleiche Masse wie die Teile mit niedrigerer Temperatur als t_m. Die in der Wand auf 1 m^2 Fläche im Dauerzustand aufgespeicherte Wärmemenge W ist dann:

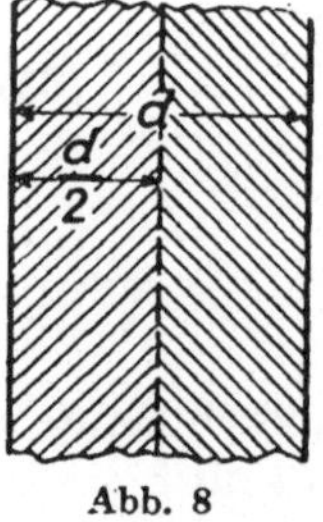
Abb. 8

$$W = R \cdot c \cdot d \, (t_m - t_2) \quad [\text{kcal/m}^2]. \quad (66)$$

Für die Ermittlung von c kann mit ausreichender Genauigkeit die mittlere Temperatur t_m als obere, t_2 als untere Grenze zugrunde gelegt werden, sofern eine Temperaturabhängigkeit von c überhaupt bekannt ist.

3. Wärmespeicherung in zylindrischen Wänden.

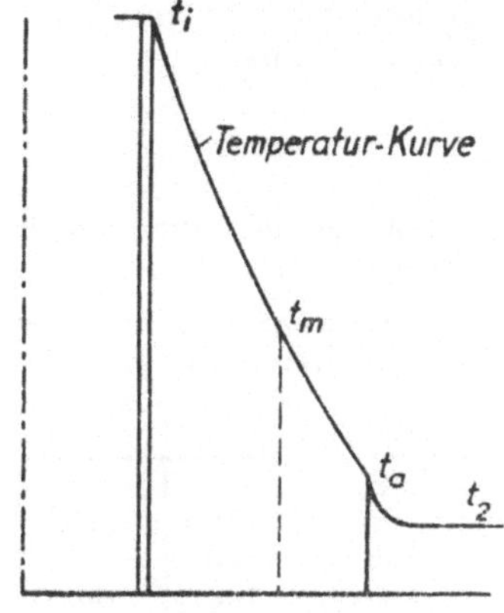

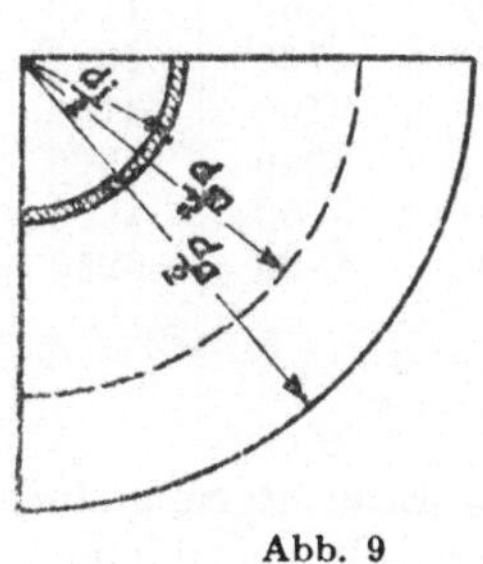

Abb. 9

Bei zylindrischen Wänden liegt die Zone, die die Wand in zwei massengleiche Hälften teilt, nicht in der Mitte (vgl. Abb. 9). Der Durchmesser dieser Zone ist vielmehr:

$$d_m{}' = \sqrt{\frac{d_a{}^2 + d_i{}^2}{2}} \cdot \qquad (67)$$

Aus der Gleichung (39) berechnet man die der Zone mit dem Durchmesser $d_m{}'$ im Dauerzustand entsprechende Temperatur $t_m{}'$:

$$t_m{}' = t_i - \frac{Q}{\pi} \cdot \frac{1}{2 \cdot \lambda} \cdot \ln \frac{d_m{}'}{d_i}; \qquad (68)$$

die in einer zylindrischen Wand von 1 m Länge im Dauerzustand aufgespeicherte Wärmemenge W ist dann:

$$W = R \cdot c \cdot \tfrac{1}{4}\pi \, (d_a{}^2 - d_i{}^2)$$
$$\cdot (t_m{}' - t_2) \; [\text{kcal/m}]. \qquad (69)$$

Setzt man:

$$\tfrac{1}{4}\,\pi\,(d_a{}^2 - d_i{}^2) = V \qquad (70)$$

das Volumen der zylindrischen Wand, so ist:

$$W = R \cdot c \cdot V \cdot (tm{}' - t_2) \; [\text{kcal/m}]. \quad (71)$$

4. Berechnung der im Dauerzustand in isolierten Rohren aufgespeicherten Wärme.

a) Wärmespeicherung in der Rohrwand.

Der Wärmedurchlässigkeitswiderstand der Rohrwand ist vernachlässigbar klein[1]); daher kann die Temperatur der äußeren Rohrwand $=$ der der inneren Wand ($= t_i$) gesetzt werden. Bezeichnet ferner $d_{i\,R}$ den inneren (lichten), $d_{a\,R}$ den äußeren Rohrdurchmesser, so ist unter Benutzung der schon bekannten Bezeichnungen die Speicherwärme W_R des Rohres:

$$W_R = R \cdot c \cdot \tfrac{1}{4}\pi \, (d_{i\,R}{}^2 - d_{a\,R}{}^2) \cdot (t_i - t_2) \; [\text{kcal/m,}] \qquad (72)$$

oder nach Gleichung (71):

$$W_R = R \cdot c \cdot V_R \cdot (t_i - t_2) \; [\text{kcal/m.}] \qquad (73)$$

Für eiserne Rohre ist

$$R = 7850 \; [\text{kg/m}^3,]$$

c (mittlere spezifische Wärme zwischen O und $t\,^0$ C)[2]):

$t\;^0$C	100	200	300	400	500
c kcal/kg ^{0} C	0,116	0,121	0,126	0,131	0,137

[1]) Vgl. S. 38.
[2]) Vgl. „Hütte", 21. Aufl. S. 394.

Für eiserne Rohre für Dampf von hoher Spannung sind die Speicherwärmen W_R für verschiedene Rohrdurchmesser und verschiedene Temperaturen in Zahlentafel 10 nach Gleichung (71) berechnet.

ZAHLENTAFEL 10

Speicherwärme W_R eiserner Rohre für Dampf von hoher Spannung (nach den Normalien des V. D. J.) in kcal/m.

Rohrdurchmesser licht mm	außen mm	Übertemperatur $t_i - t_a$ des Rohres in ⁰ C					
		50	100	200	300	400	500
30	38	15	31	63	96	136	172
50	57	23	47	99	150	210	275
100	108	55	111	232	365	500	655
150	159	100	198	420	640	900	1180
200	216	195	380	810	1250	1760	2310
250	267	260	510	1090	1690	2400	3100
400	318	335	660	1400	2200	3040	3900
350	368	415	820	1820	2700	3750	4900
400	420	530	1040	2230	3450	4800	6250

b) Wärmespeicherung in der Isolierung.

Die Berechnung erfolgt nach Gleichung (71). Zur Erleichterung sind die Werte d_m' und V_J in den Zahlentafeln 11 und 12 für verschiedene Rohrdurchmesser und Isolierstärken berechnet.

ZAHLENTAFEL 11

Mittlerer Durchmesser d_m' von Rohrisolierungen in Abhängigkeit von Rohrdurchmesser und Isolierstärke in m.

$$\left(d_m' = \sqrt{\frac{d_a{}^2 + d_i{}^2}{2}} \right)$$

Rohrdurchmesser licht m	außen m	Isolierstärke in mm						
		20	40	60	80	100	120	140
0,030	0,038	0,061	0,088	0,I15				
0,050	0,057	0,080	0,105	0,132	0,159			
0,100	0,108	0,130	0,153	0 178	0,204	0,231	0,258	0,285
0,150	0,159	0,180	0,203	0,227	0,252	0,278	0,304	0,330
0,200	0,216	0,237	0,259	0,282	0,307	0,331	0,357	0,383
0,250	0,267	0,288	0,310	0,333	0,356	0,380	0,405	0,430
0,300	0,318	0,339	0,360	0.383	0,406	0,430	0,454	0,479
0,350	0,368	0,389	0,410	0,432	0,455	0,479	0,503	0,527
0,400	0,420		0,462	0,484	0,506	0,530	0,553	0,577

ZAHLENTAFEL 12

Volumen V_J von Rohrisolierungen in Abhängigkeit von Rohrdurchmesser und Isolierstärke in m³.

$$(V_J = \tfrac{1}{4}\,\pi\,(d_a{}^2 - d_i{}^2)).$$

Rohrdurchmesser		Isolierstärke in mm						
licht m	außen m	20	40	60	80	100	120	140
0,030	0,038	0,00364	0,0098	0,00185	0,0297			
0,050	0,057	0,00484	0,0122	0,0221	0,0344	0,0493		
0,100	0,108	0,00804	0,0186	0,0317	0,0472	0,0653		
0,150	0,159		0,0250	0,0413	0,0601	0,0814	0,105	
0,200	0,216		0,0322	0,0520	0,0744	0,0993	0,127	0,157
0,250	0,267		0,0386	0,0616	0,0872	0,115	0,146	0,179
0,300	0,318		0,045	0,0713	0,100	0,131	0,165	0,201
0,350	0,368			0,0807	0,113	0,147	0,184	0,223
0,400	0,420			0,0905	0,126	0,163	0,204	0,246

ZAHLENTAFEL 13

Spezifische Wärme verschiedener Stoffe zwischen 0 und 100° C in kcal/kg °C.

Material	c [kcal/kg °C]
Schlacke	0,18
Asche, Gips, Glas, Holzkohle, Koks	0,20
Marmor, Kalkstein	0,21
Kieselgur	0,20 — 0,22
Sandstein, Ziegelstein	0,22
Beton	0,27
Kork, imprägniert (ohne Angabe der Temperatur)	0,31 — 0,36
Kork, natürlich (ohne Angabe der Temperatur)	0,42
Torf (ohne Angabe der Temperatur)	0,45
Holz, Eiche	0,57
Holz, Fichte	0,65

c) Zahlenbeispiel.

Gegeben sei:

Rohrdurchmesser $d_i = 0{,}159$ m,
Rohrtemperatur $t_i = 220\ ^0$ C,
Lufttemperatur $t_2 = 20\ ^0$ C,
Wärmeleitzahl des Isoliermaterials $\lambda = 0{,}10$,
Raumgewicht des Isoliermaterials $R = 600$ kg/m³,
Spezifische Wärme des Isoliermaterials $c = 0{,}24$,
Isolierstärke $s = 0{,}06$ m,
Wärmeverlust $Q = 186$ kcal/m h,
Oberflächentemperatur der Isolierung $t_a = 32\ ^0$ C,
Gesucht ist die Speicherwärme von 1 m Rohrlänge.
Nach Zahl.-Taf. 10 ist $W_R = 420$ kcal/m;
Der mittlere Durchmesser $d_m{'}$ ist nach Zahlentafel 11:

$$= 0{,}227 \text{ m};$$

ferner

$$\frac{d_m{'}}{d_i} = 1{,}43; \quad \ln \frac{d_m{'}}{d_i} = 0{,}358;$$

Nach Gleichung (68) ist:

$$t_m{'} = 220 - \frac{186}{3{,}14} \cdot \frac{1}{2 \cdot 0{,}1} \cdot 0{,}358 = 114\ ^0 \text{ C.}$$

Es ist ferner nach Zahlentafel 12:

$$V_J = 0{,}0413 \text{ m}^3;$$

und

$$W_J = 600 \cdot 0{,}24 \cdot 0{,}0413 \cdot (114 - 20) = 560 \text{ kcal/m.}$$

Die insgesamt aufgespeicherte Wärmemenge ist somit:

$$W = W_R + W_J = 420 + 560 = 980 \text{ kcal/m.}$$

5. Anheiz- und Auskühlungsvorgang in Isolierungen.

Aus Gleichung (68) und (71) läßt sich ableiten, daß die Speicherwärme von Raumgewicht, spezifischer Wärme und Wärmeleitzahl des Isoliermaterials abhängt; dem Raumgewicht und der spezifischen Wärme ist sie direkt proportional, der Einfluß der Wärmeleitzahl dagegen ist gering. Für die Anheiz- und Auskühlzeiten oder die Zeit, innerhalb der beim Anheizen der Beharrungszustand erreicht wird, und für die nach einer Betriebspause von bestimmter Länge noch in dem Wärmeschutz vorhandene restliche Speicherwärme, ist der Einfluß der Wärmeleitzahl erheblicher; ausschlaggebend ist hier die Größe der Temperaturleitfähigkeit a, wenn

$$a = \frac{\lambda}{R \cdot c} \text{ in m}^2/\text{h.} \tag{74}$$

Über die verwickelten Vorgänge beim Anheizen oder der Auskühlung eines Wärmeschutzes liegen bis heute nur sehr wenige Versuche vor. Ein Näherungsverfahren zur Ermittelung der Wärmeverluste im unterbrochenen Betrieb hat in neuerer Zeit Cammerer gezeigt.[1]

---

[1] I. S. Cammerer: Wirtschaftlichste Isolierstärke bei Wärme- und Kälteschutzanlagen und Wärmeabgabe isolierter Rohre bei unterbrochener Betriebsweise. Industr. Verl. v. Hernhausen A.-G., Berlin.

V. Temperaturverlust in einer Rohrleitung.

1. Grundgleichungen.

Die Wärmeverluste, die ein in einem Rohr strömendes Medium erleidet, verursachen eine Temperatursenkung, die von der Größe des Wärmeverlustes, bei isolierten Rohren also von der Güte des Wärmeschutzes, sowie von dem Wärmeinhalt und der Strömungsgeschwindigkeit des Mediums bestimmt wird. Praktische, in der Technik vorkommende Fälle, wo die Kenntnis des eintretenden Temperaturverlustes erwünscht ist, sind:

> Dampfleitungen,
> Heißluft- und Rauchgasleitungen und
> Heißwasserleitungen.

Ein besonders wichtiger Fall ist der Temperaturverlust bei überhitztem Wasserdampf für Kraftzwecke, weil der Wirkungsgrad der Maschine bei Verringerung des Überhitzungsgrades erheblich sinkt; zu dem Wärmeverlust während des Transportes von Dampf in Rohrleitungen kommt also noch ein weiterer Verlust infolge der geringeren Ausnutzungsmöglichkeit des abgekühlten Dampfes hinzu.

Der Temperaturverlust in Rohren ergibt sich aus der Gleichung:

$$\Delta t = \frac{Q}{G \cdot c_p} \text{ in } {}^\circ\text{C/m} \tag{75}$$

wenn

> Δt = der Temperaturverlust in ${}^\circ$C/m Rohrlänge,
> Q = der Wärmeverlust an die Umgebung in kcal/m h,
> G = die in 1 h durch das Rohr strömende Menge in kg/ h
>   und
> c_p = die spezifische Wärme des strömenden Mediums
>   in kcal/kg ${}^\circ$ C ist.

Zwischen der Strömungsgeschwindigkeit und der Menge G in kg/h besteht die Beziehung:

$$G = 3600 \cdot \frac{F \cdot w}{v}, \tag{76}$$

wenn

> F = der lichte Querschnitt des Rohres in m²,
> w = die Strömungsgeschwindigkeit in m/sec und
> v = das spezifische Volumen des Energieträgers in m³/kg ist.

An Stelle des spezifischen Volumens v kann man natürlich auch das spezifische Gewicht $\gamma = \dfrac{1}{v}$ in Rechnung setzen.

ZAHLENTAFEL 14

Spezifische Wärme des überhitzten Wasserdampfes in kcal/kg
(nach Knoblauch und Raisch)

Druck p in kg/cm² absolut	0,5	1	2	4	6	8	10	12	14
Sättigungs-temp. ⁰C	80,9	99,1	119,6	142,9	158,1	169,6	179,0	187,1	194,1
Temp.⁰C. t_s	0,475	0,483	0,498	0,525	0,551	0,578	0,606	0,635	0,664
110	0,470	0,481	—	—	—	—	—	—	—
120	0,468	0,477	0,498	—	—	—	—	—	—
130	0,467	0,475	0,494	—	—	—	—	—	—
140	0,466	0,473	0,489	—	—	—	—	—	—
150	0,465	0,472	0,486	0,519	—	—	—	—	—
160	0,465	0.471	0,483	0,512	0,549	—	—	—	—
170	0,465	0,470	0,481	0,507	0,538	—	—	—	—
180	0,466	0,469	0,479	0,502	0,528	0,561	0,602	—	—
190	0,466	0,469	0,478	0,498	0,522	0,549	0,583	0,625	—
200	0,466	0,469	0,478	0,495	0,515	0,539	0,567	0,601	0,643
210	0,467	0,470	0,477	0,493	0,510	0,531	0,555	0,584	0,616
220	0,467	0,470	0,477	0,491	0,506	0,524	0,545	0,569	0,595
230	0,468	0,471	0,477	0,489	0,504	0,519	0,537	0,557	0.579
240	0,469	0,472	0,477	0,488	0,501	0,515	0,530	0,548	0,566
250	0,470	0,473	0,477	0,488	0,499	0,512	0,525	0,540	0,556
260	0,471	0,474	0,478	0,487	0,498	0,509	0,521	0,534	0,548
270	0,472	0,474	0,478	0,487	0,497	0,507	0,518	0,529	0,541
280	0,473	0,475	0,479	0,487	0,496	0,505	0,515	0,525	0,536
290	0,474	0,476	0,480	0,487	0,495	0,504	0,513	0,523	0,531
300	0,475	0,477	0,481	0,488	0,495	0,503	0,511	0,519	0,527
310	0,477	0,478	0,482	0,488	0,495	0,502	0,510	0,518	0,525
320	0,478	0,480	0,483	0,489	0,496	0,502	0,509	0,516	0,523
330	0,479	0,482	0,484	0,490	0,496	0,502	0,508	0,515	0,520
340	0,481	0,483	0,485	0,491	0,496	0,502	0,507	0,513	0,519
350	0,482	0,484	0,486	0,492	0,497	0,502	0,507	0,512	0,517
360	0,483	0,485	0,487	0,492	0,497	0,502	0,507	0,511	0,516
380	0,486	0,488	0,490	0,494	0,498	0,503	0,507	0,511	0,515
400	0,489	0,490	0,492	0,496	0,500	0,504	0,507	0,511	0,515
450	0,498	0,498	0,500	0,503	0,506	0,509	0,511	0,513	0,516
500	0,506	0,506	0,508	0,510	0,512	0,515	0,517	0,518	0,520
550	0,514	0,515	0,516	0,518	0,520	0,522	0,523	0,524	0,525

Noch ZAHLENTAFEL 14.

Druck p in kg/cm² absolut	16	18	20	22	24	26	28	30
Sättigungstemp. °C	200,4	206,2	211,4	216,2	220,8	225,0	229,0	232,8
Temp.°C. t_s	0,694	0,726	0,759	0,793	0,829	0,864	0,902	0,940
110	—	—	—	—	—	—	—	—
120	—	—	—	—	—	—	—	—
130	—	—	—	—	—	—	—	—
140	—	—	—	—	—	—	—	—
150	—	—	—	—	—	—	—	—
160	—	—	—	—	—	—	—	—
170	—	—	—	—	—	—	—	—
180	—	—	—	—	—	—	—	—
190	—	—	—	—	—	—	—	—
200	—	—	—	—	—	—	—	—
210	0,657	0,705	—	—	—	—	—	—
220	0,627	0,664	0,709	—	—	—	—	—
230	0,604	0,633	0,667	0,766	0,757	0,816	0,890	—
240	0,588	0,611	0,638	0,669	0,704	0,743	0,749	0,852
250	0,573	0,594	0,614	0,639	0,665	0,694	0,731	0,770
260	0,563	0,579	0,597	0,617	0,638	0,661	0,687	0,715
270	0,555	0,568	0,583	0,599	0,616	0,635	0,653	0,676
280	0,547	0,559	0,571	0,585	0,599	0,614	0,630	0,647
290	0,541	0,552	0,562	0,574	0,586	0,598	0,611	0,625
300	0,536	0,545	0,555	0,564	0,574	0,585	0,596	0,607
310	0,533	0,540	0,548	0,557	0,566	0,575	0,584	0,593
320	0,530	0,536	0,543	0,550	0,558	0,566	0,574	0,582
330	0,527	0,533	0,539	0,545	0,552	0,559	0,566	0,573
340	0,525	0,530	0,536	0,541	0,547	0,553	0,559	0,565
350	0,523	0,528	0,533	0,537	0,543	0,548	0,554	0,559
360	0,521	0,526	0,530	0,535	0,540	0,544	0,549	0,554
380	0,519	0,523	0,527	0,530	0,534	0,538	0,542	0,546
400	0,518	0,522	0,525	0,528	0,531	0,534	0,537	0,541
450	0,518	0,521	0,523	0,526	0,528	0,530	0,532	0,534
500	0,522	0,524	0,526	0,527	0,529	0,530	0,532	0,533
550	0,527	0,529	0,530	0,532	0,533	0,534	0,535	0,536

    Berechnung von Wärme- und Kälteschutzanlagen.

ZAHLENTAFEL 15

Spezifische Wärme von Luft- und Rauchgasen.

Temperatur ^{0} C	100	200	300	400	500	600	1000
Luft c_p [kcal/kg ^{0} C] .	0,242	0,244	0,246	0,248	0,250	0,252	0,260
Rauchgase c_p „ . .	0,240	0,246	0,251	0,254	0,256	0,259	0,270

ZAHLENTAFEL 16

Spezifisches Volumen des überhitzten Wasserdampfes in m³/kg
(nach Knoblauch und Jakob).

Druck kg/cm² absolut	1	3	5	7	9	11	13	15	17
Sättigungs-temp. ^{0} C	99,08	132,9	151,1	164,2	174,5	183,2	190,7	197,4	203,4
Temp.^{0} C t_s	1,7263	0,6170	0,3818	0,7278	0,2189	0,1808	0,1641	0,1342	0,1189
110	1,7816	—	—	—	—	—	—	—	—
120	1,8302	—	—	—	—	—	—	—	—
130	1,8789	—	—	—	—	—	—	—	—
140	1,9273	0,6305	—	—	—	—	—	—	—
150	1,9755	0,6476	—	—	—	—	—	—	—
160	2,0237	0,6646	0,3923	—	—	—	—	—	—
170	2,0716	0,6814	0,4030	0,2833	—	—	—	—	—
180	2,1196	0,6981	0,4136	0,2913	0,2232	—	—	—	—
190	2,1674	0,7146	0,4239	0,2992	0,2296	0,1852	—	—	—
200	2,2192	0,7311	0,4342	0,3068	0,2359	0,1906	0,1591	0,1359	—
220	2,3107	0,7639	0,4544	0,3217	0,2479	0,2009	0,1683	0,1443	0,1259
240	2,4060	0,7964	0,4744	0,3364	0,2597	0,2108	0,1770	0,1520	0,1330
260	2,5011	0,8288	0,4942	0,3509	0,2712	0,2205	0,1853	0,1595	0,1397
280	2,5960	0,8611	0,5140	0,3653	0,2826	0,2300	0,1935	0,1668	0,1463
300	2,6909	0,8932	0,5337	0,3795	0,2939	0,2393	0,2016	0,1739	0,1527
350	2,9279	0,9733	0,5824	0,4147	0,3217	0,2624	0,2214	0,1913	0,1683
400	3,1643	1,0529	0,6306	0,4496	0,3491	0,2850	0,2407	0,2109	0,1834
450	3,4006	1,1323	0,6786	0,4842	0,3762	0,3074	0,2597	0,2248	0,1981
500	3,6364	1,2113	0,7262	0,5184	0,4029	0,3294	0,2785	0,2412	0,2126
550	3,8722	1,2902	0,7738	0,5568	0,4295	0,3512	0,2971	0,2573	0,2269

Noch ZAHLENTAFEL 16.

Druck kg/cm² absolut	19	21	23	25	27	29	31	33	35
Sättigungs-temp. °C	208,8	213,8	218,5	222,9	227,0	230,9	234,6	238,1	241,4
Temp. °C t_s	0,1067	0,0967	0,0885	0,0815	0,0754	0,0702	0,0655	0,062	0,058
110	—	—	—	—	—	—	—	—	—
120	—	—	—	—	—	—	—	—	—
130	—	—	—	—	—	—	—	—	—
140	—	—	—	—	—	—	—	—	—
150	—	—	—	—	—	—	—	—	—
160	—	—	—	—	—	—	—	—	—
170	—	—	—	—	—	—	—	—	—
180	—	—	—	—	—	—	—	—	—
190	—	—	—	—	—	—	—	—	—
200	—	—	—	—	—	—	—	—	—
220	0,1113	0,098	0,089	—	—	—	—	—	—
240	0,1180	0,1035	0,0952	0,087	0,080	0,0725	0,064	0,0615	—
260	0,1242	0,112	0,100	0,0915	0,084	0,0775	0,071	0,067	0,0625
280	0,1302	0,1175	0,1055	0,0965	0,089	0,082	0,0756	0,0713	0,066
300	0,1359	0,123	0,110	0,101	0,0925	0,087	0,080	0,075	0,069
350	0,1501	0,135	0,125	0,112	0,104	0,096	0,0885	0,0825	0,075
400	0,1637	0,147	0,134	0,122	0,113	0,104	0,0975	0,091	0,085
450	0,1771	0,158	0,145	0,133	0,123	0,113	0,105	0,099	0,092
500	0,1901	—	—	—	—	—	—	—	—
550	0,2029	—	—	—	—	—	—	—	—

ZAHLENTAFEL 17

Spezifisches Volumen von Wasser.

Temperatur °C	50	100	150	200	250	300
v [m³/kg]	0,00101	0,00104	0,00109	0,00116	0,00126	0,00142

Die spezifische Wärme von Wasser kann für die vorliegenden Berechnungen mit ausreichender Genauigkeit = 1 gesetzt werden.

Bei Rauchgasen normaler Zusammensetzung kann man praktisch mit dem spezifischen Volumen der Luft rechnen; da in den meisten Fällen, für Luft- und Rauchgase nur ein geringer Druckbereich in Frage kommt (ca. 1,0 — 1,2 *at*), kann auf die Wiedergabe einer Tabelle des spezifischen Volumens verzichtet werden.

2. Berechnung des Temperaturverlustes in langen Rohrleitungen.

Bei sehr großen Rohrlängen kann der Temperaturverlust so hohe Beträge annehmen, daß er praktisch nicht mehr aus dem am Anfang der Leitung vorhandenen Temperaturgefälle $t_1 - t_2$ zwischen Energieträger und umgebender Luft errechnet werden kann. Die Benutzung der Gleichung (75) für solche Fälle würde zu hohe Werte für Δt ergeben. Die Wärmeverluste des Rohres nehmen mit zunehmender Abkühlung des Energieträgers selbst immer weiter ab; den mittleren Wert von Q erhält man angenähert, und damit auch den angenähert wahren Temperaturverlust, wenn man der Berechnung von Q das mittlere Temperaturgefälle $t_{1m} - t_2$ zugrunde legt, das sich ergibt aus der Beziehung:

$$t_{1m} - t_2 = \frac{(t_1 - t_2) + (t_1{}' - t_2)}{2}, \tag{77}$$

wenn außer den bekannten Größen $t_1{}'$ die am Ende der Leitung noch vorhandene Temperatur des Energieträgers bedeutet. Da $t_1{}'$ selbst erst nach Ermittelung des Temperaturverlustes Δt bekannt ist, kann man die Berechnung nur durch schrittweise erfolgende Annäherung an den wahren Wert Δt durchführen. Man schätzt zunächst Δt, berechnet danach t_{1m} und ermittelt für diese Temperatur die Stoffwerte λ und α_a zur Berechnung des Wärmeverlustes, desgl. c_p für die Auswertung nach Gleichung (75); mit dem errechneten Wert Δt ermittelt man wieder ein neues t_{1m} und wiederholt die ganze Rechnung solange, bis angenommenes und berechnetes Δt übereinstimmen. Häufig ist dabei eine dreimalige Durchrechnung erforderlich, so daß das Verfahren ziemlich umständlich werden kann.

Ein schneller zum Ziel führendes Verfahren, das für die meisten Fälle der Praxis mit ausreichender Genauigkeit anwendbar bleibt, erhält man unter der Annahme, daß die Größen λ, α_a und c_p innerhalb des durch den Temperaturverlust gekennzeichneten Gebietes als unveränderlich angesehen werden können. Bei der Wärmeleitzahl ist dies deshalb statthaft, weil λ ohnehin nur mit einer Toleranz in die Rechnung eingesetzt werden kann, und die für die Temperaturabhängigkeit der Wärmeleitzahl maßgebende mittlere Temperatur der Isolierung durch den Temperaturverlust nur nach der ungefähren Größenordnung $\frac{1}{4} \Delta t$ geändert wird. Bei sehr langen Rohrleitungen, die fast immer im Freien liegen, hat man außerdem nicht mit ruhender Außenluft, sondern mit Windanfall zu rechnen, so daß die Wärmeübergangszahl von der ohnehin durch den Temperaturverlust nur wenig geänderten Übertemperatur der Isolierung nur unwesentlich beeinflußt wird, und bei den unsicheren Annahmen für die Windgeschwindigkeit überhaupt nur eine ungefähr zutreffende Größe darstellt. Die Temperaturabhängigkeit von c_p sei zur Ableitung des Verfahrens zunächst als konstant angenommen.

Für ein sehr kleines Rohrstück von der Länge dl ist der Temperaturverlust:

$$-dt_x = \frac{dl \cdot Q_x}{G \cdot c_p}; \tag{78}$$

wenn t_x die Temperatur des Energieträgers am Anfang des betrachteten Rohrstückes dl, und Q_x den bei der Temperatur t_x eintretende Wärmeverlust für 1 m Länge bedeuten. Da die Lufttemperatur t_2 als über die ganze Rohrlänge konstant angenommen werden kann, ist auch:

$$- d(t_x - t_2) = \frac{dl \cdot Q_x}{G \cdot c_p} \cdot \qquad (79)$$

Da man ferner unter Annahme der Konstanz von λ und α_a setzen kann:

$$\frac{Q_x}{t_x - t_2} = \frac{Q_1}{t_1 - t_2} \qquad (80)$$

so folgt:
$$d(t_x - t_2) = - \frac{dl \cdot Q_1 \cdot (t_x - t_2)}{G \cdot c_p \cdot (t_1 - t_2)}, \qquad (81)$$

oder
$$\frac{d(t_x - t_2)}{(t_x - t_2)} = - \frac{dl}{G \cdot c_p} \cdot \frac{Q_1}{t_1 - t_2}; \qquad (82)$$

Aus der Integration von $t_x = t_1$, der Temperatur des Energieträgers am Anfang der Leitung, bis $t_x = t_1'$, der entsprechenden Temperatur am Ende der Leitung, folgt

$$\ln\left(\frac{t_1' - t_2}{t_1 - t_2}\right) = - \frac{l}{G \cdot c_p} \cdot \frac{Q_1}{t_1 - t_2}; \qquad (83)$$

Die rechte Seite der Gleichung (83) stellt einen logarithmischen negativen Wert dar, der durch die Hilfsgröße B ersetzt werden soll; durch Delogarithmieren der linken Seite erhält man die Funktion:

$$\frac{t'_1 - t_2}{t_1 - t_2} = e^{B}, \qquad (84)$$

wenn $e = 2,718281\ldots\ldots$ die Basis der natürlichen Logarithmen darstellt. An Stelle des Ausdrucks $\dfrac{t_1' - t_2}{t_1 - t_2}$ kann man auch die entsprechende Funktion bestimmen für den Ausdruck:

$$\frac{(t_1 - t_2) - (t_1' - t_2)}{t_1 - t_2} \cdot 100, \qquad \text{man erhält}$$

dann unmittelbar den Temperaturverlust in % der am Anfang der betrachteten Rohrleitung vorhandenen bekannten Temperaturdifferenz zwischen dem Energieträger und der umgebenden Luft. Für den für die Praxis ausreichenden Bereich von $\Delta t = 6,8$ bis $29,5\%$ sind die Werte von B und Δt in der Zahlentafel 18 zusammengestellt.

ZAHLENTAFEL 18
Temperaturverlust Δt in % von (t_1-t_2) als Funktion von B.

$$B = - \frac{l}{G \cdot c_p} \cdot \frac{Q_1}{t_1 - t_2}.$$

$-B$	Δt in %	$-B$	Δt in %	$-B$	Δt in %
		0,160	14,80	0,260	22,90
0,070	6,80	0,170	15,60	0,270	23,65
0,080	7,70	0,180	16,50	0,280	24,40
0,090	8,60	0,190	17,30	0,290	25,15
0,100	9,50	0,200	18,10	0,300	25,90
0,110	10,40	0,210	18,90	0,310	26,65
0,120	11,30	0,220	19,75	0,320	27,40
0,130	12,20	0,230	20,55	0,330	28,10
0,140	13,10	0,240	21,30	0,340	28,80
0,150	13,90	0,250	22,10	0,350	29,50

Die Zahlenwerte sind unter Berücksichtigung der Genauigkeit der ganzen Rechnung zur bequemeren Handhabung abgerundet; Zwischenwerte von B können linear interpoliert werden.

Bei überhitztem Wasserdampf kann die spezifische Wärme c_p nicht über den ganzen Bereich von Δt als unveränderlich betrachtet werden; man muß in diesen Fällen den Rechnungsgang wiederholen, indem man aus dem im ersten Rechnungsgang ermittelten Δt die mittlere Temperatur des Energieträgers t_{1m} berechnet und dafür aus Zahlentafel 14 den Wert c_{pm} bestimmt; man braucht dann nur die in erster Rechnung gefundene Größe B mit dem Umrechnungsfaktor $\dfrac{c_p}{c_{pm}}$ zu multiplizieren, sodaß auch in solchem Falle der Gang der Berechnung sich sehr einfach gestaltet. Dieses Verfahren ist exakt genommen natürlich nicht ganz genau, da die mittlere spezifische Wärme, mit der man rechnen müßte, nicht dem arithmetischen Mittel der spezifischen Wärme am Anfang und Ende der Leitung entspricht. Unter Berücksichtigung der vereinfachenden Annahmen für die Konstanz von λ und α_a und der aus ihr folgenden nur näherungsweise vorhandenen Genauigkeit der ganzen Rechnung genügt die eingeführte einfache Umrechnung für die Bedürfnisse des praktischen Betriebes vollkommen. Die Berechnung von B schließlich gestaltet sich, wenn der Wärmeverlust Q bekannt ist, sehr einfach, sodaß hierfür keine Zahlentafeln notwendig erscheinen. Für kürzere Rohrlängen, bei denen der Einfluß der Abkühlung auf den Wärmeverlust nicht berücksichtigt zu werden braucht, kann auf in der Literatur vorhandene Zahlentafeln bzw. Diagramme, in denen der Temperaturverlust unmittelbar abzulesen ist, hingewiesen werden. [1]

---

[1] Eine „Tafel zur Bestimmung des Temperaturabfalls isolierter Rohrleitungen" findet sich in „Mitt. d. Forsch. Heim für Wärmeschutz", München, Heft 5, 1924.

3. Zahlenbeispiele.

Beispiel 1: Temperaturverlust in einer Heißwasserleitung.

In einer Leitung von 150 mm lichter Weite ströme Heißwasser von 200 °C mit einer Geschwindigkeit von 2,5 m/sec. Der Wärmeverlust beträgt 280 kcal/m h. Wie groß ist der Temperaturverlust für 1 m Rohrlänge?

Es ist
$$v = 0,00116 \text{ m}^3/\text{kg (nach Zahlentafel 17)}$$
$$c_p = 1,0 \text{ kcal/kg}$$
$$F = 0,0177 \text{ m}^2;$$

$$G = 3600 \cdot \frac{0,0177 \cdot 2,5}{0,00116} = 137500 \text{ kg/h}$$

$$\Delta t = \frac{280}{137500 \cdot 1,0} = 0,00204 \text{ °C/m}.$$

Beispiel 2: Temperaturverlust in einer Dampfleitung.

Gegeben:

Rohrdurchmesser	200/216 mm
Dampftemperatur	300 °C
Lufttemperatur	10 °C
Dampfgeschwindigkeit	20 m/sec
Dampfdruck	15 at abs.
Isolierstärke	60 mm
Wärmeleitzahl des Wärmeschutzmittels . .	0,10 kcal/m h °C
Leitung im Freien, Windanfall	5,0 m/sec.

Gesucht ist der Temperaturverlust für 1 m Rohrlänge und bei 1000 m Rohrlänge.

Es ist:
$$v = 0,1739 \text{ m}^3/\text{kg (nach Zahlentafel 16)}$$
$$F = 0,0314 \text{ m}^2$$

Hieraus

$$G = 3600 \cdot \frac{0,0314 \cdot 20}{0,1739} = 13000 \text{ kg/h}$$

Wärmeverlust am Anfang der Leitung (die Berechnung ist der Übersichtlichkeit halber herausgelassen):

$$Q = 390 \text{ kcal/m h}.$$

Temperaturabfall auf 1 m Rohrlänge am Anfang der Leitung:

$$c_p = 0,53 \text{ kcal/kg (nach Zahlentafel 14)}$$

$$\Delta t = \frac{390}{13000 \cdot 0,53} = 0,057 \text{ °C/m}.$$

Berechnung des Temperaturverlustes auf 1000 m Rohrlänge.

Nach vorstehender Berechnung würde sich ergeben:

$$\Delta t = 1000 \cdot 0,057 = 57 \text{ °C}$$

Endtemperatur des Dampfes $t_1' = t_i' = 300 - 57 = 243\,°C$.

Mittlere Dampftemperatur $t_{1m} = \dfrac{300 + 243}{2} = 271{,}5$ °C.

$$t_{1m} - t_2 = 261{,}5 \text{ °C}; \qquad c_p = 0{,}548$$
$$Q = 352 \text{ kcal/m h.}$$
$$\Delta t = \frac{352}{13000 \cdot 0{,}548} \cdot 1000 = 49 \text{ °C.}$$

Hieraus ergibt sich eine mittlere Dampftemperatur von

$$t_{1m} = \frac{300 + 251}{2} = 275{,}5 \text{ °C,}$$

während mit einem t_{1m} von 271,5 gerechnet wurde. Die Rechnung muß daher ein drittes Mal wiederholt werden:

$$t_{1m} - t_2 = 265{,}5 \text{ °C}; \qquad c_p = 0{,}544$$
$$Q = 358 \text{ kcal/m h.}$$
$$\Delta t = \frac{358}{13000 \cdot 0{,}544} \cdot 1000 = 51 \text{° C.}$$

Der Temperaturverlust liegt also zwischen 49 und 51 °C; er kann mit einem maximalen Fehler von $\pm$ 2% angenommen werden zu

$$\Delta t = 50 \text{ °C.}$$

Bei der gezeigten Berechnungsweise aus dem Wärmeverlust am Anfang der Leitung erhält man:

$$B = \frac{1}{G \cdot c_p} \cdot \frac{Q_1}{t_1 - t_2} = \frac{1000}{13000 \cdot 0{,}53} \cdot \frac{390}{290} = 0{,}197$$

$\Lambda t = 18\%$ von 290 °C $= 52$ °C (nach Zahlentafel 18)

$$t_{1m} = \frac{300 + 248}{2} = 274 \text{ °C}$$

$$c_{pm} = 0{,}54$$

$$B \cdot \frac{c_p}{c_{pm}} = 0{,}197 \cdot \frac{0{,}53}{0{,}54} = 0{,}193$$

$$\Delta t = 17{,}5\% \text{ von } 290 \text{ °C} = 51 \text{ °C.}$$

Für die Bedürfnisse des praktischen Betriebes genügt daher diese angenäherte Berechnung vollkommen.

4. Temperaturverlust in Abhängigkeit vom Druckabfall.

Der Temperaturverlust eines Rohres hängt außer von den Wärmeverlusten an die Umgebung noch von dem Druckabfall in der Rohrleitung ab. Entscheidend für den Druckabfall ist der Rohrdurchmesser, während der Einfluß der Wärmeverluste nach außen im allgemeinen nur sehr gering ist. Mit zunehmendem Rohrdurchmesser wird der Druckverlust kleiner, dagegen steigen die Wärmeverluste an die Umgebung und ebenso der Kapitalaufwand des Rohres. Aus allen Größen ergibt sich in jedem einzelnen Falle ein günstigster Rohrdurchmesser.[1]

---

[1] Vgl. O. Denecke: Der billigste Rohrdurchmesser, Zeitschrift für Dampfkessel- und Maschinenbetrieb, 1921.

5. Sattdampfleitungen.

Bei Sattdampfleitungen verursachen die Wärmeverluste an die Umgebung keinen Temperaturverlust, sondern einen Kondensatanfall; ein Temperaturverlust tritt nur entsprechend der Druckänderung ein. Die Größe der Kondensatbildung berechnet sich nach der Gleichung:

$$K = \frac{Q \cdot l}{r} \ \text{kg/h} \tag{85}$$

wenn bedeuten:

K = die Menge des sich bildenden Kondensats in kg/h,
Q = der mittlere Wärmeverlust pro m Rohrlänge in kcal/m h,
l = die Länge der Rohrleitung in m,
r = die Verdampfungswärme des Sattdampfes in kcal/kg[1])

VI. Berechnung von Kälteschutzanlagen.

1. Allgemeine Bemerkungen.

Für die Berechnung von Kälteschutzanlagen können die in den vorstehenden Abschnitten für den Wärmeschutz entwickelten Berechnungsmethoden in gleicher Weise Anwendung finden. Der Unterschied zwischen beiden besteht nur darin, daß bei Kälteschutzanlagen das Temperaturgefälle von der äußeren Oberfläche des Kälteschutzes nach innen verläuft; an den in Betracht kommenden Grundgleichungen ändert sich daher nur das Vorzeichen der Temperaturen, es strömt Wärme aus dem umgebenden Raum nach dem zu schützenden Objekt, der Energieträger erleidet somit einen Kälteenergieverlust.

Im folgenden sollen an Beispielen besondere Gesichtspunkte werden, die sich in der Praxis bei der Lösung kälteschutztechnischer Aufgaben ergeben.

2. Isolierung von Kühlräumen.

Die Umfassungswände eines Kühlraumes, bestehend aus an cm starkem Ziegelmauerwerk, auf der Innenseite Fliesenbelag in Zementmörtel verlegt, auf der Außenseite mit Zementmörtel geputzt, sollen zur Verminderung des Kälteverlustes mit 4 cm starken Korkplatten in doppelter Lage isoliert werden. Die Kühlraumtemperatur sei — 10 º C, die Außentemperatur + 20 ºC. Wie groß ist der stündliche Kälteverlust pro m² Wandfläche? Wie groß ist die in 1 m² Wandfläche aufgespeicherte Kältemenge?

Die Korkplatten werden zuerst auf der Innenseite des Ziegelmauerwerks (Anordnung a), dann auf der Außenseite (Anordnung b) angeordnet.

Anordnung a: (von innen nach außen)

Fliesenbelag   1 cm st. = 0,70 kcal/m h º C; R = 2200 kg/m³;
        c = 0,21 kcal/kg.

---

[1]) Vgl. Tabellen in „Hütte", z. B. 21. Aufl., Bd. I, S. 434—437.

Zementmörtel   1 cm st. $= 1{,}00$ kcal/m h ^{0}C $R = 1800$ kg/m³;
$\quad c = 0{,}22$ kcal/kg.

Korkplatten   8 cm st. $= 0{,}04$ kcal/m h ^{0}C; $R = 200$ kg/m³;
$\quad c = 0{,}33$ kcal/kg.

Ziegelmauerwerk 25 cm st. $= 0{,}80$ kcal/m h ^{0}C; $R = 1800$ kg/m³;
$\quad c = 0{,}22$ kcal/kg.

Außenputz   1 cm st. $= 1{,}00$ kcal/m h ^{0}C; $R = 1600$ kg/m³;
$\quad c = 0{,}21$ kcal/kg.

$$\text{Es sei: Wärmeübergangszahl innen } \alpha_i = 4{,}0;$$
$$\text{Wärmeübergangszahl außen } \alpha_a = 7{,}0;$$

Dann ist nach Gleichung (26) und (29):

$$k = \frac{1}{\dfrac{1}{4{,}0} + \dfrac{0{,}01}{0{,}70} + \dfrac{0{,}01}{1{,}00} + \dfrac{0{,}08}{0{,}04} + \dfrac{0{,}25}{0{,}80} + \dfrac{0{,}01}{1{,}00} + \dfrac{1}{7{,}0}} = 0{,}365;$$

und die stündlich von außen nach innen strömende Wärmemenge Q ist:

$$Q = 0{,}365 \cdot (-10 + 20) = 11 \text{ kcal/m}^2.$$

Der stündliche Kälteenergieverlust pro m² Wandfläche beträgt also
11 kcal.

Der Temperaturverlauf in der Wand wird in der auf Seite 23 gezeigten
Weise berechnet (unter Beachtung der Vorzeichen der Temperaturen),
woraus sich für die einzelnen Schichten die Mitteltemperaturen ergeben:

$$\text{Fliesenbelag} \dots\dots\dots\; t_m = -\;7{,}18\ ^0\text{C}$$
$$\text{Zementmörtel} \dots\dots\dots\; t_m = -\;7{,}05\ ^0\text{C}$$
$$\text{Korkplatten} \dots\dots\dots\; t_m = +\;4{,}0\ \ ^0\text{C}$$
$$\text{Ziegelmauerwerk} \dots\dots\; t_m = +\;16{,}72\ ^0\text{C}$$
$$\text{Außenputz} \dots\dots\dots\; t_m = +\;18{,}50\ ^0\text{C}.$$

Die in den einzelnen Schichten aufgespeicherte Kältemenge, bezogen
auf die Außentemperatur von $+ 20\ ^0$C, beträgt:,

$$\text{Fliesenbelag} \dots\; W = 2200 \cdot 0{,}21 \cdot 0{,}01 \cdot (-\;7{,}18 - 20) = 125 \text{ kcal}$$
$$\text{Zementmörtel} \dots\; W = 1800 \cdot 0{,}22 \cdot 0{,}01 \cdot (-\;7{,}05 - 20) = 107 \text{ kcal}$$
$$\text{Korkplatten} \dots\; W = 200 \cdot 0{,}33 \cdot 0{,}08 \cdot (+\;4{,}0 - 20) = 85 \text{ kcal}$$
$$\text{Ziegelmauerwerk} \dots\; W = 1800 \cdot 0{,}22 \cdot 0{,}25 \cdot (+\;16{,}72 - 20) = 324 \text{ kcal}$$
$$\text{Außenputz} \dots\; W = 1600 \cdot 0{,}21 \cdot 0{,}01 \cdot (+\;18{,}50 - 20) = 5 \text{ kcal}$$

$$\text{zusammen } W = 646 \text{ kcal.}$$

Anordnung b: (von innen nach außen)

$$\text{Fliesenbelag} \quad 1 \text{ cm st.}$$
$$\text{Zementmörtel} \quad 1 \text{ cm st.}$$
$$\text{Ziegelmauerwerk} \quad 25 \text{ cm st.}$$
$$\text{Korkplatten} \quad 8 \text{ cm st.}$$
$$\text{Außenputz} \quad 1 \text{ cm st.}$$

Wegen der geringen Temperaturdifferenzen kann vereinfachend angenommen werden, daß die Wärmeübergangszahlen, die Wärmeleitfähigkeiten und auch die spezifischen Wärmen sich mit der Temperatur nicht ändern; dann behalten die Wärmedurchgangszahl k und der Kälteverlust Q dieselben Werte. Der Temperaturverlauf in der Wand wird jedoch wesentlich geändert, und zwar ergeben sich für die einzelnen Schichten die Mitteltemperaturen:

$$\begin{aligned}
\text{Fliesenbelag} \quad & t_m = - \ \ 7{,}18\,^0\text{C} \\
\text{Zementmörtel} \quad & t_m = - \ \ 7{,}05\,^0\text{C} \\
\text{Ziegelmauerwerk} \quad & t_m = - \ \ 5{,}28\,^0\text{C} \\
\text{Korkplatten} \quad & t_m = + \ \ 7{,}45\,^0\text{C} \\
\text{Außenputz} \quad & t_m = + 18{,}50\,^0\text{C}.
\end{aligned}$$

Die aufgespeicherte Kältemenge beträgt alsdann:

$$\begin{aligned}
\text{Fliesenbelag} \quad & W = 2200 \cdot 0{,}21 \cdot 0{,}01 \cdot (- \ \ 7{,}18 - 20) = \ \ \ 125 \ \text{kcal} \\
\text{Zementmörtel} \quad & W = 1800 \cdot 0{,}22 \cdot 0{,}01 \cdot (- \ \ 7{,}05 - 20) = \ \ \ 107 \ \text{kcal} \\
\text{Ziegelmauerwerk} \quad & W = 1800 \cdot 0{,}22 \cdot 0{,}25 \cdot (- \ \ 5{,}28 - 20) = 2510 \ \text{kcal} \\
\text{Korkplatten} \quad & W = \ \ 200 \cdot 0{,}33 \cdot 0{,}08 \cdot (+ \ \ 7{,}45 - 20) = \ \ \ \ 66 \ \text{kcal} \\
\text{Außenputz} \quad & W = 1600 \cdot 0{,}21 \cdot 0{,}01 \cdot (+ 18{,}50 - 20) = \ \ \ \ \ \ 5 \ \text{kcal}
\end{aligned}$$

$$\text{zusammen} \ W = \qquad 2813 \ \text{kcal}.$$

Die zweite Anordnung, mit möglichst weit nach außen verlegter Isolierung, ergibt eine bedeutend größere Speicherfähigkeit der Wand. Die unvermeidlichen Schwankungen der Kühlraumtemperatur, wie sie in der Praxis beim Einbringen warmen Kühlgutes oder durch Öffnen der Zugangstür eintreten, werden durch den großen Kältevorrat der außen isolierten Wand schnell ausgeglichen. Freilich ist die Isolierung nach Anordnung b teurer. Bei einem Kühlraum von $2{,}0 \cdot 3{,}0 \cdot 2{,}5$ m lichter Größe ergeben sich bei Anordnung a etwa 43 m², bei Anordnung b etwa 61 m² Korkplattenisolierung; die Mehrkosten machen sich aber durch den Vorteil einer stetigeren Raumtemperatur schnell bezahlt.

3. Schwitzwasserbildung bei Energieträgern mit tieferer Temperatur als die der umgebenden Luft.

Atmosphärische Luft hat stets einen gewissen Feuchtigkeitsgehalt, die „relative Feuchtigkeit", deren Größe sehr verschieden sein kann, jedoch einen Höchstwert, die „maximale Feuchtigkeit", niemals übersteigt. Die maximale Feuchtigkeit der Luft sinkt mit abnehmender Temperatur; wird Luft von einem bestimmten Feuchtigkeitsgehalt abgekühlt, so tritt bei einer bestimmten Temperatur Sättigungszustand ein und bei weiterer Abkühlung scheidet sich tropfbares Wasser aus. Diese Temperatur nennt man den Taupunkt der Luft. Die relative Feuchtigkeit wird mit dem Hygrometer gemessen, dem Sättigungszustand entspricht dabei der Wert 100%.

ZAHLENTAFEL 19
Maximaler Feuchtigkeitsgehalt der Luft.

Temperatur in ^{0}C	Wasserdampf in g/m³	Temperatur in ^{0}C	Wasserdampf in g/m³
$-$ 10	2,14	$+$ 8	8,3
8	2,54	10	9,4
6	2,99	12	10,7
4	3,51	14	12,1
2	4,13	16	13,6
0	4,84	18	15,4
$+$ 2	5,6	20	17,3
4	6,4	22	19,4
6	7,3	24	21,8

Zur Vermeidung von Schwitzwasserbildung an der Oberfläche eines von Luft von der Temperatur t_2 umgebenen Körpers hat man also dafür zu sorgen, daß die Oberflächentemperatur t_a den durch die relative Feuchtigkeit gegebenen Taupunkt t_s nicht unterschreitet, d. h. es muß sein:

$$t_a > t_s, \tag{86}$$

oder
$$(t_a - t_2) > (t_s - t_2). \tag{87}$$

$(t_s - t_2)$ stellt also die höchstzulässige Untertemperatur der Oberfläche dar.

ZAHLENTAFEL 20
Höchstzulässige Untertemperatur.
$t_a - t_2$ in ^{0} C.

Lufttemperatur t_2 in ^{0} C	Relative Feuchtigkeit in %					
	90	80	70	60	50	40
30	2	4,1	6,4	9,3	12,4	16
20	1,9	3,9	6,0	8,7	11,5	14,8
10	1,7	3,5	5,4	7,9	10,4	13,3
0	1,4	3,0	4,6	6,6	8,6	11

4. Mindestisolierstärke isolierter Rohrleitungen zur Vermeidung von Schwitzwasserbildung.

Der Wärmeaustausch zwischen isolierten Rohrleitungen und der umgebenden Luft wird nach den Gleichungen (37) und (38) berechnet; hieraus ergibt sich unter Benutzung der bekannten Bezeichnungen die Untertemperatur der Isolierungsoberfläche $(t_a - t_2)$ zu:

$$(t_a - t_2) = \frac{t_1 - t_2}{1 + \dfrac{1}{2\lambda} \ln \dfrac{d_a}{d_i} \cdot \alpha_a \cdot d_a} \text{ in } {}^0\text{C.} \tag{88}$$

Für einen bestimmten Fall kann man aus Gleichung (88) die zur Vermeidung von Schwitzwasserbildung notwendige Mindestisolierstärke berechnen. Für verschiedene Werte von Rohrtemperaturen, Lufttemperaturen, Rohrdurchmesser, Wärmeleitzahlen und Feuchtigkeitsgrade sind die Mindestisolierstärken in Zahlentafel 21 berechnet; dabei wurde eine Abrundung auf Handelsmaß vorgenommen.

ZAHLENTAFEL 21

Mindestisolierstärken zur Vermeidung von Schwitzwasserbildung (nach Gleichung 88).

in mm

Rohr-temperatur in °C	Wärme-leitzahl in kcal/ m h °C	Relative Luftfeuchtigkeit in %											
		80				60				40			
		Rohrdurchmesser mm				Rohrdurchmesser mm				Rohrdurchmesser mm			
		50	100	200	400	50	100	200	400	50	100	200	400
Lufttemperat. 0 °C													
— 10	0,04	20	25	25	25	—	—	—	—	—	—	—	—
	0,06	30	35	35	40	—	—	—	—	—	—	—	—
20	0,04	40	45	50	55	20	20	20	20	—	—	—	—
	0,06	55	65	70	80	25	25	25	25	—	—	—	—
40	0,04	75	85	100	110	35	40	45	45	30	30	35	35
	0,06	100	115	135	150	45	55	60	65	35	40	45	50
60	0,04	90	105	120	135	45	55	60	65	35	40	40	45
	0,06	120	140	165	185	65	75	85	95	45	50	55	60
Lufttemper. 20 °C													
+ 10	0,04	—	—	—	—	—	—	—	—	—	—	—	—
	0,06	20	25	25	25	—	—	—	—	—	—	—	—
0	0,04	25	30	30	30	—	—	—	—	—	—	—	—
	0,06	35	40	45	50	20	20	20	20	—	—	—	—
— 20	0,04	55	65	75	80	25	30	35	35	—	—	—	—
	0,06	80	85	100	110	35	40	45	45	20	20	20	20
40	0,04	80	90	105	120	35	45	45	50	25	30	30	35
	0,06	110	130	150	175	55	60	70	75	35	40	45	50
60	0,04	100	115	135	150	50	55	65	75	30	35	35	40
	0,06	140	160	190	220	65	80	90	100	40	45	50	55

Man erkennt, daß der Einfluß des Rohrdurchmessers besonders bei großem Durchmesser ziemlich gering ist, während der Einfluß der Feuchtigkeit, der Temperaturdifferenz und der Wärmeleitfähigkeit stets erheblich bleibt.

Bei sehr tiefen Temperaturen ist es oft nicht möglich, die Oberflächentemperatur der Isolierung über dem Taupunkt zu halten, bisweilen sinkt sie auch unter den Gefrierpunkt; die sich dann bildende Eiskruste kann Isolierungen, die nach außen nicht völlig luftdicht abgeschlossen sind, in ihrer Haltbarkeit sehr gefährlich werden.

VII. Der Schutz von Wasserleitungen gegen Einfrieren.

Der Schutz von Wasserleitungen bereitet, solange das Wasser in Bewegung ist, keine Schwierigkeiten. Selbst bei geringen Strömungsgeschwindigkeiten genügen normale Isolierstärken, um eine Abkühlung unter den Gefrierpunkt zu verhindern. Bei stillgelegten Leitungen andererseits ist ein völliger Schutz gegen Einfrieren nicht möglich, da ein Wärmeaustausch niemals vollständig unterbunden werden kann; es können durch eine geeignete Isolierung lediglich die Auskühlzeiten über die Betriebspause hinaus, während der die Leitung stillgelegt ist, verlängert werden.

Die exakte Berechnung der Auskühlzeit ist nicht durchführbar. Für praktische Verhältnisse genügt jedoch eine nur angenäherte Berechnung. Vernachlässigt man die in dem Wärmeschutz selbst aufgespeicherte Wärme, so ist die Auskühlzeit z, d. h. die Zeit, bis zu der das Wasser auf $0\,^0$ C abgekühlt ist, angenähert:

$$z = \frac{W_w + W_R}{Q_m} \text{ in h,} \tag{89}$$

worin bedeuten:

Q_m = der mittlere Wärmeverlust in kcal/m h,
W_w = die im Wasser aufgespeicherte Wärme in kcal/m,
W_R = die in der Rohrwand aufgespeicherte Wärme in kcal/m.

Die Werte von z stellen Mindestwerte dar, weil der Wärmevorrat in der Isolierung die Auskühlzeit noch erhöht. Läßt man außerdem im Inneren des Rohres eine Bildung von Eisansatz bis zu einem gewissen Grade zu, dann erhöht sich z, weil die bei der Eisbildung frei werdende Wärme erheblich ist, weiterhin (pro 1 kg werden bei der Erstarrung etwa 80 kcal frei).

Für eine Wärmeleitzahl von 0,05, eine Wassertemperatur von $+\,10\,^0$C und eine Lufttemperatur von $-\,10\,^0$C sind die Auskühlzeiten für verschiedene Rohrdurchmesser und Isolierstärken in dem Diagramm Abb. 10 nach Gleichung (89) aufgetragen. Beträgt z. B. die Betriebspause 24 h, so ist für einen Rohrdurchmesser von 150 mm eine Isolierstärke von 55 mm, bei 36 h eine solche von 100 mm erforderlich. Die Auskühlzeiten steigen mit zunehmendem Rohrdurchmesser sehr schnell an, die Ursache liegt darin, daß die Wärmeverluste etwa proportional dem Durchmesser, der Energievorrat dagegen mit dem Quadrat des Rohrdurchmessers steigt.

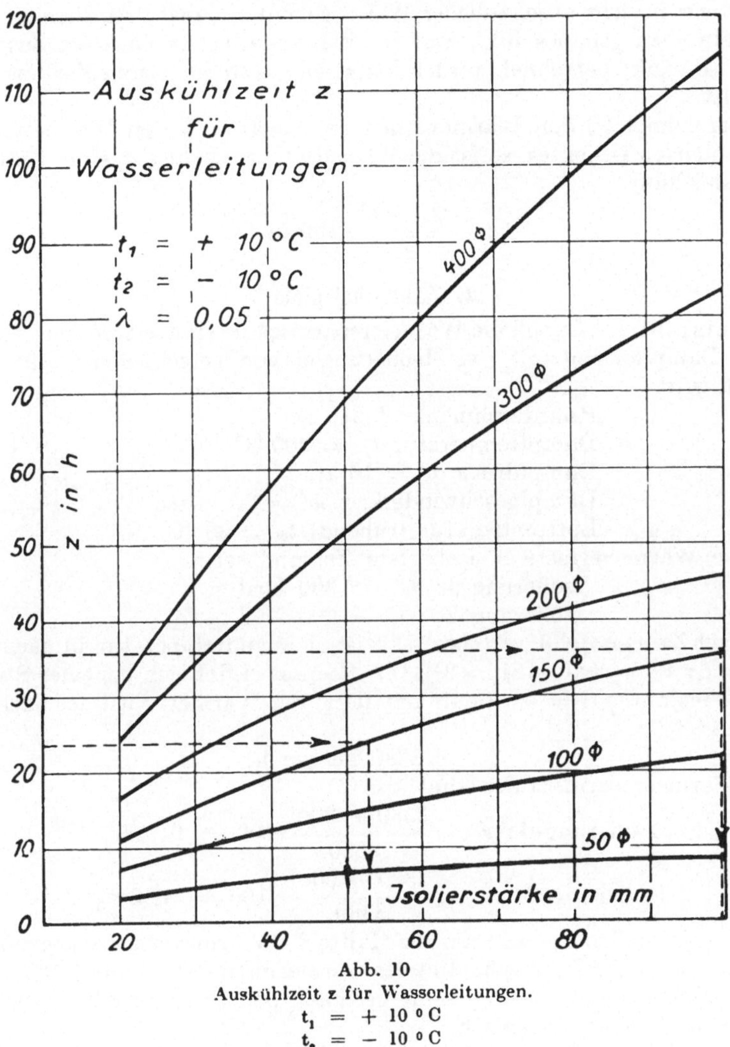

Abb. 10
Auskühlzeit z für Wasserleitungen.
$t_1 = + 10\,^\circ C$
$t_2 = - 10\,^\circ C$
$\lambda = 0,05$

VIII. Die Wärmeersparniszahl

1. Begriffserklärung.

Die Wärmeersparniszahl[1]) stellt das Verhältnis des Wärmeverlustes in isoliertem Zustand gegenüber dem nackten Zustand dar. Sie ist eine reine Vergleichsgröße. Die mit einer Isolierung erzielten Ersparnisse werden

---

[1]) Vgl. Eberle: „Versuche über den Wärme- und Spannungsverlust bei Fortleitung gesättigten und überhitzten Wasserdampfes". Z. d. V. D. J. 1908, S. 481.

durch sie in sehr anschaulicher Weise gekennzeichnet. Anderseits gibt sie kein allzu genaues Bild, weil der Wärmeverlust in nacktem Zustand nicht so exakt berechnet werden kann, wie es in isoliertem Zustand der Fall ist.

Bezeichnet Q_o den Wärmeverlust des nackten, Q den Wärmeverlust des isolierten Objektes, so ist die Wärmeersparniszahl ε bestimmt durch die Gleichung:

$$\varepsilon = \frac{Q_o - Q}{Q_o} \cdot 100 \text{ in } \%. \tag{90}$$

2. Zahlenbeispiele.

Beispiel 1. Es soll die Wärmeersparniszahl ermittelt werden, die an einer Dampfleitung mit zwei Isolierungen von verschiedener Güte erreicht wird.

Rohrdurchmesser 0,216 m
Dampftemperatur $t_1 = 300\ ^{0}\mathrm{C}$
Dampfdruck $p = 10$ ata
Dampfgeschwindigkeit $w = 20$ m/sec
Lufttemperatur (ruhend) $t_2 = 20\ ^{0}\mathrm{C}$.

Die Wärmeverluste in isoliertem Zustand seien:

Isolierung 1: $Q_1 = 300$ kcal/m h
Isolierung 2: $Q_2 = 600$ kcal/m h.

Nach Zahlentafel 3 auf Seite 27/28 ist die Wandtemperatur in nacktem Zustand: $t_w = 300 - 21 = 279\ ^0\,\mathrm{C}$. Hieraus ergibt sich bei einer Strahlungskonstanten C = 4,0 (matt oxydiert) der Wärmeverlust des nackten Rohres:

$$Q_0 = 3380 \text{ kcal/m h.}$$

Die Wärmeersparniszahlen sind also:

$$\text{Isolierung 1:}\ \varepsilon = \frac{3380 - 300}{3380} \cdot 100 = 91{,}2\ \%$$

$$\text{Isolierung 2:}\ \varepsilon = \frac{3380 - 600}{3380} \cdot 100 = 82{,}3\ \%.$$

Obwohl die Isolierung 1 nur die Hälfte des Wärmeverlustes gegenüber 2 hat, beträgt der Unterschied in der Wärmeersparniszahl nur 8,9 %. Die Wärmeersparniszahl ist also wenig geeignet, den Effekt der Isolierungen untereinander zu vergleichen.

Beispiel 2. Dieselbe Rechnung soll bei einem Windanfall von 5 m/sec durchgeführt werden. Es sei:

$$Q_1 = 350 \text{ kcal/m h}$$
$$Q_2 = 700 \text{ kcal/m h.}$$

Q_0 errechnet sich für $\alpha_a = 32$ zu:

$$Q_0 = 6070 \text{ kcal/m h.}$$

Die Wärmeersparniszahlen betragen dann:

$$\text{Isolierung 1:}\ \varepsilon = \frac{6070 - 350}{6070} \cdot 100 = 94{,}3\ \%$$

$$\text{Isolierung 2:}\ \varepsilon = \frac{6070 - 700}{6070} \cdot 100 = 88{,}5\ \%.$$

Der Unterschied der Wärmeverluste bei beiden Isolierungen beträgt wieder 100 %, der Unterschied in der Wärmeersparniszahl nur noch 5,8 %.

Häufig wird in der Praxis der Fehler begangen, bei Errechnung des Wärmeverlustes in nacktem und isoliertem Zustand die Temperatur der Rohrwand gleichzusetzen. Während bei isolierten Rohren der Wärmeübergang innen in den meisten Fällen vernachlässigt und $t_1 = t_i$ gesetzt werden kann, ist dies bei nackten Rohren nicht mehr zulässig, wie die Gleichungen (32 b) und (32 c) gezeigt haben. Bei überhitzten Dämpfen ist die Wandtemperatur t_w zum Teil erheblich niedriger, wie ein Blick auf Zahlentafel 3 lehrt. Rechnet man mit gleichen Wandtemperaturen, so ergeben sich daher zu hohe Wärmeersparniszahlen und es entsteht ein falsches Bild von der Güte der Isolierung.

IX. Die wirtschaftlichste Isolierstärke.

1. Einführung.

Die wirtschaftlichste Stärke einer Isolierung ergibt sich aus der Überlegung, daß die Wärmeverluste mit zunehmender Isolierstärke immer langsamer abnehmen, während die Anlagekosten der Isolierung proportional oder gar schneller als die Isolierstärke ansteigen. Es findet sich daher für jeden einzelnen Fall eine charakteristische Isolierstärke, bei der die Summe der durch die Wärmeverluste entstehenden jährlichen Kosten und der von den Anlagekosten, der Amortisations- und Verzinsungsquote und etwaigen Unterhaltungskosten abhängigen Jahreskosten der Isolierung den kleinsten Betrag erreicht; diese Isolierstärke ist die wirtschaftlichste.

Es gibt verschiedene Methoden, nach dem vorstehenden Prinzip die wirtschaftlichste Isolierstärke zu bestimmen. Das älteste, von Hottinger[1]) und Gerbel[2]) gezeigte analytische Verfahren kann als für die Praxis unwesentlich übergangen werden, da hier die Kosten der Isolierung als Funktion des Volumens und nicht, wie es in der Praxis allgemein üblich ist, als Funktion der äußeren Oberfläche aufgefaßt sind. Gerbel hat aus diesem Grunde auch selbst einen etwas umständlicheren, dafür aber um so übersichtlicheren graphischen Weg empfohlen.

2. Graphische Ermittlung der wirtschaftlichsten Isolierstärke (nach Gerbel).[3])

Diese in der Praxis bis vor kurzem ausschließlich angewandte Methode soll an einem Beispiel, der Isolierung eines Rohres, erläutert werden.

---

[1]) M. Hottinger: „Theoretische Betrachtungen praktischer Beispiele aus der Lüftungs- und Wärmetechnik". Ges. Ing. 1919, S. 161.

[2]) M. Gerbel: „Die wirtschaftlichste Stärke einer Isolierung". Verl. d. V. D. J., 1921.

[3]) M. Gerbel: l. c.

Es seien:

s_1, s_2, s_3 usw. die Isolierstärken in m,
Q_1, Q_2, Q_3 usw. die zugehörigen Wärmeverluste in kcal/m h,
K_1, K_2, K_3 usw die Anlagekosten der Isolierung in RM/m,
h = die jährliche Betriebszeit in h,
c = Faktor für Amortisation, Verzinsung und Unterhaltung in % von K,
p = der Wärmepreis in RM pro 10^6 kcal.

Dann sind:

$$\mathfrak{Q}\,(_{1,\ 2,\ 3}\ \text{usw.}) = Q\,(_{1,\ 2,\ 3}\ \text{usw.}) \cdot h \cdot p \cdot \frac{1}{10^{\prime\prime}} =$$

die Wärmeverluste in RM/m Jahr,

$$\mathfrak{K}\,(_{1,\ 2,\ 3}\ \text{usw.}) = K\,(_{1,\ 2,\ 3}\ \text{usw.}) \cdot c =$$

die Kosten der Isolierung in RM/m Jahr,
und:

$$S\,(_{1,\ 2,\ 3}\ \text{usw.}) = \mathfrak{Q}\,(_{1,\ 2,\ 3}\ \text{usw.}) + \mathfrak{K}\,(_{1,\ 2,\ 3}\ \text{usw.}) =$$

die Summe der Jahreskosten für Wärmeverluste und Isolierung in RM/m Jahr.

Die Ermittelung der Werte von S erfolgt graphisch, indem über den Isolierstärken s als Abszissen die zugehörigen Verluste $\mathfrak{Q}$ und $\mathfrak{K}$ als Ordinaten aufgetragen und addiert werden; das Minimum der Kurve S ergibt auf dem Schnittpunkt seiner Normalen mit der Abszisse die wirtschaftlichste Isolierstärke.

Beispiel:

Rohrdurchmesser 150/159 mm,
Rohrtemperatur 300 ⁰ C,
Lufttemperatur (ruhend) 0 ⁰ C,
Wärmeleitzahl des Isoliermaterials = 0,06,
h = 8760 h,
p = 4.— RM pro 10^6 kcal,
c = 25 %.

Hieraus ergibt sich:

Isolierstärke s in mm	40	60	80	100
Q^1) in kcal/m h	156	119	99	86,5
$\mathfrak{Q}$ in RM/m Jahr ...	5,48	4,20	3,48	3,04
K in RM/m²	10,00	12,00	14,00	16,00
K in RM/m	7,70	10,70	14,30	18,40
$\mathfrak{K}$ in RM/m	1,93	2,68	3,58	4,60

¹) Auf die Durchrechnung der Wärmeverluste ist hier verzichtet.

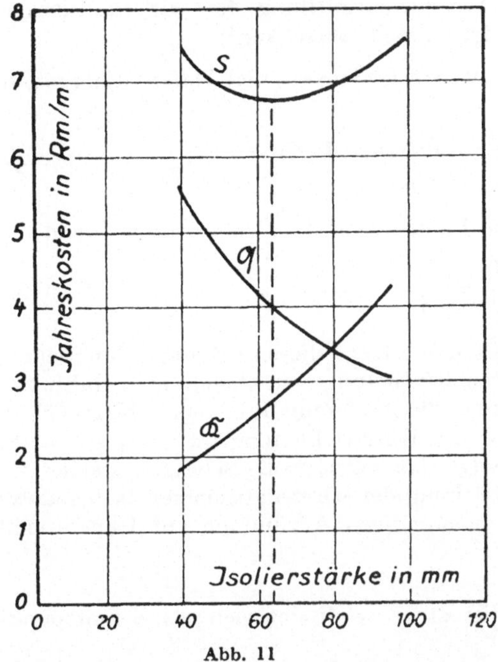

Abb. 11

Die Kurve der S—Werte ist in Abb. 11 graphisch ermittelt, es ergibt sich eine wirtschaftlichste Isolierstärke von $s_w = 62\,mm$; nach Abrundung auf Handelsmaß: $s_w = 60\,mm$.

3. Zahlentafeln zur Ermittlung der wirtschaftlichsten Isolierstärke (nach Cammerer).[1]

Die Darstellung der Zahlentafeln, bezüglich deren Einzelheiten auf die Originalarbeit von Cammerer verwiesen wird, beruht auf der Überlegung, daß für die wirtschaftlichste Isolierstärke, d. h. die Lage des Minimums der S-Kurve, lediglich die Änderung des $\Re$-Wertes mit der Isolierstärke, nicht aber sein absoluter Wert maßgebend ist. Verschiebt man die Kurve der $\Re$-Werte in Abb. 11 parallel zur Ordinatenachse, was einer Änderung des Absolutwertes der Anlagekosten entspricht, so wird sich immer das gleiche Minimum der Summenkurve ergeben. Es werden „Grundpreiskurven" eingeführt, die eine jeweils verschieden starke Preiszunahme bezogen auf den laufenden m und Erhöhung pro 10 mm Isolierstärke darstellen. Die Umrechnung der Preiskurve pro m², die in lineare Kurvenstücke zerlegt wird, auf die entsprechende Preiskurve pro laufenden m erfolgt durch Multiplikation mit einer „Umrechnungsgröße g".

Für das Beispiel auf Seite 70 findet man durch Interpolation aus den Tabellen von Cammerer die wirtschaftlichste Isolierstärke $s_w = 60 — 65\,mm$.

---

[1] J. S. Cammerer: „Wirtschaftlichste Isolierstärke bei Wärme- und Kälteschutzanlagen und Wärmeabgabe isolierter Rohre bei unterbrochener Betriebsweise." Ersch. 1927.

4. Neues graphisches Verfahren zur Ermittlung der wirtschaftlichsten Isolierstärke (nach Borschke).[1]

Dieses Verfahren beruht auf dem Gedanken, den Differentialquotienten der S-Werte zu bilden:

$$\frac{d\,(S)}{ds} = \frac{d\,(\mathfrak{Q})}{ds} + \frac{d\,(\mathfrak{K})}{ds} \tag{91}$$

oder, da $\mathfrak{Q}$ und $\mathfrak{K}$ ebenfalls Funktionen der Isolierstärke s sind:

$$\frac{d\,(S)}{ds} = \frac{d\,f\,(s)}{ds} + \frac{d\,g\,(s)}{ds} \tag{92}$$

Um den Wert S_{min} zu erhalten, muß man diesen Differentialquotienten $= 0$ setzen, Zur vereinfachten Ermittlung von Q geht man dabei von Gleichung (37) aus, wobei die für die Rechnung unbequeme Wärmeübergangszahl α_a herausfällt und die Oberflächentemperatur t_a geschätzt wird. An Beispielen wird gezeigt, daß selbst große Schätzungsfehler von t_a nur eine geringfügige Abweichung der wirtschaftlichsten Isolierstärke bedingen, die innerhalb der notwendigen Abrundung auf Handelsmaß liegt.

Die wirtschaftlichste Isolierstärke s_w findet sich als Schnittpunkt zweier Kurven:

$$\mathfrak{A} = f \cdot \mathfrak{B}, \tag{93}$$

worin bedeuten:

$$\mathfrak{A} = \frac{1}{(\ln\frac{d_i + 2s}{d_i})^2 \cdot (d_i + 2s)} = \text{den Differentialquotienten für den Einheitswärmeverlust } Q \text{ für } (t_i - t_a) = 1$$

$$\lambda = 1$$
$$h = 1$$
$$p = 1.$$

(Die $\mathfrak{A}$-Kurve ist in dem Diagramm Abb. 12 mit s als Abszisse und d_i als Parameter aufgezeichnet.)

$$f = \text{die Bezugsgröße} = \frac{c \cdot 10^6}{4\,(t_i - t_a) \cdot \lambda \cdot h \cdot p}, \text{ und}$$

$$\mathfrak{B} = 2\,f\,(s) + \frac{d\,f\,(s)}{ds} \cdot (d_i + 2s).$$

Für das Beispiel auf Seite 70 ergibt sich, wenn die Oberflächentemperatur t_a zu 40 °C geschätzt wird:

$$f = \frac{0{,}25 \cdot 10^6}{4 \cdot 140 \cdot 0{,}06 \cdot 4 \cdot 8760} = 0{,}212.$$

---

[1] E. Borschke: „Berechnung der wirtschaftlichsten Isolierdicken." Archiv für Wärmewirtschaft 1928, Heft 4 und Veröffentlichung aus dem Arbeitsgebiet der Deutschen Prioform, Köln, Heft 5.

Ermittlung der $\mathfrak{B}$-Kurve:

$f(s)$ Preis in RM/m²	s Isol.-St. in m	$\dfrac{df(s)}{ds}$ mit genügender Annäherung: $\dfrac{f(s)}{s} = \dfrac{f(s_1)-f(s_2)}{s_1-s_2}$	$d_i + 2s$ in m	$\mathfrak{B} = 2f(s) + \dfrac{df(s)}{ds} \cdot (d_i + 2s)$
10,0	0,04	$\dfrac{2,00}{0,02} = 100$	0,239	$20,0 + 100 \cdot 0,239$ $= 43,9$
12,0	0,06	$\dfrac{2\,00}{0,02} = 100$	0,279	$24,0 + 100 \cdot 0,279$ $= 51,9$
14,0	0,08	$\dfrac{2,00}{0,02} = 100$	0,319	$28,0 + 100 \cdot 0,319$ $= 59,9$
16,0	0,10	$\dfrac{2,00}{0,02} = 100$	0,359	$32,0 + 100 \cdot 0,359$ $= 67,9$

Die Kurve $f \cdot \mathfrak{B}$ ist für die gewählten Isolierstärken ebenfalls in das Diagramm Abb. 12 ($\mathfrak{A}$-Diagramm) eingetragen. Der Schnittpunkt mit der $\mathfrak{A}$-Kurve (interpoliert zwischen $d_i = 100$ und $d_i = 200$) ergibt die wirtschaftlichste Isolierstärke $s_w = 60$ mm.

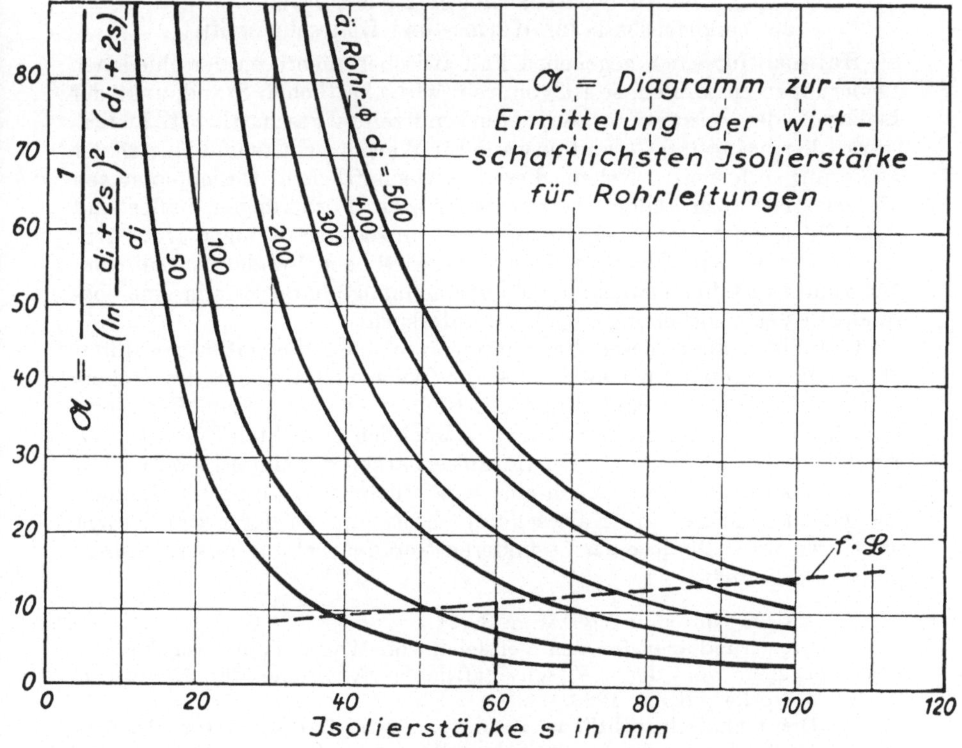

Abb. 12

A — Diagramm zur Ermittelung der Wirtschaftlichsten Isolierstärke für Rohrleitungen.

5. Einfluß der Betriebsweise auf die wirtschaftlichste Isolierstärke.

Die vorstehend gezeigten Berechnungsmethoden gelten streng nur für den vollkommenen Dauerbetrieb. Bei unterbrochener Betriebsweise, insbesondere bei regelmäßig täglich wiederkehrenden Betriebspausen, sind neben den im Dauerbetrieb vorhandenen Betriebsverlusten noch zu berücksichtigen:

a) die Abkühlungsverluste während der Betriebspause,
b) die nach Beendigung der Pause durch die Speicherfähigkeit zunächst verlorengehende Wärme,
c) die gegenüber dem Dauerzustand verminderten Wärmeverluste während der Anheizperioden.

Bis heute fehlen auch nur angenäherte Formeln für die theoretische Berechnung der Wärmeverluste in der Anheiz- und Auskühlzeit; auch vollzieht sich der Anheiz- und Auskühlvorgang selbst in der Praxis derart willkürlich, daß schon aus diesem Grunde eine allgemein gültige theoretische Berechnung nicht möglich ist. In neuerer Zeit hat Cammerer[1]) ein auf praktischen Versuchsergebnissen aufgebautes Näherungsverfahren gezeigt, nach dem die wirtschaftlichste Isolierstärke bei unterbrochener Betriebsweise berechnet werden kann.

6. Die wirtschaftlichste Isolierstärke als Vergleichsbasis für Wärme- und Kälteschutzmittel.

Hat man für einen gegebenen Fall zwischen mehreren verschiedenen Isolierungen zu wählen, so ist vom rein wirtschaftlichen Standpunkt der Isolierung der Vorzug zu geben, deren ermittelte wirtschaftlichste Isolierstärke den geringsten Gesamtaufwand für Wärmeverluste und Kosten der Isolierung erfordert. Neben diesen wirtschaftlichen Gesichtspunkten können aber noch andere, betriebstechnische, Forderungen maßgebend sein, die je nach den Verhältnissen eine mehr oder weniger große Abweichung von dem Ergebnis eines wirtschaftlichen Vergleichs bedingen. Die zum Teil sehr verwickelten Zusammenhänge haben wir in einer besonderen Veröffentlichung eingehend untersucht.[2])

Grundlage aller dieser Berechnungen bleiben die dafür gewählten Materialkonstanten, in erster Linie die Wärmeleitfähigkeit des Isoliermaterials, von deren Einhaltung die Richtigkeit der ganzen Rechnung und ihre Übereinstimmung mit dem tatsächlich erreichten Effekt in entscheidender Weise abhängt. Die Garantierbarkeit der Materialkonstanten nimmt aus diesem Grund auch eine wesentliche Bedeutung im Rahmen der ganzen Wärme- und Kälteschutztechnik ein. Zu der Garantiefrage haben wir ebenfalls in einer besonderen Veröffentlichung unsern Standpunkt klargestellt.[3])

---

[1]) J. S. Cammerer: Vgl. Anm. S. 71.

[2]) „Die Grundlagen für den Vergleich von Wärmeschutz-Angeboten". Herausgegeben von der „Wissenschaftlichen Abteilung der Deutschen Prioform-Werke", Köln, 1928.

[3]) „Die technisch-rechtliche Bedeutung von Garantien für Wärmeschutzmittel." Herausgegeben von der „Wissenschaftlichen Abteilung der Deutschen Prioform-Werke", Köln, 1928.

Prüfung von Wärme- u. Kälteschutzanlagen.

I. Einführung.

Die im vorhergehenden Abschnitt gezeigten Berechnungen haben den Zweck, die wärmeschutztechnische Leistung einer Isolierung unter den verschiedensten betrieblichen und wirtschaftlichen Bedingungen vorauszuberechnen zu können. Die Methoden, nach denen diese Berechnungen entwickelt wurden, entspringen zum Teil theoretischen, mathematischen und physikalischen Überlegungen; in allen Fällen ist aber auch die Kenntnis der physikalischen Konstanten erforderlich, die die spezifischen Eigenschaften des zu schützenden Energieträgers und der zur Anwendung gelangenden Wärme- und Kälteschutzmittel kennzeichnen. Im Rahmen des vorliegenden Werkes interessieren vornehmlich die an zweiter Stelle genannten wärmeschutztechnischen Materialkonstanten. Von ihrer Genauigkeit hängt die Genauigkeit der ganzen Berechnungsmethoden ab; der Grad ihrer Übereinstimmung mit den tatsächlichen Eigenschaften eines Wärmeschutzes gibt auch einen Maßstab für die Genauigkeit, mit der das Ergebnis der Rechnung und die nachherige tatsächlich eintretende wärmeschutztechnische Leistung übereinstimmen.

II. Leistungsbegriffe in der Wärme- und Kälteschutztechnik.

Die Frage, mit welchem Begriff die Leistung einer Wärme- und Kälteschutzanlage am eindeutigsten umfaßt werden kann, ist heute zugunsten der Wärmeleitfähigkeit entschieden. Sie kennzeichnet den elementarsten physikalischen Vorgang, nämlich die in dem Wärmeschutzstoff selbst sich vollziehende Übertragung der Wärme. Alle andern Begriffe, Temperaturverlust, Wärmeersparniszahl, Abkühlungszeiten, Oberflächentemperaturen u. a., sind auf der Wärmeleitzahl aufgebaut; sie haben zwar den Vorteil großer Anschaulichkeit, aber sie sind anderseits von Willkürlichkeiten der praktisch vorliegenden Verhältnisse abhängig, die in einer theoretischen Vorausberechnung niemals genügend genau erfaßt werden können. Es sei in diesem Zusammenhang nur erinnert, daß z. B. der Temperaturverlust einer Dampfleitung in linearer Abhängigkeit von der Dampfgeschwindigkeit steht, die selbst in die Rechnung nur als ungefährer Mittelwert eingeführt werden kann, und daß als anderes Beispiel die Wärmeersparniszahl, wegen der Ungenauigkeit der Wärmeverlustberechnung nicht isolierter Anlagen, niemals bei einer Vorausberechnung mit den tatsächlichen Verhältnissen in Einklang zu bringen sein wird.

Als wichtigster Begriff der Leistung bleibt also die Wärmeleitzahl; sie ist im allgemeinen zum Kernpunkt eines Kaufabschlusses zu machen und entscheidet meist ausschlaggebend die Preiswürdigkeit einer Isolierung. Die Prüfungsmethoden zur Bestimmung der Wärmeleitfähigkeit verdienen daher in der Wärmeschutztechnik besonders hohes Interesse.

Neben der Wärmeleitzahl sind für besondere Fälle, Berechnung der Speicherwärme, Auskühlzeiten usw., noch die spezifische Wärme und das Raumgewicht von Bedeutung: das Raumgewicht bietet auch einen Anhalt für die Beurteilung der Wärmeleitfähigkeit. Seine Bestimmung ist einfach, schwieriger die der spezifischen Wärme, die aber bei den meisten Isolierstoffen nicht erheblich schwankt und infolgedessen keinen allzu großen Einfluß auf das Ergebnis einer Berechnung hat.[1]

III. Die Bestimmung der Wärmeleitzahl von Isolierstoffen.

1. Einführung.

Grundsätzlich sind zwei Verfahren zu unterscheiden: die Prüfung im Laboratorium und die Messung der Wärmeleitzahl im Betriebe.

Durch die in neuerer Zeit geschaffenen Prüfungsverfahren des Laboratoriums ist der Erzeuger von Wärme- und Kälteschutzstoffen, wie auch der Verbraucher, in der Lage, die Wärmeleitfähigkeit der zur Verwendung gelangenden Stoffe in exakter Weise zu bestimmen. Vor allem ist es der Wärmeschutzindustrie ermöglicht, an Hand der von der Wissenschaft ausgearbeiteten Untersuchungen die Isolierstoffe einwandfrei zu bewerten und durch fortgesetzte Kontrolle der Produktion an der Auswahl der besten Wärmeschutzmittel und ihrer Vervollkommnung zu wirken. Allerdings beschränkt sich die laboratoriumsmäßige Prüfung immer auf die Untersuchung kleiner Proben, die der industriellen Praxis nur mittelbaren Nutzen bringen können; denn dafür, daß die Ergebnisse dieser Prüfungen auch bei einer in der Praxis ausgeführten Anlage als vorhanden angenommen werden dürfen, spricht nur eine gewisse Wahrscheinlichkeit, nicht aber eine vollkommene Gewißheit; diese aber ist heute unerläßlich, wo die Garantie einer Wärmeleitzahl und anderer Eigenschaften immer zur Grundlage eines Kaufabschlusses gemacht werden sollte.

Die Möglichkeit, die Wärmeleitzahl einer Isolierung nachzuprüfen, während sie ihre Funktion im Betriebe ausübt, und auf diese Weise die Übereinstimmung zwischen dem vorausberechneten und tatsächlich eingetretenen Effekt zu kontrollieren, ist erst durch den Wärmeflußmesser des Forschungsheims für Wärmeschutz in München geschaffen worden.[2]

2. Prüfung im Laboratorium.

Vom physikalischen Standpunkt aus sind zwei Methoden zu unterscheiden. Bei der einen beobachtet man den zeitlichen Verlauf der Tem-

---

[1] Vgl. Zahlentafel 13 auf S. 49.
[2] „Schmidt'scher Wärmeflußmesser", Vgl. S. 78.

peraturänderung und berechnet die Wärmeleitzahl aus den Längen-, Zeit- und Temperaturmessungen; außerdem ist die Kenntnis des spezifischen Gewichts und der spezifischen Wärme erforderlich. Das Verfahren ist jedoch nur für gute Wärmeleiter praktisch verwendbar.[1])

Bei der zweiten Methode, die für Isolierstoffe und Baustoffe geeignet ist, bestimmt man die Wärmeleitzahl im Beharrungszustand aus den Messungen der Länge, Temperatur und Wärme- bzw. Energiemenge.

Eine befriedigende Genauigkeit der Versuchseinrichtungen wurde erst durch die elektrische Heizung ermöglicht, da mit dieser der Energieverbrauch exakt gemessen werden kann; die Temperaturen werden dabei grundsätzlich mit Thermoelementen bestimmt.

Je nach Beschaffenheit der zu untersuchenden Stoffe verwendet man: Für pulver- und faserförmige Stoffe die „Nusseltsche Kugel"[2]), ein aus zwei Hohlkugeln bestehender Apparat; in der inneren ist ein mit konstantem Strom beschickter Heizkörper eingebaut, das zu untersuchende Material wird zwischen beide Kugeln eingebracht. Gemessen werden der Energieverbrauch und die Temperaturen auf der äußeren und inneren Kugelfläche.

Für feste Platten und Steine ist am geeignetsten der „Plattenapparat von Poensgen"[3]), eine elektrisch geheizte Platte, auf deren beiden Seiten das Versuchsmaterial gelegt wird; die Außenseiten werden durch wassergekühlte Platten auf konstanter Temperatur gehalten, die Randverluste durch eine ringförmige Schutzheizung aufgehoben.

Von van Rinsum[4]) stammt ein für alle Rohrisolierungen besonders geeigneter Rohrapparat, bestehend aus einem innen elektrisch geheizten Rohr von 1 bis 3 m Länge; die Temperaturmessung am Rohr und an der Oberfläche der Isolierung erfolgt mit aufgelegten Thermoelementen. Die Verluste an den Stirnflächen werden durch eine Korrekturrechnung berücksichtigt.

Für Baukonstruktionen, fertige Gebäudewände verwendet man kleine Versuchshäuschen; zum Teil dienen sie auch zur Bestimmung der Wärmedurchgangszahl.[5]) [6])

---

[1]) Z. B. verwendete Sénarmont ein solches Verfahren bei den auf S. 6 beschriebenen Versuchen zur Ermittlung der Wärmeleitfähigkeit von Kristallen.

[2]) Nusselt: „Die Wärmeleitfähigkeit von Isoliermitteln", Mitteil. über Forsch.-Arb., Heft 63/64, 1909.

[3]) R. Poensgen: „Ein technisches Verfahren zur Ermittelung der Wärmeleitfähigkeit plattenförmiger Stoffe", Z. d. V. D. J., 1912, S. 1643. Derselbe auch in Mitteilungen über Forsch.-Arb., 1919, Heft 130.

[4]) W. van Rinsum: „Die Wärmeleitfähigkeit von feuerfesten Steinen sowie von Dampfrohrschutzmassen und Mauerwerk unter Verwendung eines neuen Verfahrens der Oberflächentemperaturmessung", Z. d. V. D. J., 1918, S. 601.

[5]) E. Schmidt und A. Großmann: „Untersuchungen über den Wärmeschutz von Baukonstruktionen", Mitt. a. d. Forsch. Heim f. Wärmeschutz, München, Heft 4, 1924.

[6]) H. Kreüger und A. Eriksson: „Untersuchungen über das Wärmeisolierungsvermögen von Baukonstruktionen", Berlin, 1923.

3. Die Messung der Wärmeleitzahl im Betriebe.

a) Die Hilfswandmethode.

Die Messungen der Wärmeleitzahl im Betriebe beruhen auf dem Gedanken der Hilfswandmethode, die Hencky[1]) zum ersten Male gezeigt hat.

Auf die zu untersuchende Wand 1 wird eine Hilfswand 2 mit bekannter Wärmeleitzahl aufgelegt. Denkt man sich die Wände sehr groß, so ist infolge der Kontinuität der Wärmeströmung:

$$Q = (t_i - t_a) \cdot \frac{\lambda}{d} \text{ in kcal/m}^2 \text{ h} \tag{94}$$

es ist aber auch:

$$Q = (t_i' - t_a') \cdot \frac{\lambda'}{d'} \text{ in kcal/m}^2 \text{ h} \tag{95}$$

wenn bedeuten:

t_i, t_i' = die Temperaturen der inneren Seiten der Wände 1 und 2 in ^{0} C,

t_a, t_a' = die Temperaturen der äußeren Seiten der Wände 1 und 2 in ^{0} C,

d, d' = die Dicken der Wände 1 und 2 in m,

λ, λ' = die Wärmeleitzahlen der Wände 1 und 2 in kcal/m h ^{0} C.

Aus den gemessenen Temperaturen errechnet sich dann die gesuchte Wärmeleitzahl der Wand 1:

$$\lambda = \lambda' \cdot \frac{d \cdot (t_i' - t_a')}{d' \cdot (t_i - t_a)} \text{ in kcal/m h } ^0 \text{ C.} \tag{96}$$

Beim praktischen Versuch wird, wenn nicht vollkommen ruhige Luft erreicht wird, die Oberflächentemperatur t_a durch die Schwankungen der Lufttemperatur, den Einfluß wechselnder Windgeschwindigkeiten, Sonnenbestrahlung usw., dauernd geändert, so daß es schwierig ist, den zur einwandfreien Messung der Temperaturen notwendigen Beharrungszustand aufrechtzuerhalten. Durch Auflegen einer Dämpfungsschicht auf die Hilfswand wird dieser Nachteil behoben, die Oberfläche der Hilfswand ist dann gegen die vorerwähnten Einflüsse geschützt, so daß die Schwankungen von t_a gedämpft sind und die Messung nicht mehr stören. Je größer die störenden Einflüsse sind um so kleiner muß die Wärmedurchlässigkeitszahl der Dämpfungsschicht, d. h. bei gegebener Wärmeleitfähigkeit um so dicker die Schicht selbst sein

b) Der Wärmeflußmesser nach E. Schmidt.[2])

Der von Schmidt konstruierte Wärmeflußmesser hatte ursprünglich den Zweck, als Hilfsmittel bei der Untersuchung zeitlich veränderlicher

---

[1]) K. Hencky: „Über Abnahmeprüfung von Wärmeschutzanlagen". Ges. Ing., 1918, S. 89 sowie „Ein einfaches praktisches Verfahren zur Bestimmung des Wärmeschutzes verschiedener Bauweisen", Ges. Ing. 1919. S. 437.

[2]) E. Schmidt: „Die Messung von Wärmeverlusten im Betriebe", Archiv für Wärmewirtschaft, 1924, S. 9.

Wärmeströmungen zu dienen. Die Apparatur ist aus diesem Grunde nahezu trägheitslos ausgebildet. Sie besteht aus einer dünnen Gummiplatte von 60 cm Länge, 6 cm Breite und 3 mm Stärke; die zur Messung der Temperaturdifferenz notwendigen Thermoelemente sind auf beiden Seiten der Platte unmittelbar unter der Oberfläche eingebettet. Bei der geringen Stärke der Gummischicht ergeben sich sehr kleine Temperaturdifferenzen; um trotzdem einen leicht meßbaren thermoelektrischen Ausschlag zu erzielen, sind auf beiden Seiten ca. 200 Thermoelemente wechselweise hintereinandergeschaltet. Eine Temperaturdifferenz von 1 ⁰ C ergibt so eine Thermokraft von ca. 4 Millivolt.

Eine noch genauere Angabe des Temperaturgefälles erreicht man durch Einbauen von Widerstandsthermometern; aus der Änderung des elektrischen Widerstandes errechnet man dabei die Temperaturdifferenz. Wegen der verwickelten Meßeinrichtung ist dieses Verfahren jedoch für die Anwendung in der Praxis untauglich.

Zu beiden Seiten des Meßstreifens werden Gummiplatten, gewöhnlich gleichgroße Blindstreifen, aufgelegt; hierdurch wird ein Ausweichen der Wärmeströmung nach der Seite verhindert. Die seitliche Dämpfung ist besonders wichtig bei Isolierungen, deren Oberfläche die Wärme gut leiten, z. B. Blechmäntel; hier empfiehlt es sich, auf möglichst große Breite zu dämpfen.

Der Wärmedurchlässigkeitswiderstand des Meßstreifens ist wegen der geringen Stärke und der relativ hohen Wärmeleitzahl von Gummi ($\lambda_g =$ 0,4) sehr gering; bei einer Rohrisolierung, Isolierstärke $s = 60$ mm, $\lambda = 0,08$ ist für große Durchmesser angenähert:
Wärmedurchlässigkeitswiderstand:

der Isolierung $\qquad \dfrac{0,06}{0,08} = 0,75 \quad$ m² h ⁰ C/kcal,

des Wärmeflußmessers $\qquad \dfrac{0,003}{0,4} = 0,0075$ m² h ⁰C/kcal.

Die Änderung des Wärmeverlustes durch Auflegen des Meßstreifens beträgt in diesem Falle also 1%; wenn man sie nicht vernachlässigen will, was an sich bei dem Genauigkeitsgrad der Messung zulässig wäre, kann man sie bei der Eichung des Millivoltmeters gleich berücksichtigen. Das Ableseinstrument gibt dann unmittelbar den Wärmeverlust an; bei Rohren berechnet man die gesuchte Wärmeleitzahl der Isolierung aus der Gleichung:

$$\lambda = Q \cdot \frac{\ln d_a/d_i \cdot d_a}{2 \cdot (t_i - t_a)} \quad \text{in kcal/m h ⁰C,} \tag{97}$$

Für die Ermittelung der Wärmeleitzahl ist die Trägheitslosigkeit des Wärmeflußmessers von Nachteil. Die außen liegenden Thermoelemente folgen fast unmittelbar den Schwankungen der Lufttemperatur, der Abkühlung bei Wind und den Einflüssen der Sonnenbestrahlung usw. Hierdurch ändert sich fortgesetzt die Temparaturdifferenz im Meßstreifen, da die Schwankungen der Innenseite des Streifens nur gedämpft mitgeteilt werden; der thermoelektrische Ausschlag weist große Streuungen auf.

Bei Benutzung eines einfachen Ableseinstruments ergeben sich dann leicht falsche Messungen; auch bei mehreren Ablesungen kann die Mittelwertsbildung fehlerhaft werden. Besser und vorteilhafter ist daher die Verwendung eines registrierenden Instrumentes, das die einzelnen Ausschläge in einer zusammenhängenden Kurve aufträgt; sobald Luftströmungen auftreten, ergeben sich jedoch auch hier große Streuungen, die die Ermittelung des im Dauerzustand vorhandenen Wärmeverlustes unmöglich machen können.

Unter Verwertung der Erfahrungen, die schon Hencky bei seiner Hilfswandmethode gemacht hat, kann man nur empfehlen, den Wärmeflußmesser auch frontal, etwa durch Auflegen einer gleich starken Gummiplatte, zu dämpfen. Damit geht der ursprüngliche Charakter des Wärmeflußmessers allerdings verloren; denn der Wärmedurchgang wird durch die zusätzliche Isolierwirkung der Apparatur nunmehr merklich geändert.

Für die Ermittlung der Wärmeleitzahl ist dies jedoch ohne Bedeutung.

Nach diesem Prinzip hat Hencky einen für die Messung von Wärmeleitzahlen an Rohrisolierungen besonders geeigneten „Wärmeschutzprüfer" gebaut.[1]) Das Instrument besteht aus einem etwa 5 m langen, schmalen und etwa 1 cm starken Gummistreifen, in dessen mittleren Teil die Thermoelemente eingebaut sind. Die äußeren Elemente liegen jedoch etwa in der Mitte der Schicht, sie sind also durch eine etwa $\frac{1}{2}$ cm starke Dämpfungsschicht geschützt.

Der tatsächliche Wärmeverlust der Isolierung kann dann nicht mehr direkt gemessen werden; da er aber für die Messung der Wärmeleitzahl nicht unmittelbar notwendig ist, kann man das Ablese- oder Registrierinstrument auf die Temperaturdifferenz im Wärmeflußmesser eichen; aus der Proportion zwischen den sich einstellenden Temperaturen in der Isolierung und im Wärmeflußmesser und den Wärmeleitfähigkeiten beider berechnet man die Wärmeleitzahl, z. B. bei Rohrleitungen:

$$\lambda = \lambda' \frac{ln \dfrac{d_a}{d_i} \cdot (t_i' - t_a')}{ln \dfrac{d_a'}{d_i'} \cdot (t_i - t_a)} \quad \text{in kcal/m h } {}^0\text{C,} \qquad (98)$$

wenn außer den aus Gleichung (94, 95) bekannten Beziehungen bedeuten:

d_a, d_i = der äußere bzw. innere Durchmesser der Isolierung in m,
d_a' d_i' = der Durchmesser der Schichten des Wärmeflußmessers, in denen die äußere bzw. innere Thermoelementenreihe eingebaut ist, in m.

Bei dem gedämpften Wärmeflußmesser und dem Wärmeschutzprüfer von Hencky ist zu berücksichtigen, daß der Beharrungszustand erst längere Zeit nach Auflegen des Instrumentes eintritt, im allgemeinen sind hierzu mindestens vier Stunden erforderlich.

Die Messung der Rohrtemperatur t_i erfolgt durch ein seitlich vom Wärmeflußmesser auf die Rohrwand aufgelegtes Thermoelement; wenn

---

[1]) Vgl. K. Hencky: „Die wirtschaftliche Fortleitung und Verteilung vonDampf auf große Entfernungen", Z. d. V. D. J. 1925, S. 492.

der Einbau nicht schon vor Aufbringen der Isolierung vorgenommen ist, muß man die Isolierung aufschneiden, dann aber den Einschnitt mit einem geeigneten Material (Glaswolle, Schlackenwolle, Prioformfüllung) sorgfältig ausfüllen, damit man die unter dem Wärmeschutz tatsächlich vorhandene Temperatur erhält.

Das zur Messung der Oberflächen temperatur t_a der Isolierung bestimmte Thermoelement wird zweckmäßig neben dem Wärmeflußmesser unter die seitliche Dämpfung gelegt, keinesfalls unter den Meßstreifen selbst, da dort der Wärmedurchgang gestört werden kann.

4. Nachprüfung garantierter Wärmeleitzahlen mit dem Wärmeflußmesser.

Die Anwendung des Wärmeflußmessers erfordert, wenn die Messungen genau sein sollen, meßtechnische Kenntnisse und eine gewisse praktische Erfahrung. Bei zweckmäßiger Anordnung der Versuchseinrichtung kann die Wärmeleitzahl mit einer Meßgenauigkeit von maximal $\pm$ 5 % bestimmt werden. Diese Toleranz ist allein für die Ungenauigkeiten der Nachprüfung notwendig, die Schwankungen im Wärmeschutzstoff selbst müssen unabhängig davon berücksichtigt werden. Im allgemeinen wird daher eine Toleranz von $\pm$ 10 % festzulegen sein. Zur genauen Nachprüfung ist die Messung an mehreren getrennten Stellen einer Anlage zu empfehlen, da der so gewonnene Mittelwert ein genaueres Bild ergibt.

Wegen der Temperaturabhängigkeit der Wärmeleitzahl müssen die garantierten Werte immer die für sie geltenden Mitteltemperaturen der Isolierung enthalten. Dabei empfiehlt es sich, mehrere Temperaturstufen zu wählen; die Nachprüfung der gemessenen Wärmeleitzahlen erfolgt dann zweckmäßig durch graphische Interpolation.

5. Literaturverzeichnis.[1])

„Forschungsergebnisse über die wärmetechnische Leistung der Wärmeschutzstoffe", Mitteil. a. d. Forsch. Heim f. Wärmeschutz, München, Heft 1. 3. Aufl. 1924, S. 6.

„Ein neuer Wärmeflussmesser und seine praktische Bedeutung in der Wärmeschutztechnik", Mitteil. a. d. Forsch. Heim f. Wärmeschutz, München. Heft 3, 1923, S. 19.

„Über einige neue praktische Verfahren zur Messung des Wärmeleitvermögens von Bau- und Isolierstoffen", von M. Jakob, Z. d. V. D. J. 1919, S. 69.

„Die Wärmeleitzahl von Bau- und Isolierstoffen und die Wärmedurchlässigkeitszahl neuer Bauweisen", von Osk. Knoblauch, E. Raisch und H. Reiher. Ges. Ing. 1920, S. 607.

„Ergebnisse von Versuchen über den Bau warmer und billiger Wohnungen", von A. Bugge. Berlin 1924.

„Bestimmung der Wärmedurchlässigkeitszahl von Baustoffen in Amerika, England, Norwegen und Schweden" (Beschreibung der in diesen Län-

---

[1]) Ohne auf Vollständigkeit Anspruch zu erheben, sollen hier außer den im Text herangezogenen Veröffentlichungen noch einige weitere genannt werden, die über die Prüfungsverfahren zur Ermittlung der Wärmeleitfähigkeit Aufschluß geben.

dern vom Verfasser festgestellten Methoden), von R. R. Schlyter· Tonindustrie-Zeitung, Bd. 47, S. 463.

„Wärmeschutzvermögen der Bausteine", von H. Burchartz. Tonindustrie-Zeitung, 1922, S. 713 und 721.

„Apparat zur Bestimmung der Wärmeleitfähigkeit feuerfester Steine", von P. Goerens und J. W. Gilles. Ferrum, 1914, S. 1.

„Die Bestimmung der Wärmeleitfähigkeit feuerfester Stoffe", von K. Arndt. Dingl. Polyt. Journ. 1922, S. 185.

„Messung der thermischen Leitfähigkeit", von Bicquard. C. r. de l'Akad. d. sc. 1910, S. 268.

„Methoden zur Bestimmung der Wärmeleitfähigkeit", von C. Niven und A. Geddes. Proc. Royal Soc., London 1912, S. 535.

„Laboratoriumsapparat zur Bestimmung der Wärmeleitfähigkeit von Geweben", von G. Colombo. Giorn. di Chim. ind. et appl. Mailand 1920. S. 167.

Zur Einführung in die thermoelektrischen Messungsmethoden empfehlen wir:

„Elektrische Temperatur-Meßgeräte", von G. Keinath. Verlag Oldenbourg, München und Berlin 1923.

„Anleitung zu genauen technischen Temperaturmessungen", von Osk. Knoblauch und K. Hencky. Verlag Oldenbourg, München und Berlin 2. Aufl.

Wärme- und Kälteschutzverfahren.

I. Die Gesetze der Wärmeübertragung und ihre Lehren für die Wahl und Gestaltung der Wärme- und Kälteschutzmittel.

1. Allgemeine Bemerkungen.

Die aus den physikalischen Gesetzmäßigkeiten der Wärmeübertragung resultierenden Lehren sind von der Wärme- und Kälteschutztechnik schon seit langem befolgt worden bei dem Bestreben, Isolierstoffe und Isolierverfahren herzustellen und auszuarbeiten, die eine möglichst geringe Wärmedurchlässigkeit verbürgen. Sie sind auch in neuerer Zeit mehr oder weniger tief in das Bewußtsein aller beteiligten Kreise eingedrungen. Zum leichteren Verständnis der nachfolgend zu untersuchenden einzelnen Verfahren erscheint es trotzdem wertvoll, gleichsam theoretisch aus den Erkenntnissen von der Wärmeübertragung die Leitsätze herauszukristallisieren, die bei der Wahl und Gestaltung der Wärme- und Kälteschutzmittel beachtet werden müssen und die geeignet sind, neue Wege zu zeigen für die Verbesserung der bis heute erreichten wärmeschutztechnischen Leistungen.

2. Molekulare Wärmeleitung.

Wenn man die Stoffkonstanten der molekularen Wärmeleitfähigkeit aller technisch verwendbaren Stoffe betrachtet, so scheiden zunächst die hochleitfähigen Metalle und deren Legierungen für die Verwendung als Isolierstoffe aus; werden sie trotzdem angewendet, so muß ihre Konstruktionsstärke möglichst gering gehalten werden. Unter den mineralischen Stoffen, deren Wärmeleitfähigkeiten immerhin noch Differenzen bis zum zehnfachen Betrag aufweisen, verdienen die amorphen, weniger leitungsfähigen Bestandteile einen gewissen Vorzug. Aber damit erreicht man nur eine Wärmeleitfähigkeit von etwa 2,5 kcal im Mittel. Vergleicht man dagegen mit diesen Werten die Konstante des technischeinfachsten Gases, der Luft, die nur etwa $1/25$ derjenigen der günstigsten festen Stoffe aufweist, so kommt man gleichsam zwangläufig zu der Forderung, daß in einem Wärmeschutzmittel möglichst wenig feste Bestandteile, dagegen möglichst viel Luft enthalten sein soll. Es ist dabei hinsichtlich der molekularen Wärmeleitung gleichgültig, ob der Luftgehalt, wie z. B. bei porösen Stoffen, in mehr oder weniger fein verteilter Weise vorliegt, oder ob um das zu schützende Objekt große, konstruktiv hergestellte Lufträume angeordnet werden. Auch innerhalb der schon erwähnten porösen

Stoffe ist die Feinheit der Poren ohne Bedeutung. Nach der Theorie der molekularen Wärmeleitung ist diese Unabhängigkeit von der Verteilung des Luftvolumens verständlich; denn die Wärmeleitung ist, abgesehen von den elementaren Abhängigkeiten der Stoffkonstanten und ihrer Änderung mit dem physikalischen Zustand, eine Funktion nicht nur der zwischen zwei Orten bestehenden Temperaturdifferenz, sondern auch eine Funktion ihrer Entfernung.

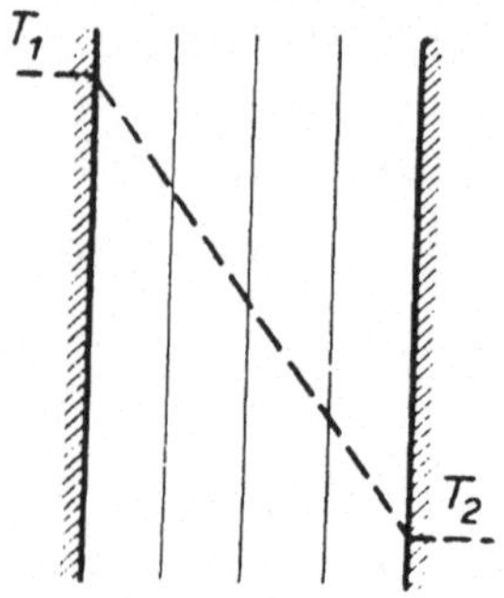

In einem von ebenen Wänden von verschiedener Temperatur begrenzten Luftraum (Abb. 13) wird daher der Vorgang der Wärmeleitung in keiner Weise geändert, wenn der Raum durch eine oder beliebig viel masselose Wände unterteilt wird; die Wände nehmen vielmehr lediglich die Temperatur an, die bei dem molekularen Wärmetransport ihrem Ort zukommt.

Abb. 13

3. Konvektion.

Die Wärmeübertragung in Lufträumen erfolgt außer durch Leitung auch durch Konvektion. Für diese Art der Wärmeübertragung ist aber nicht mehr der Gesamtluftraum allein entscheidend. Die theoretische Überlegung konnte in Übereinstimmung mit der Erfahrung zeigen, wie sehr die Konvektion nicht nur von der Größe der Poren, sondern auch von ihrer Form abhängig ist. Je kleiner die Lufträume in Richtung der Vertikalen sind, um so geringer sind die Dichteunterschiede der einzelnen Luftteilchen, um so kleiner auch die Auftriebskräfte und damit die Geschwindigkeit der Konvektionsströmungen; je kleiner ferner ihre horizontale Ausdehnung ist, um so mehr macht sich die die Umwälzungsgeschwindigkeit der Luft hemmende Zähigkeit der Luft bemerkbar, umso kleiner wird auch hier die durch Konvektion übertragene Wärmemenge.

Bei sehr kleinen Lufträumen, wie sie die Poren poröser Stoffe darstellen, deren Ausdehnung zum Teil nur Bruchteile von mm beträgt, verschwindet der Einfluß der Konvektion nahezu vollkommen, die Wärmeübertragung durch Leitung und Konvektion, die ja stets zusammen auftreten, nähert sich mehr und mehr dem Wert „ruhender Luft".

4. Strahlung.

Die Eigenstrahlung der Luft ist so gering, daß diese praktisch als diatherman angesehen werden kann. Wenn also zwischen zwei durch einen Luftraum getrennten Körpern Wärme durch Strahlung ausgetauscht wird, so erfahren die Strahlen auf dem Wege durch den Luftraum keinerlei Veränderung, da ja Luft keine Eigenstrahlung, infolgedessen auch kein Absorptionsvermögen hat. Die endgültig zwischen zwei Körpern durch Strahlung ausgetauschte Energie stellt sich somit als Differenz zweier Funktionen dar, deren jede einzelne nur eine Funktion bestimmter Eigenschaften des Körpers ist, jedoch unabhängig von den Eigenschaften

des diathermanen Luftraumes, also auch von seiner Dicke bleibt. In einer
durch zwei ebene Wände von großer Ausdehnung und verschiedenen
Temperaturen begrenzten Luftschicht wird daher immer die gleiche
Wärmemenge durch Strahlung übertragen, gleichviel ob die Luftschicht
sehr dick oder sehr dünn gewählt wird; denn die Wärmestrahlung bleibt
immer nur eine bestimmte Funktion der Wände. Da jede Wand Wärmestrahlen absorbiert, vermindert sie die ursprünglich von der Wand aus-
gehende Strahlungsenergie um einen gewissen Teil, d. h. sie setzt der
Wärmeübertragung durch Strahlung einen bestimmten Widerstand entgegen. Aus diesen Erkenntnissen heraus läßt sich die Wirkung der
Strahlungsschutzschirme erklären; schaltet man nämlich in die Luftschicht parallele Zwischenwände ein, so wird durch jede Wand die durch
Strahlung übergehende Wärme vermindert. Nimmt man vereinfachend
an, daß alle Wände aus dem gleichen Stoff zsuammengesetzt sind, also
die gleichen Strahlungskonstanten haben, so wird allgemein bei Zwischenschaltung von n—1 Wänden der Wärmeaustausch auf den n-ten Teil
herabgemindert; bei der Zwischenschaltung von einer Wand auf die
Hälfte, bei zwei Wänden auf ein Drittel, bei drei Wänden auf ein Viertel,
usw.[1])

Schaltet man immer mehr Zwischenwände ein und trennt sie gleichzeitig durch Querwände ab, so entstehen schließlich poröse Zellenkörper,
ähnlich den porösen Stoffen, bei denen, wie leicht zu erkennen ist, der
Strahlungswiderstand um so größer ist, je kleiner die einzelnen Poren sind,
und je größer infolgedessen bei einer gegebenen Konstruktionsstärke
die Zahl der Poren ist, deren Porenwände der Strahlung einen Widerstand
entgegensetzen. Für den Strahlungswiderstand ist also die Feinheit der
Porenverteilung von großer Bedeutung; der Strahlungswiderstand wächst
ungefähr proportional mit der Zahl der in Richtung des Wärmestromes
liegenden Poren, er ist bei gegebener Konstruktionsstärke umgekehrt
proportional der Porengröße. Neben der Zahl der Poren ist aber auch die
Strahlungskonstante der Porenwände maßgebend; glatte Porenwände
von geringem Strahlungsvermögen ergeben einen größeren Widerstand
als rauhe Wände mit sehr hohen Strahlungszahlen.

5. Zusammenfassung.

Faßt man die Gesetzmäßigkeiten der drei Einzelvorgänge in ihrer
Wirkung auf Wahl und Gestaltung der Wärmeschutzmittel zusammen,
so ergibt sich, daß der in einer niedrigen Gesamtwärmeübertragung Ausdruck findende Effekt eines Wärmeschutzes auf mannigfaltige Weise
angestrebt werden kann. Grundforderung ist allerdings immer ein möglichst hoher Luftgehalt. Der wärmetechnische Wirkungsgrad beruht dabei
aber nicht allein auf der geringen Wärmeleitfähigkeit der Luft; unzweck-
mäßige Anordnung der Lufträume kann ihren Wert vollständig zunichte
machen. In vollkommener Weise kann der Isolierwert der Luft nur bei

---

[1]) Eine allgemeine Ableitung dieser Beziehung findet sich in Annalen
der Phyhsik, Bd. 60, 1919. Vgl. auch Hencky: „Der Wärmeverlust durch
ebene Wände", 1921, S. 65.

einem Wärmeschutzmittel erreicht werden, dessen innere Struktur den größtmöglichen Widerstand der drei Einzelvorgänge Leitung, Konvektion und Strahlung gewährleistet.

Die Konvektion hängt nicht nur von der Größe der Poren, sondern auch von ihrer Form ab; bei sehr großen Hohlräumen übersteigt sie die Wärmeleitung um ein Vielfaches und nimmt dann auch meist den größten Anteil an der Gesamtwärmeübertragung ein.

Der Strahlungswiderstand kann auf zweierlei Weise erhöht werden; bei kleiner Porengröße und großer Porenzahl beruht der Widerstand mehr auf einer Addition zahlreicher kleiner Einzelwiderstände, die Strahlungskonstante der Porenwände hat keine so entscheidende Bedeutung; anderseits kann bei größeren oder weniger zahlreichen Poren der Strahlungswiderstand dennoch ein hoher sein, wenn die Porenwände einen niedrigen Strahlungskoeffizienten aufweisen. Die Bedeutung dieser Gesetzmäßigkeiten schließlich wächst in immer steigendem Maße mit dem Absolutwert der Temperatur.

II. Die allgemein notwendigen Eigenschaften der Wärme- und Kälteschutzmittel.

1. Allgemeine Forderungen.

Die Forderungen, die man, entsprechend der heute dem Wärmeschutz allgemein zugemessenen Bedeutung, an ein brauchbares Wärmeschutzmittel zu stellen hat, lassen sich durch folgende notwendige Eigenschaften kennzeichnen:

a) Niedrige und zeitlich unveränderliche Leitzahl.
b) Geringes spezifisches Gewicht.
c) Geringe spezifische Wärme.
d) Genügende mechanische Festigkeit.
e) Feuersicherheit.
f) Anpassungsfähigkeit an anormale Konstruktionsteile.
g) Unschädlichkeit.
h) Wirtschaftlichkeit.

Die große Zahl der zu beachtenden Eigenschaften zeigt die Schwierigkeiten, die schon bei der Auswahl der Grundstoffe eines Wärmeschutzmittels, aber auch bei seinem konstruktivem Aufbau zu überwinden sind. Sie werden noch stärker ins Licht gerückt, wenn man sich vergegenwärtigt, daß eine Reihe der oben genannten Eigenschaften sich geradezu diametral gegenüberstehen, so daß die richtige Erfüllung einer bestimmten Forderung oft eine Beeinträchtigung einer von einem andern Gesichtspunkt aus verlangten Eigenschaft nach sich zieht. Anderseits lassen sich gewisse Forderungen finden, die zusammen harmonieren und so zueinander in Abhängigkeit stehen, daß die eine Eigenschaft nur durch die Erfüllung der andern ermöglicht werden kann. Es trifft dies vor allen Dingen bei einer niedrigen Wärmeleitzahl und einem geringen Raumgewicht zu. Die Zusammenhänge dieser beiden wichtigen Eigenschaften sind in dem vorhergehenden Abschnitt genauer erläutert worden, wobei an Hand der theoretischen Erkenntnisse über den Vorgang der Wärmeübertragung gezeigt werden konnte, daß eine niedrige Wärmeleitzahl bei dem verschiedenartigen Verhalten der Stoffe in wärmetechnischer Hinsicht nur dann erreicht werden kann, wenn die Einzelwiderstände, Leitung, Strahlung und Übergang, in günstigster Weise zusammen wirken; es wurde auch gezeigt, daß man auf Grund dieser Erkenntnisse zwangläufig dazu kommen mußte, den wärmeschutztechnischen Effekt nahezu ausschließlich durch Schaffung eines möglichst hohen und möglichst fein verteilten Porenvolumens zu erreichen. Aber auch die dritte Eigenschaft, und zwar die einer geringen spezifischen Wärme, hängt ebenso wie das Wärmeleitvermögen von dem Luftgehalt und damit von dem Raumgewicht ab.

2. Beanspruchungen des praktischen Betriebes.

a) Temperatur und Feuchtigkeit.

Ein im industriellen Betrieb verwendetes Wärmeschutzmittel ist mannigfaltigen Beanspruchungen ausgesetzt. Zunächst wirken die Temperaturen des Energieträgers und des umgebenden Raumes auf die Stoffe ein. Diese Einflüsse können sich in verschiedener Weise zeigen.

Bei Temperaturen über etwa 100^0 C verbrennen alle organischen Stoffe. Bei vollständigem Luftabschluß tritt nur eine allmähliche Destillation ein, bei geringer Luftdurchlässigkeit verkohlen sie, bei sehr hoher Luftdurchlässigkeit und hohen Wärmegraden kann sogar Flammenbildung entstehen. Die organischen Stoffe scheiden daher für die Verwendung bei Betriebstemperaturen oberhalb etwa 100^0 C aus, es sei denn, daß sie als brennbare Zuschläge wirken sollen.

Aber auch der Anwendung vieler anorganischer Substanzen ist wegen ihrer Temperaturunbeständigkeit eine Grenze gezogen. Die chemischen Verbindungen zersetzen sich alle mehr oder weniger unter dem Einfluß höherer Temperaturen, sei es unter Abspaltung von chemisch gebundenem Hydratwasser in Dampf- oder tropfbarer Form, sei es durch Dissoziation von Gasen, wobei die Grenztemperaturen je nach Beschaffenheit der Stoffe mehr oder weniger weit auseinander liegen. Beide Vorgänge haben immer eine Zertrümmerung oder Spaltung der festen, amorphen oder kristallischen Substanzen zur Folge. Schließlich tritt meist bei noch höheren Temperaturen Sinterung ein; die Grenztemperaturen sind dabei auch hier je nach chemischer Zusammensetzung der Stoffe und nach Vorhandensein niedrigschmelzender Flußmittel außerordentlich verschieden.

Bei Temperaturen unter dem Taupunkt, insbesondere aber unter dem Gefrierpunkt des Wassers, spielen die chemischen Eigenschaften der Grundstoffe keine so bedeutende Rolle. Hier bestimmen die Luftdurchlässigkeit und die mit ihr zusammenhängende Hygroskopizität die Anwendungsmöglichkeit eines Wärmeschutzmittels in entscheidender Weise; denn bei Anwesenheit von Luft, und insbesondere bei dem nicht vollständig gehinderten Zutritt der freien Luft des umgebenden Raumes, sind derartige Stoffe immer in gewissem Grade mit Wasserdampf durchfeuchtet. Bei Abkühlung unter dem Taupunkt des Wassers[1]) wird ein Teil des Porenvolumens mit tropfbarem Wasser angefüllt; da die Wärmeleitfähigkeit des Wassers etwa 25 mal größer ist als diejenige ruhender Luft, vermindert sich der Effekt des Isoliermaterials bedeutend. Außerdem treten durch Lösungen des Wassers Zersetzungserscheinungen auf, die bei organischen Substanzen Fäulnis zeigen. Bei Abkühlung unter den Gefrierpunkt entsteht durch die damit verknüpfte Volumenvergrößerung des Porenwassers eine Sprengwirkung, wodurch die ganze innere Struktur zerstört werden kann; da die Eisbildung an dem Kälteträger selbst am größten ist und auch zeitlich zuerst eintritt, kann unter Umständen die ganze Isolierung von dem zu schützenden Objekt abgehoben werden.

b) Mechanische Beanspruchungen.

Nächst den schädigenden Einflüssen der Temperatur, mit denen die der Feuchtigkeit eng verknüpft sind, sind es mechanische Einwirkungen, denen ein Wärmeschutzmittel mehr oder weniger immer ausgesetzt ist und die seinen Bestand und seine Lebensdauer in außerordentlich kurzer Zeit in Frage stellen können. Diese Einwirkungen machen sich um so mehr geltend, als die mechanische Festigkeit der Wärmeschutzmittel ohnehin verhältnismäßig gering sein muß, weil ihre Erhöhung meist immer eine Erhöhung des Raumgewichts und der Wärmeleitfähigkeit zur Folge hat, ein deutliches Beispiel, in welchem gegensätzlichen Verhältnis die notwendigen Eigenschaften eines brauchbaren Wärmeschutzmittels zueinander stehen.[2])

In einer um einen Wärmeträger gelegten Wärmeschutzhülle stellt sich ein Temperaturgefälle ein, das, abgesehen von der Übertemperatur der Isolierungsoberfläche, der zwischen Wärmeträger und umgebendem Raum herrschenden Temperaturdifferenz gleichkommt. Jeder bestimmten Entfernung vom Wärmeträger entspricht eine bestimmte Temperatur in der Hülle und auch eine bestimmte thermische Ausdehnung des Stoffes. Die relativen Dehnungsunterschiede, die sehr erhebliche Beträge annehmen können, verursachen Zugbeanspruchungen in den außenliegenden kühleren Zonen, denen nur ein Material von hoher Elastizität gewachsen ist. Elastizität und mechanische Festigkeit sind aber wiederum Eigenschaften, die sich gleichzeitig in befriedigender Weise kaum verwirklichen lassen.

Aber auch noch in anderer Hinsicht werden an die Elastizität eines brauchbaren Wärmeschutzes hohe Anforderungen gestellt. Dampfleitungen z. B. zeigen bei Druckschwankungen mehr oder weniger starke Erschütterungen, die oft so gering sein können, daß eine Beobachtung mit dem Auge nicht möglich ist; sie erfolgen aber meist mit großer

---

[1]) Der maximale Feuchtigkeitsgehalt der Luft nimmt bekanntlich mit der Temperatur ab. Wird feuchte Luft abgekühlt, so tritt bei einer bestimmten Temperatur Übersättigung ein und es erfolgt Niederschlagen des Dampfes; diese Temperatur nennt man den Taupunkt.

[2]) Wieweit dieser Nachteil durch geeignete Konstruktionsprinzipien behoben werden kann, wird bei Besprechung der einzelnen Verfahren untersucht werden.

Pendelgeschwindigkeit und, was das Entscheidende ist, in ununterbrochener Dauer und üben einen außerordentlich zerstörenden Einfluß auf die Festigkeit der isolierenden Hülle aus. Diese Einwirkung führt um so leichter eine Lockerung und Loslösung der Hülle vom schwingenden Objekt herbei, je größer die Massenenergie der ersteren im Vergleich zu der des Objekts selbst ist; das Massenverhältnis ist um so ungünstiger, je schwerer die Hülle ist und kann nur durch Verringerung des Raumgewichts verbessert werden; eine solche Verringerung steht aber wieder im Gegensatz zu der notwendigen mechanischen Festigkeit.

Hinsichtlich der mechanischen Festigkeit muß ein Isoliermittel auch gegen äußere mechanische Einwirkungen unempfindlich sein. Solche Einwirkungen können sich durch Druckbelastung, etwa beim Begehen einer isolierten Rohrleitung oder aber durch eine Art Schlagbeanspruchung, z. B. beim Anstoßen von transportierten Gegenständen, äußern. Letztere wirken meist nur auf die außenliegenden Schichten der Wärmeschutzhülle ein. Daß diese auch an ihrer Oberfläche gegen atmosphärische Einflüsse, Regen, Wind und Sonnenbestrahlung, außerdem agressive Gase und Dämpfe, widerstandsfähig sein muß, soll hier nur der Vollständigkeit halber erwähnt werden.

c) Weitere Forderungen.

Feuersicherheit ist eine selbstverständliche Forderung; sie beschränkt ebenfalls die Verwendung organischer brennbarer Stoffe auf das Gebiet niedriger Temperaturen.

Ebenso ist die verlangte Anpassungsfähigkeit an anormale Konstruktionsteile ohne weiteres verständlich, so daß hier nicht mehr auf die Notwendigkeit dieser Eigenschaft einzugehen sein wird.

Die Forderung der Unschädlichkeit wird ebenfalls nicht begründet werden müssen; in einem gewissen Zusammenhang damit steht der schon erwähnte Fäulnisprozeß organischer Stoffe bei Feuchtigkeit. Auch die bei Lebensmittelkühlanlagen notwendige Geruchlosigkeit des Isoliermittels dürfte hier zu erwähnen sein.

3. Wirtschaftliche Betrachtungen.

Endlich ist es die Wirtschaftlichkeit, welche die Wahl eines Wärmeschutzmittels und die Konstruktion eines Verfahrens in entscheidender Weise beeinflußt; und vielen darauf gerichteten Bemühungen, die vorstehend genannten Eigenschaften in möglichst vollkommener Weise zu verwirklichen, hat gerade diese Forderung eine unüberwindliche Grenze gesetzt. Die Wirtschaftlichkeit eines Wärmeschutzmaterials hängt von dem mit ihm erreichten wärmetechnischen Effekt und seinem Preis in gleicher Weise ab. Der Effekt wird im wesentlichen bestimmt von der Wärmeleitfähigkeit des Wärmeschutzes; er zeigt sich in den Ersparnissen an Energieeinheiten gegenüber dem nicht isolierten Zustand.

Der Preis setzt sich zusammen aus den Produktionskosten des montagefertigen Materials und den Montagekosten selbst. Die ersteren werden bestimmt durch die Preise der Rohstoffe, aus denen das Material zusammengesetzt ist und durch die Aufbereitungskosten. Ein Isolierstoff, der aus billigen Rohmaterialien hergestellt ist, verträgt vom wirtschaftlichen Gesichtspunkt höhere Kosten für seine Herstellung als ein solcher mit teuren Rohmaterialien. Die Montagekosten dagegen dürfen um so höher sein, je geringer die Gesamtkosten des montagebereiten Materials sind, und umgekehrt wird ein Isolierverfahren mit hohen Materialkosten sich nur dann wirtschaftlich durchsetzen können, wenn das montagefertige Material dabei in eine Form gebracht wird, die eine schnelle und billige Montage ermöglicht. Allerdings darf durch die Schnelligkeit und Billigkeit der Montage nicht die Haltbarkeit eines Isolierverfahrens leiden, wenn die isolierende Wirkung zeitlich unveränderlich sein soll. Auch ist zu bedenken, daß ein Isoliermaterial um so weniger anpassungsfähig an anormale Konstruktionsteile sein wird, je weiter vorbereitet das Materail zur Montage gelangt; denn die fabrikmäßige Herstellung kann natürlich, wenn sie wirtschaftlich bleiben soll, nur für die genormten gleichmäßigen Teile der zu isolierenden Konstruktion erfolgen.

Es soll hier nur angedeutet werden, daß die bekannte Isolierung mit Rohrschalen ein typisches Beispiel eines Verfahrens darstellt, das durch hohe Materialaufbereitungskosten, in diesem Falle Formen und Trocknen der Schale, dagegen durch geringe Montagekosten ausgezeichnet ist. Ein gegenteiliges Beispiel dagegen finden wir bei den modernen Trockenstopfisolierungen, wo die Aufbereitung des Materials wesentlich einfacher und billiger erfolgt, die Montage dagegen eine sorgfältigere Arbeit darstellt und geschultes Personal erfordert. Es wird Aufgabe einer noch folgenden Besprechung der verschiedenen Verfahren sein, Vorteile und Nachteile dieser beiden Verfahren näher zu untersuchen; man wird dabei auch die großen Nachteile erkennen, mit denen die in einfachster Weise erfolgende Montage der Rohrschalen verbunden ist.

4. Zusammenfassung.

Zusammenfassend läßt sich feststellen, daß die mannigfaltigen Eigenschaften, die ein brauchbares Isoliermaterial besitzen muß, ein außerordentlich kompliziertes Bild ergeben, weil in den meisten Fällen eine Eigenschaft nur zum Schaden der andern vervollkommnet werden kann, und daß letzten Endes allen auf Fortschritte hinzielenden Bemühungen eine Grenze, die Wirtschaftlichkeit, gezogen ist.

Wenn man in einer gewissen Umkehrung unserer Betrachtungsweise, die den Bestand und den Dauereffekt eines Wärmeschutzmittels schädigenden Einflüsse aus den vorstehenden Ergebnissen herausschält, so ergibt sich ein etwas übersichtlicheres Bild:

1. Einflüsse der Temperatur:

   a) Verbrennung, Verkohlung oder Destillation organischer Substanzen.

   b) Dissoziation anorganischer Verbindungen, Abspaltung von Hydratwasser oder von Gasen. Zertrümmerung des Gefüges der festen Bestandteile.

   c) Sinterung der festen Bestandteile, Vernichtung poröser Struktur.
2. Einflüsse der Feuchtigkeit:
   a) Taubildung. Teilweise Wasseranfüllung der Poren. Erweichung und Lösung fester Teile. Vernichtung poröser Struktur. Fäulnis organischer Bestandteile.
   b) Eisbildung. Zertrümmerung des Gefüges. Loslösung vom zu schützenden Objekt.
3. Einflüsse mechanischer Beanspruchungen:
   a) Zugspannungen infolge verschiedener Wärmedehnung. Lockerung und Loslösung vom Objekt bei geringer Elastizität.
   b) Vibrationen. Lockerung vom Objekt. Zusammenrütteln loser Gefüge.
   c) Beschädigung der Oberfläche durch Druck und Schlagwirkung.
4. Witterungseinflüsse auf die Oberfläche der Isolierung. Einwirkung aggressiver Gase und Dämpfe.

III. Plastische Massen und Formkörper.

1. Einführung.

Die Gründe, weshalb wir die beiden Isolierverfahren, die plastischen Massen und die Formkörper zusammen einer Betrachtung unterziehen, sind darin zu suchen, daß die Haupteigenschaften, niedrigste Wärmeleitfähigkeit und ausreichende mechanische Festigkeit, bei beiden auf die gleiche Weise und mit denselben Hilfsmitteln angestrebt werden. Bei beiden Verfahren wird das geringe Wärmeleitvermögen durch Schaffung eines vollkommen porösen Körpers mit möglichst großem Porenvolumen und möglichst kleiner Porengröße, d. h. feinster Verteilung des Luftgehalts auf den ganzen Körper, zu erreichen versucht. Dabei hat je nach Beschaffenheit und Verhalten der festen Stoffe das Porenvolumen einen maximalen Wert, über den hinaus die Festigkeit der Masse oder des Formkörpers nicht mehr ausreicht. Wenn man so von diesem Gesichtspunkt keine prinzipielle Verschiedenheit zwischen den plastischen Massen und den Formkörpern finden kann, so läßt sich eine Unterscheidung zwischen beiden nur noch durch die Art und Weise der Anbringung an dem zu schützenden Objekt treffen. Die Massen werden im plastischen Zustand aufgetragen und dann mit Hilfe der ihnen von dem Wärmeträger mitgeteilten Wärme dem Prozeß des Abbindens, Trocknens und der Erhärtung am Objekt selbst überlassen; die Formkörper werden dagegen vorher fabrikmäßig aus plastischer Masse geformt, mit Hilfe besonders erzeugter Wärme getrocknet, abgebunden und erhärtet und dann in fertigem Zustand auf das zu schützende Objekt aufgebracht. Die Verbindung zwischen den einzelnen Formkörpern erfolgt dabei meist durch die Verwendung plastischer Massen als Fugenmörtel.

Die einzelnen Bestandteile, aus denen die plastischen Massen und Formkörper zusammengesetzt sind, kann man in drei große Gruppen einteilen.

2. Zusammensetzung plastischer Massen und Formkörper.

a) Grundstoffe.

Die Grundstoffe, meist mengenmäßig gegenüber den anderen Stoffen überwiegend, geben der Masse ihr Gerippe und Gefüge. Damit die zwischen ihnen eingeschlossenen Hohlräume möglichst klein sind, werden sie selbst in möglichst fein gemahlenem Zustand verwendet. Der Einfluß der Feinmahlung auf die Porengröße ist besonders groß, wenn die einzelnen Bestandteile eine in sich feste homogene Masse darstellen. Nimmt man vereinfachend an, daß das einzelne homogene Korn Kugelform hat, so verhält sich bei einer tetraedrischen Anordnung, der dichtesten Lagerung von Kugeln:

$$\frac{\text{Gesamtvolumen}}{\text{Kugelvolumen}} = \frac{3\sqrt{2}}{\pi}$$

d. h. das Porenvolumen ist unabhängig vom Durchmesser des festen Korns, und es entsteht bei besonders feiner Mahlung keine Verdichtung des porösen Stoffes, das Porenvolumen wird lediglich feiner verteilt. Dagegen hat bei solchen pulverförmigen Stoffen, deren einzelne feste Teilchen selbst poröse Gebilde aus noch kleineren Teilchen sind, oder in sich abgeschlossene Hohlräume einschließen, die Korngröße keinen so bedeutenden Einfluß auf die mittlere Größe der Poren, die im wesentlichen von den mikroskopischen Lufteinschlüssen bestimmt wird. Z. B. wird bei zu weitgehender Feinmahlung von Kieselgur der organisch begründete mikroporöse Charakter zerstört und der Effekt vermindert.

Die mechanische Festigkeit, insbesondere die innere Haftfestigkeit einer Masse ist im allgemeinen von der Korngröße unabhängig; eher kann hier die Form des einzelnen Kornes eine gewisse Rolle, z. B. durch Verklammerung scharfkantiger Gebilde, spielen.

b) Binde- und Imprägnierungsmittel.

Die zweite große Gruppe umfaßt die Zuschlagsstoffe, die als Binde- und Imprägnierungsmittel wirken. Die Bindemittel erhöhen die Haftfestigkeit und damit die Festigkeit überhaupt; es können abbindende Mörtelstoffe, verkittende oder Klebstoffe sein, die jedoch alle, da sie die Hohlräume zwischen den Grundstoffen mehr oder weniger ausfüllen, die Porosität herabsetzen. Auch Faserstoffe werden hierfür verwendet, wobei die pulverigen Grundstoffe sich an denselben anlagern und um so besser haften, je rauher die Wandungen der Faser sind. Auf das Porenvolumen wirken sie nicht ungünstig ein, eher zu dessen Erhöhung, wenn es sich um mikroporöse Fasern handelt, z. B. Asbest bei hohen Temperaturen, tierische Haare bei niedrigen Temperaturen. Die Haftwirkung der Faserstoffe nimmt außerdem mit der Faserlänge zu.

Einen besonders ungünstigen Einfluß können die gegen die schädlichen Einwirkungen von Hitze, Luft- und Wasserzutritt angewendeten Imprägnierungsmittel auf das Porenvolumen einer Masse haben. Es giebt zwei Möglichkeiten, einen Körper gegen diese Einflüsse zu schützen. Die reine Imprägnierung der Oberfläche hat den Vorteil, daß sie den Körper in seiner inneren Struktur vollkommen unverändert läßt, und die Masse des imprägnierenden Stoffes im Vergleich zu derjenigen des Körpers selbst sehr gering ist. Das ursprünglich vorhandene Porenvolumen bleibt dabei nahezu erhalten; jedoch wird bei der geringsten Beschädigung des oberflächlichen Überzugs die Wirkung vollständig zerstört, insbesondere wenn die schädigenden Einflüsse lange Zeit einwirken. Bei der durchgehenden Imprägnierung dagegen ist jeder einzelne körnige Bestandteil fest umhüllt und für sich allein geschützt; aber das Porenvolumen wird hierdurch in bedeutend größerem Umfang verringert, weil die kleinen, zwischen den Körnern befindlichen Lufträume zum Teil verkittet werden und die Luft aus ihnen verdrängt wird. Häufig schlägt man daher einen gewissen Mittelweg zwischen den einzelnen Verfahren ein, indem mehrere, aus Einzelbestandteilen zusammengesetzte poröse Gebilde oberflächlich imprägniert und aneinandergereiht werden, wie aus nebenstehender Abbildung hervorgeht (Abb. 14.)

 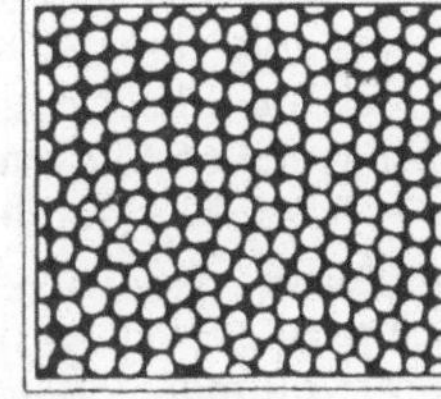

Abb. 14
Imprägnierung pulverförmiger Stoffe.
1. vollkommen durchgehend
2. teilweise durchgehend.

Bei in sich porösen Grundstoffen, z. B. bei den für Kälteisolierungen bestimmten Korkmaterialien, erreicht man eine solche, nur teilweise erfolgende Imprägnierung, indem man den Grundstoff nicht fein mahlt, sondern grobkörnig verwendet, wobei dann jedes einzelne Korn ein größeres poröses Gebilde darstellt, das nur oberflächlich überzogen wird. Wenn man dabei, vielleicht unter Verwendung der gleich großen Menge an imprägnierendem Material wie bei dem durchgehenden Verfahren, die zwischen dem groben Korn liegenden schützenden Schichten etwas stärker ausführt, so kann die Festigkeit des ganzen Gebildes erhöht werden, weil das tragende Skelett gröber und stabiler ist. Eine solche Struktur zeigt die Figur 2 in Abb. 14. Bei homogenen, körnigen oder pulverförmigen Stoffen kann man eine nur teilweise erfolgende Imprägnierung erreichen, wenn man den Grundstoff durch Anfeuchten in größeren Klumpen ballt und diese dann oberflächlich überzieht.

Die Imprägnierungsmittel haben zweierlei Aufgaben zu erfüllen. Bei organischen, d. h. brennbaren Grundstoffen können sie, wenn sie diese umhüllen und den Zutritt freier Luft abschließen, die Hitzebeständigkeit erhöhen; diese Wirkung ist jedoch nur gering, weil bei hohen Temperaturen die organischen Stoffe durch Verkohlung und Destillation zersetzt werden, ihr Volumen verringert wird, und die Masse sich lockert. Für diese Zwecke können natürlich nur anorganische d. h. unverbrennliche Imprägnierungen verwendet werden.

Ferner ist es häufig nötig, die Durchlässigkeit des Grundstoffes gegen Luft und Wasser zu vermindern oder ganz zu beseitigen, vor allem da, wo die Temperatur des Energieträgers unter der Raumtemperatur liegt, und keine Verdampfung und damit selbsttätige Trocknung der Masse eintreten kann. Geeignet sind hierfür organische Destillate, Teer, Pech u. a., außerdem kolloidale Lösungen, z. B. Wasserglas, während plastische, mit Wasser mechanisch gemengte Stoffe, wie Ton, Kalk, Zement u. a. weniger brauchbar sind, weil sie entweder wie der Ton hygroskopisch bleiben, oder wie die beiden letzteren selten die ganze Wassermenge chemisch binden.

Die Aufgabe beider, der Bindemittel sowohl als auch der Imprägnierungsmittel, wird häufig von einem Material gleichzeitig übernommen, weshalb sie auch zu einer Gruppe zusammengefaßt sind.

c) Lockerungsmittel.

Die dritte große Gruppe endlich enthält alle Zuschlagstoffe, die als Lockerungsmittel zur Erhöhung der Porosität wirken. Es gibt verschiedene Wege zu diesem Ziel. In erster Linie ist die Verdampfung des Anmachewassers zu nennen, das mit den Grundstoffen und Zuschlagstoffen gemengt wird bis zu einem Mischungsverhältnis, bei dem die Masse plastisch formbar ist; daneben hat das Wasser oft noch die Aufgabe, Bindemittel zu lösen und ihnen ihre abbindende, kittende oder klebende Fähigkeit zu geben. Je mehr Wasser beim plastisch formbaren Zustand der Masse in ihr enthalten ist, um so größer ist das nach Verdampfung des Wassers zurückbleibende Porenvolumen. Bei homogenen vollkörnigen Grundstoffen steigt dieser Wassergehalt mit abnehmender Korngröße, weil die Wasserkapazität sehr feiner Pulverstoffe durch kapillare Haftung kleinster Wasserteilchen erhöht wird; bei mikroporösen Stoffen hängt er weniger von der Korngröße, dagegen mehr von dem mikroskopischen Porengehalt, sowie von der Hygroskopizität des einzelnen gemahlenen Korns ab. Auch die Löslichkeit der festen Bestandteile übt einen Einfluß auf die Wasserkapazität aus.

Die trockenen Pulvermassen sacken alle bei der Durchmischung mit Wasser zusammen, ein Vorgang, den man sich so erklären kann, daß die einzelnen Teilchen durch Aufsaugen des Wassers oder durch kapillare Anlagerung spezifisch schwerer werden, und sich infolge ihres höheren Gewichts dichter lagern; auch die mechanischen Einwirkungen beim Durchmischen schlämmen und pressen die Masseteilchen gewissermaßen zusammen. Das Sackmaß, das bis zu 100% betragen kann, ist je nach den Eigenschaften und der Zusammensetzung der festen Bestandteile verschieden und erreicht seinen Höchstwert ungefähr bei derjenigen Wassermenge, bei der die Masse gerade noch plastisch formbar ist; ein höherer Wasserzusatz würde die Masse aufschwemmen und sie mehr und mehr in flüssigen Zustand überführen[1])

Die Wärmeleitfähigkeiten trockener Pulverstoffe und plastischer Massen sind bei gleichem Raumgewicht nicht einander gleich; die plas-

---

[1]) Man hat auch versucht, Wärmeschutzmassen mit sehr hohem Wasserzusatz in Blechformen, die um das Rohr gelegt werden, einzugießen; die Schalung war mit Löchern versehen, durch die das Wasser verdunsten sollte. Nach Austrocknen wurde die Form entfernt. Derartige Massen haben jedoch keine genügende Festigkeit mehr. (Vgl. D. R. P. 100201 (1898).

tischen Massen zeigen geringere Werte (vgl. Zahlentafel 22). Die Zahlentafel gibt nur Mittelwerte aus vielen Versuchspunkten an, die bei den verschiedenen Massen und Stoffen stark streuen.

Man muß auch berücksichtigen, daß bei den plastischen Massen eine genügende Erhärtung beim Trocknen und Abbinden nur bis zu einem Raumgewicht von ca. 0,4 g/cm³ herunter erzielt wird; in der Praxis sind Massen von geringerer Dichte nicht verwendbar.

ZAHLENTAFEL 22

Mittelwerte der Wärmeleitfähigkeit von plastischen Massen und pulverförmigen Stoffen in Abhängigkeit vom Raumgewicht.

Raumgewicht g/cm³ ...	0,20	0,30	0,40	0,50	0,60	0,70
Temperatur 0 °C						
Plastische Massen	0,035	0,042	0,053	0,067	0,083	0,101
Pulverstoffe	0,042	0,051	0,060	0,068	0,077	0,086
Temperatur 100 °C						
Plastische Massen	0,045	0,052	0,063	0,076	0,093	0,110
Pulverstoffe	0,051	0,060	0,068	0,077	0,086	0,095

Die Wärmeleitfähigkeiten sind etwa gleich bei 0,4 g/cm³ für plastische Massen und 0,3 g/cm³ für Pulverstoffe. In der Praxis sind daher die Pulverstoffe bei allen Raumgewichten unter ca 0,3 g/cm³ den besten plastischen Massen im Isoliereffekt überlegen. Genau gilt dies natürlich nur bei einer gleichmäßig feinen Verteilung des Porenvolumens, das bei den trockenen pulverförmigen Stoffen von der Feinmahlung, bei den plastischen Massen außerdem noch von der mehr oder minder innigen Mischung mit Wasser abhängt. Daß die mittlere Porengröße um so kleiner ist, je feiner das Wasser verteilt wird, d. h. je länger und sorgfältiger die Mischung erfolgt, ist eine nur der Vollständigkeit halber zu erwähnende Selbstverständlichkeit.

Eine sehr häufige Anwendung als Lockerungsmittel finden organische Zuschläge, wobei die Trockentemperatur oder die Temperatur der betrieblichen Verhältnisse eine Verbrennung, Verkohlung oder Destillation herbeiführen. Durch Verdampfung des mikroskopisch verteilten natürlichen Wassergehalts und durch Verflüchtigung der Destillate entstehen anstelle der organischen Zuschlagsstoffe Poren, die um so kleiner und feiner verteilt sind, je kleiner die Korngröße des Lockerungsmittel ist. Werden Faserstoffe verwendet, so bilden sich feine Luftkanäle, die auf den wärmeschützenden Effekt um so günstiger wirken, je stärker ihre Längsrichtung gegen die Richtung des Hauptwärmestromes geneigt ist.

Schließlich sind noch auftreibende Zuschlagsstoffe zu nennen, deren Wirkung auf einer kapillaren oder kolloidalen Quellung durch Anmachewasser, einer Dissoziation von Gasen, und auf keimtreibenden Erscheinungen unter dem Einfluß von Wasser und Wärme beruhen kann.

d) Übersicht über die Bestandteile plastischer Massen und Formkörper.

Bei diesen mannigfaltigen Möglichkeiten ist es verständlich. daß die Zahl der verschiedenartig zusammengesetzten Massen außerordentlich groß ist; bei dem gegensätzlichen Verhältnis zwischen Porösität, Festigkeit und Imprägnierung ist es außerdem nicht zu verwundern, wenn ein großer Teil der versuchten Verfahren als untauglich ausscheiden muß, weil entweder die Porösität soweit getrieben wurde, daß Festigkeit und Imprägnierungsgrad nicht mehr genügen, oder aber weil bei zu weitgehender Berücksichtigung der letzteren Erfordernisse der Wärmeschutzeffekt zu gering wird. Es würde zu weit führen, alle bekannten Verfahren zur Herstellung plastischer Massen und Formkörper zu schildern; vielmehr müssen wir uns darauf beschränken, an Hand einer kurzen Zusammenstellung zu zeigen, wie mannigfaltig Zahl und Art der dabei verwendeten Stoffe sind.[1])

1. Grundstoffe.

a) Anorganische Stoffe.

Kieselgur (Infusorienerde)

Gichtstaub

Magnesia carb.

Gips

Kreide

Glimmer

Bimstuff, Raumgewicht 0,4 g/cm³ trocken, Porenvolumen etwa 85%, relativ große Porengröße, Leitfähigkeit 0,06 kcal/m h ° C, stark hygroskopisch. (D.R.P. 364 805)

Seeschlick, mit Wasser und Salzsäure ausgelaugt und gedarrt, enthält hauptsächlich Kieselsäure und etwas Tonerde (D.R.P. 102 463).

Kohlenasche, wobei die Ascherückstände durch Schlämmung von den schweren sandigen und schlackenhaltigen Bestandteilen getrennt und dann zur Entfernung der kohlenstoffhaltigen Teile getrocknet und kalziniert werden (D.R.P. 405 753).

Oxydiertes Titaneisen, ein vulkanisches, durch plötzliche Oxydation und Erhärtung von gasförmigem Titaneisen entstandenes Naturprodukt, Porenvolumen etwa 45% (D.R.P. 415 822).

Rotschlamm, ein bei der Reindarstellung von Aluminiumoxyd-Hydrat im Filter zurückbleibender Abfallstoff, Porenvolumen bis zu 60% (D.R.P. 317 170).

Kalkstaub, im elektrischen Lichtbogen destilliert, von hohem Kieselsäuregehalt und nur wenigen Metalloxyden (D.R.P. 420 667).

Klärteichschlamm, ein im wesentlichen aus fein verteiltem kohlensauren Kalk bestehender, aus der Zuckerfabrikation stammender Rückstand (D.R.P. 152 669).

---

[1]) Die Zusammenstellung kann natürlich keinen Anspruch auf Vollständigkeit erheben, sie soll nur ein Bild von der Vielseitigkeit der Verfahren ermöglichen. Die wichtigsten Stoffe sind unterstrichen.

b) Organische Stoffe.

Kork

Torfmull

Russ.

Pechkoks, ein bei nochmaliger Verkohlung von Pech entstehender blasiger Rückstand. (D. R. P. 424 331).

Kartoffelpülpe, Rückstand bei Gewinnung der Kartoffelstärke, enthält noch Reste von Stärkemehl, das sich bei Erwärmung in Dextrin umwandelt und gut haftet (D. R. P. 272 951).

Verschiedene Stoffe, Pflanzensamen, Reishülsen, Baumrinden, Papierabfälle und Papiermehl, Lederabfälle, Holzkohle u. a. (D. R. P. 199 020, 397, 717, A. P. 1 374 538, Oe. P. 26 747).

2. Binde- und Imprägnierungsmittel.

a) Anorganische Stoffe.

Ton, wird insbesondere als Bindemittel bei der Herstellung gebrannter Isoliersteine verwendet.[1])

Wasserglas (D. R. P. 135909, 357070).

Soda, kalz. (D. R. P. 268470).

Mineralsauer reagierende Substanzen, Na_2SO_4, H_2SO_4 verdünnt. (D. R. P. 21974, Schw. P. 88341).

Bleioxyd (D. R. P. 153955).

Alaunlösung (Oester. P. 83991).

b) Organische Stoffe.

Teer, Pech, Destillate der Steinkohle oder Braunkohle, sehr häufig als Bindemittel und Imprägnierung gegen Feuchtigkeit verwendet. Bei Phenolgehalt nicht geruchlos, daher für Lebensmittelkühlanlagen nur besondere Produkte verwendbar.

Asphalt, Mastix.

Dextrin, aus Stärkemehl durch Rösten oder Behandeln mit Salzsäure gewonnen, hohe Klebkraft.

Kasein, aus entfetteter Milch durch Erwärmen und Behandeln mit Salzsäure gefällt, hohe verdichtende und klebende Kraft.

Gerberlohe aus gemahlener Rinde junger Eichen gewonnen, gerbsäurereich, findet in der Lederfabrikation Verwendung; die verbrauchte entsäuerte Lohe geht mit Wasserglas eine chemische Verbindung ein. Hohe verkittende Wirkung.

Melasse, Restsyrup der Zuckerfabrikation, infolge Zuckergehalt große Klebkraft.

3. Lockerungsmittel zur Erhöhung der Porösität.

a) Verdampfung.

Wasser, zum plastischen Formen notwendig, bildet durch Verdampfen Luftporen.

Eis, Schnee, gemahlen, wird mit rasch bindendem Mörtel gemischt und erwärmt; derselbe Vorgang durch Verdampfen. (E. P. 221742.)

---

[1]) Vgl. die Abhandlung „Kieselgur", S. 135.

b) Verbrennen, Verkohlen oder Destillation organischer Stoffe.

Kork, in Pulverform, wobei zu beachten ist, daß durch die Expansion der Korkzelle bei Erwärmen leicht eine Sprengung des Körpers eintritt; man verwendet daher oft Korkpulver, das vorher bereits erwärmt und expandiert wurde.[1])

Torfmull,

Holzmehl,

Rinde des in Indien wachsenden Djati-Baumes, (D.R.P. 397717),

Tierische Haare.

Paraffinkugeln, beim Erwärmen der Masse schmelzend, verdampfend und Lufträume hinterlassend. (D.R.P. 353032, F.P. 529378).

Das Prinzip, durch die Verkohlung organischer Substanzen Hohlräume zu schaffen, ist bei einzelnen Verfahren dahin erweitert worden, daß organische Stoffe auf die zu isolierenden Teile aufgebracht (z. B. um ein Rohr gewickelte Holzwollzöpfe, Strohzöpfe, Torf oder Mooslagen) und diese mit einem unverbrennlichen Überzug (Lehm, Mörtel, Masse) nach außen abgeschlossen werden. Durch Einwirkung der Wärme des Energieträgers verkohlen die organischen Substanzen; dieser Prozeß kann auch künstlich, z. B. durch einen in die Stoffe eingelegten elektrischen erhitzten Draht, eingeleitet werden. (D.R.P. 361433, F.P. 541238). Die Verfahren haben zweifellos den großen Nachteil, daß mit fortschreitender Verkohlung die Rückstände zusammensacken und große, die Konvektion begünstigende Lufträume entstehen. Eine Hauptforderung, zeitlich unveränderliche Wärmeleitzahl, ist bei derartigen Verfahren kaum gewährleistet.

c) Kapillare und kolloidale Quellung.

Schwamm, in kleine Stücke zerteilt, die beim Anfeuchten aufquellen und das Gefüge lockern. (D.R.P. 63683).

Seifenlösung, wässrige Emulsionen von Fett und Öl, zu Schaum gerührt, enthalten eine große Zahl kleiner Luftblasen, die in der Masse eingeschlossen bleiben; nach dem Verdampfen des Wassers bildet sich an den Porenwänden ein Überzug von erhärteter Seife, wodurch die spätere Wasseraufnahmefähigkeit verringert wird. (D.R.P. 429772, E.P. 224802.)

Nach diesem Prinzip wird auch der in der Bauindustrie bekannte Zellenbeton, ein Gemisch von Zement, Sand und Seifenlösung hergestellt; man hat auch versucht, den Zellenbeton als Isoliermaterial bei höheren als in der Bauindustrie üblichen Temperaturen zu verwenden, jedoch ohne Erfolg, weil wegen der geringen Elastizität des Zementes, bei thermischer Dehnung und Kontraktion infolge Abkühlung, sehr schnell eine Zertrümmerung des Betons eintritt.

d) Dissoziation von Gasen.

Karbonate, Ammoniumkarbonat, Natriumbikarbonat, beim Anfeuchten und Erwärmen Kohlensäure abspaltend und Hohlräume bildend. (D.R.P. 143880, 409307, E.P. 159411.)

Ungelöschter Kalk, Aetzkalk, beim Löschen Wasserstoff abspaltend. (D.R.P. 124888.)

---

[1]) Vgl. die Abhandlung „Kork", S. 171.

Metallisches Pulver z. B. Zinkstaub, Aluminiumstaub, mit Zement im Anmachewasser unter Entweichen von H_2 reagiernd, angewandt zur Herstellung des porösen Gasbetons. (D. R. P. 327907, A. P. 1087098.)

e) Keimtreibende Lockerungsmittel.

Brauereiabfälle, Malzkeime, Malztreber, Hopfenabgang, beim Anfeuchten und Erwärmen stark anschwellend und die Porösität vergrößernd (D. R. P. 59463.)

3. Wärmeschutztechnischer Effekt der plastischen Massen und Formkörper.

Der wärmeschutztechnische Effekt der plastischen Massen und Formkörper findet in der Technik seinen Ausdruck durch den Begriff der Wärmeleitzahl des Materials, meist in kcal/m h °C, seltener in cal/m sec °C; da es sich um poröse Körper handelt, ist diese Zahl kein Koeffizient der reinen molekularen Wärmeleitung, sondern ein die drei Vorgänge, Leitung, Strahlung und Konvektion, zusammenfassender äquivalenter Begriff.

Wenn auch Porenvolumen und Porengröße eine entscheidende Bedeutung für den Effekt der porösen Körper haben, so kann doch kein einheitliches Gesetz dieser Abhängigkeit gefunden werden, da die einzelnen Verfahren, wie gezeigt werden konnte, Stoffe verwenden, die erhebliche Unterschiede in ihren Eigenschaften, Form des Kornes, Gehalt an Faserstoffen, Form der Luftporen, Strahlungskonstante der Porenwände usw. aufweisen.[1] Als mittlere Abhängigkeit in groben Grenzen kann man annehmen, daß die Wärmeleitzahl zwischen zwei Grenzwerten, Porenvolumen $= O$ und Porenvolumen nahe an 100%, schwankt. Im ersten Fall ist die Wärmeleitzahl gleich der mittleren Wärmeleitfähigkeit der homogenen festen Stoffe; für mineralische Stoffe etwa 2,6 kcal/m h °C. Der untere Grenzwert bei 100% nähert sich der Wärmeleitfähigkeit ruhender Luft, 0,02 kcal/m h °C (vgl. Abb. 15). Man erkennt, daß zwar die Wärmeleitzahl bei geringen Porenvolumen mit einer Erhöhung desselben zunächst sehr schnell abnimmt, z. B. bei 10% auf etwa 1,3 kcal/m h °C also um 50%, daß aber hochwertige Wärmeleitzahlen, für die man als oberste Grenze 0,06 kcal/m h °C

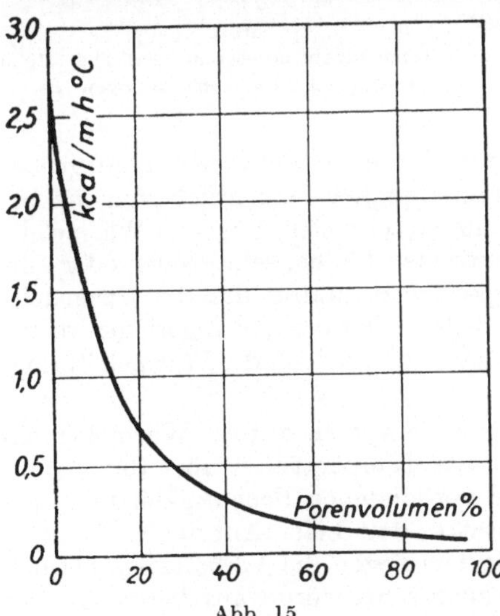

Abb. 15
Wärmeleitfähigkeit poröser mineralischer Stoffe in Abhängigkeit vom Porenvolumen.

[1] Eine Zusammenstellung von Laboratoriumsversuchen findet sich in Mitt. Forsch. Heim, Heft 4, 1925, S. 7—15.

bei 0 °C annehmen kann, erst bei einem Porenvolumen von 85% erreicht werden. Nimmt man ferner das spezifische Gewicht der festen Bestandteile im Mittel zu 2,6 g/cm³ an, so kann man daraus eine Abhängigkeit der Wärmeleitzahl vom Raumgewicht plastischer Massen und Körper ableiten, die natürlich ebenfalls nur einen Anhalt für mittlere Verhältnisse gibt (vgl. Abb. 16 und 17).

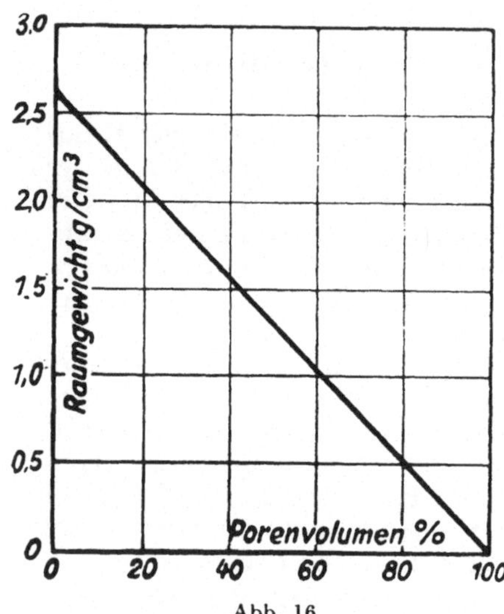

Abb. 16
Raumgewicht poröser mineralischer Stoffe in Abhängigkeit vom Porenvolumen.

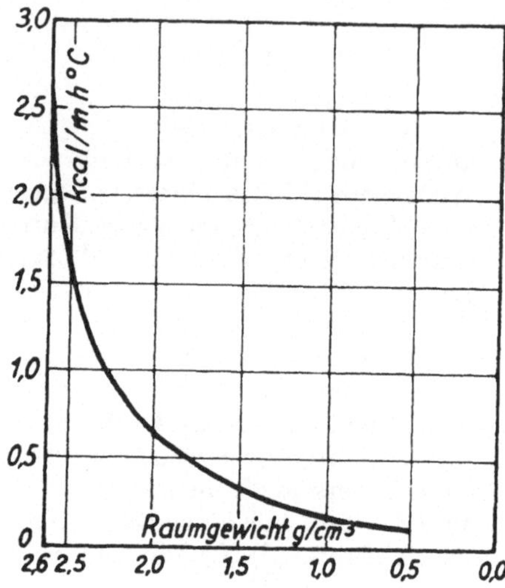

Abb. 17
Wärmeleitzahl poröser mineralischer Stoffe in Abhängigkeit vom Raumgewicht.

Diese Abhängigkeit gilt auch nur für eine bestimmte Porengröße; insbesondere wird die Temperaturabhängigkeit wesentlich von ihr bestimmt. Je größer die Poren sind, um so schneller steigt die Wärmeleitfähigkeit mit der Temperatur. In extremen Fällen, sehr großen oder sehr kleinen Poren, kann diese Abhängigkeit dazu führen, daß die Wärmeleitzahl des großporigen Materials bei niedern Temperaturen geringer als die des kleinporigen ist, bei hohen Wärmegraden jedoch die Wärmeleitfähigkeit des letzteren übersteigt.

Endlich ist noch der Einfluß der Feuchtigkeit auf die Wärmeleitzahl der porösen Körper zu erwähnen. Bei Temperaturen über der Raumtemperatur wird mit einer dauernd vorhandenen Feuchtigkeit nicht gerechnet werden müssen, vorausgesetzt, daß beim Anbringen der Isolierung richtig verfahren wird.[1]) Anders liegen die Verhältnisse bei den Kälteisolierungen, die, wie ja schon ausgeführt wurde, aus diesem Grunde mit wasserabweisenden Mitteln — auf Kosten der Porösität — imprägniert werden müssen. An Baustoffen vorgenommene Messungen haben ergeben, daß der Einfluß der Feuchtigkeit auf die Wärmeleitzahl sehr

---

[1]) Vgl. die Ausführungen auf S. 102.

hoch ist; bei 1 v. H. Feuchtigkeitszunahme steigt die Wärmeleitfähigkeit um etwa 6 bis 8 v. H.[1])

4. Verhalten plastischer Massen und Formkörper gegenüber den Beanspruchungen des praktischen Betriebes.

Bei den bisherigen Betrachtungen konnten die plastischen Massen und die Formkörper gemeinsam behandelt werden, weil ihre innere Struktur keine prinzipiellen Unterschiede aufweist. Festigkeit und Haltbarkeit dieser beiden Verfahren sind jedoch neben ihrer Abhängigkeit von dem innern Gefüge wesentlich bestimmt durch die Art und Weise, wie sie an dem zu isolierenden Gegenstand aufgebracht werden; diese Art ist bei beiden grundsätzlich verschieden.

Bei dem Verfahren mit plastischen Massen wird bekanntlich die trockene Masse an der Baustelle mit dem notwendigen Wasser gemischt und dann von Hand auf das Objekt aufgetragen. Wenn dabei lagenweise verfahren wird, so, daß die zweite Lage auf die bereits getrocknete erste usw. aufgestrichen wird, so entsteht an sich ein guter innerer Verband der ganzen Masse. Wenn wir aber diese Tatsache aussprechen, so betonen wir auch gleichzeitig einen großen Nachteil des Verfahrens, der darin zu suchen ist, daß eine Trocknung und ein Abbinden der einzelnen Schichten nur dann möglich ist, wenn der Energieträger während der Montage bereits Wärme spendet, d. h. in Betrieb genommen ist; aber auch dann geht, insbesondere bei großen Isolierstärken, die Trocknung der äußeren Lagen nur sehr langsam vor sich, weil deren Temperatur mit wachsender Entfernung vom Objekt durch die isolierende Wirkung der bereits vorgetrockneten innern Schichten immer geringer wird. Dieser Nachteil hat eine um so größere Bedeutung, als die beim Trocknen zu verdampfende Wassermenge sehr groß ist und bei den hochwertigen Massen mit großer Wasserkapazität oft ein Vielfaches des Gewichts der trocken geschüttelten Masse beträgt.[2]) Man muß daraus den Schluß ziehen, daß die plastischen Massen zur Isolierung kalter Objekte ungeeignet sind.

Ähnlich liegen die Verhältnisse bei den Formkörpern. Zur Erreichung eines Verbandes zwischen den Formstücken, etwa den um ein Rohr zu legenden Schalen, sowie zum Anhaften am Rohr selbst, ferner zur Abdichtung der zwischen den Schalen liegenden Spalten, werden Stoß- und Lagerfugen mit einem Mörtel ausgesetzt, der zur Erhöhung des Effekts meist aus plastischer Wärmeschutzmasse besteht. Auch hierbei ist die in der frisch aufgebrachten Isolierung aufgespeicherte Wassermenge erheblich, um so mehr, als ein solcher Fugenmörtel mit wesentlich größerem als zur plastischen Formung notwendigen Wasserzusatz angesetzt werden muß; denn die trockenen Formkörper entziehen infolge ihrer mehr oder weniger hygroskopischen Eigenschaft dem Mörtel alsbald einen großen Teil seines Wassers. Es ist also auch hier, wie bei den plastischen Massen bereits ausgeführt, zur Erreichung eines rechtzeitigen Durch-

---

[1]) Vgl. Hencky: „Die Wärmeverluste durch ebene Wände", 1921, S. 14.
[2]) Vgl. Mitt. Forsch. Heim, Heft 4, 1925, S. 18 Anm. 2.

trocknens notwendig, die zu isolierenden Wärmeträger während der Anbringung der Isolierung wenigstens leicht anzuwärmen.

Häufig ist im praktischen Betriebe eine Durchführung dieser Forderung nicht möglich, vielmehr wird in vielen Fällen das kalte Objekt nicht nur mit Masse oder mit Formkörpern umhüllt, sondern auch gleich die übliche äußere Umhüllung mit luft- und wasserdichter Pappe verlegt; dann hat nach Inbetriebnahme das noch nicht verdampfte Wasser keine Gelegenheit mehr, zu entweichen. Es wird zwar verdampft, kondensiert jedoch alsbald wieder an der kalten Innenfläche der Pappenumhüllung und bildet die bekannten, nach unten durchhängenden Wassersäcke in der Pappe. Bei ununterbrochenem Betriebe übt das so gesammelte Wasser, abgesehen von einer frühzeitigen Zerstörung der äußeren Umhüllung, keinen wesentlich schädigenden Einfluß auf den Isoliereffekt aus; bei unterbrochener Betriebsweise jedoch, wo die Isolierung regelmäßig auskühlt, wird das an der Außenschicht gesammelte Wasser sofort wieder von der trockenen hygroskopischen Masse aufgesaugt. Es findet so eine periodisch wechselnde, vollkommene Durchfeuchtung und Wiedertrocknung statt, durch die nicht nur der Isoliereffekt beim Anheizen erheblich verringert, sondern auch, bei der großen Quellbarkeit und den bekannten Schwindungserscheinungen während des Trocknens, das Gefüge und damit die Festigkeit in kurzer Zeit zerstört werden.[1])

Gegen die Einwirkungen der thermischen Dehnungen sind Isolierungen aus plastischen Massen und Formkörpern außerordentlich empfindlich. Die spezifische Dehnung von Eisen ist bekanntlich ein Vielfaches von der mineralischer Stoffe; beim Erwärmen eines isolierten Rohres bilden sich daher bald Risse in der umhüllenden Masse, und zwar durch die Ausweitung des Rohres radiale Längsrisse, und infolge der Längendehnung des Rohres radiale Querrisse, die sich beide nach außen hin spaltenartig erweitern und auf den Isoliereffekt und die Festigkeit in gleicher Weise schädigend einwirken (vgl. Abb. 18).

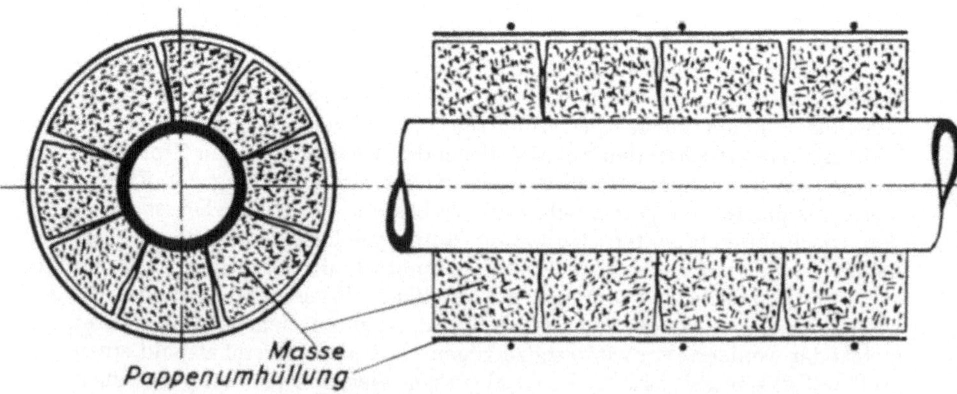

Abb. 18. Dehnungsrisse in einer Rohrisolierung aus plastischer Masse.

[1]) Das Schwindmaß der Massen wächst mit dem Wasserzusatz und ist bei Vollkornmassen größer als bei solchen aus porösem Korn. Vgl. Mitt. Forsch. Heim, Heft 4, 1925, S. 19.

Bei den Formkörpern, z. B. Rohrschalen, die mit Mörtelmasse angesetzt und in bekannter Weise mit Drahtbindung befestigt werden, führt die thermische Dehnung zusammen mit dem Schwund des Mörtels eine Loslösung der Schalen von dem Rohr herbei. Die Schalen haften dann nicht mehr, von dem Mörtel gehalten, am Rohr, sondern hängen mehr oder weniger in ihren Drähten, welche ihrerseits sich in die Schalen einschneiden. Die Folge ist, daß die ganze Konstruktion durchhängt, besonders bei großen Rohrdurchmessern, wo eine Durchbiegung des nur schwach gekrümmten Drahtes unter der Massenschwere des ganzen Isolierkörpers überhaupt unvermeidlich ist. Ein solches, bei allen Schalenisolierungen nach längerer Betriebsdauer sich ergebendes Bild ist in nebenstehender Abb. 19 dargestellt. Das mit dem Einschneiden der Bindedrähte verbundene Durchhängen macht sich um so mehr bemerkbar, je geringer die Druckfestigkeit eines isolierenden Formkörpers ist; diese aber ist um so kleiner, je niedriger die Wärmeleitfähigkeit (infolge ihrer Abhängigkeit vom Raumgewicht) ist; der Nachteil zeigt sich also gerade bei hochwertigen Schalenisolierungen in immer steigendem Maße.

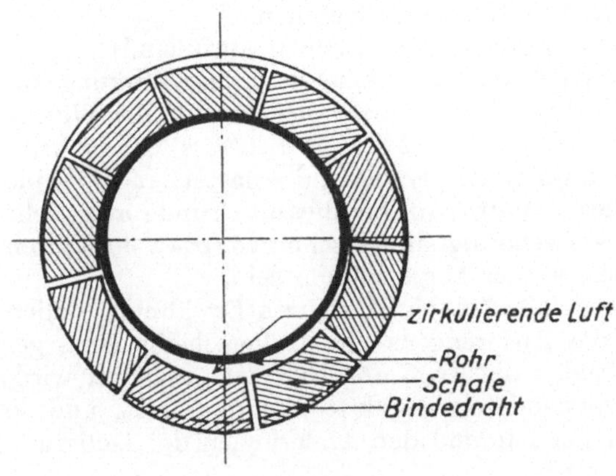

Abb. 19
Durchhängen einer Rohrschalen-Isolierung
(stark übertrieben).

Die bekannten keramischen, aus Kieselgur durch Brennen mit Tonzusatz hergestellten Rohrschalen und Steine haben im allgemeinen eine Festigkeit, die bei sachgemäßer Ausführung gegen das Einschneiden der Drähte verbürgt; hochwertige Isolierungen mit Formkörpern sind jedoch wesentlich weniger fest als die oben genannten keramischen Produkte.

Bei dem ganzen Verhalten der beiden beschriebenen Verfahren bedarf es wohl nur eines kurzen Hinweises darauf, daß sie auch den häufig in Gestalt von Vibrationen auftretenden mechanischen Beanspruchungen in keiner Weise gewachsen sind. Der geringen Elastizität hat man schon vor langer Zeit durch konstruktive Hilfsmittel Rechnung zu tragen versucht; aber da diese die Mängel nur teilweise beseitigen, anderseits die Verfahren komplizieren und verteuern, haben sie sich niemals durchsetzen können. Bei einem Verfahren werden in die Wärmeschutzmasse ineinandergreifende, schraubenförmig gebogene Drähte eingelegt, welche die durch thermische Dehnungen und mechanische Erschütterungen hervorgerufenen Zugspannungen in der Masse aufnehmen sollen.[1] Wie aus Abb. 20 auf Seite 104 hervorgeht, wirken jedoch diese Drahteinlagen nur der radialen

---

[1] D. R. P. 118039 (1900).

Dehnung entgegen; eine in gleicher Weise notwendige Längsarmierung fehlt. Daß eine solche Konstruktion den Effekt verringert, ist bei der hohen Wärmeleitfähigkeit des Eisens selbstverständlich.

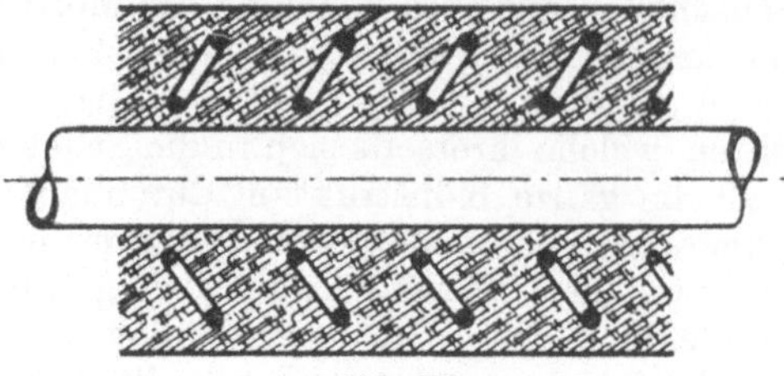

Abb. 20

In einem andern Verfahren wird vorgeschlagen, Formstücke auf der Innenseite mit einem elastischen Futter aus Asbestpelz zu versehen; dieses Futter soll, wie ausdrücklich betont wird:

a) die Wärmedehnungen des Rohres aufnehmen,

b) die mit der Zeit innen auftretenden Lücken auffüllen.[1]

Wir glauben, auch diesem Verfahren keine dauernde Wirkung zuschreiben zu können, weil gerade Asbest unter dem Einfluß der Wärme des Energieträgers und der Feuchtigkeit des Mörtelwassers, das er beim Anbringen der Formstücke aufnimmt, verfilzt und erhärtet, und so seine Elastizität sehr bald verliert. Man wird aus diesem Grunde auch sehr bald von einer dauernden Verwendung dieses schon vor etwa 30 Jahren vorgeschlagenen Hilfsmittels wieder abgekommen sein.

In diesem Zusammenhang soll noch ein Verfahren Erwähnung finden nach dem zur Verhütung des Absprengens von Isolierschalen eines gekühlten Rohres zwischen beiden die Fuge mit Dickfett ausgefüllt wird, das entgegen dem sonst verwendeten Pechkitt nicht erhärtet, und so unabhängig von der Beschaffenheit und den Änderungen der Isolierung die Ausfüllung aufrecht erhält.[2]

5. Weitere praktische Gesichtspunkte.

Wenn wir im vorstehenden die wärmetechnischen und mechanischen Eigenschaften kritisch beleuchtet haben, so soll im folgenden noch einigen allgemeinen Betrachtungen Raum gegeben werden, die geeignet sind, die Beurteilung der beiden Verfahren zu vervollständigen. Die plastischen Massen haben zweifellos den Vorteil für sich in Anspruch zu nehmen, daß ihre Verwendung bei allen in Frage kommenden Objekten ohne jede Vorbereitung erfolgen kann; sie sind also, um bei den in einer früheren Abhandlung formulierten notwendigen Eigenschaften zu bleiben, in hohem Grade anpassungsfähig an anormale Konstruktionsteile. Gerade umgekehrt verhält es sich bei den Formkörpern, die, für jeden Rohrdurchmesser und für jede Form des zu schützenden Objekts genau passend, fabrikatorisch hergestellt werden. Anderseits bieten letztere infolge ihrer fabrikmäßigen Massenherstellung, die eine Verwendung von Mischmaschinen, Sieb- und Sichtanlagen usw. zuläßt, die Gewähr für eine möglichst gleichbleibende Qualität der Erzeugnisse. Die plastischen Massen wiederum gestatten ebenfalls eine genaue Überwachung ihrer trockenen

---

[1] D. R. P. 81014 (1894).
[2] D. R. P. 259129 (1911).

Zusammensetzung; der Wasserzusatz jedoch, der das Porenvolumen der fertig abgebundenen Masse entscheidend beeinflußt, erfolgt auf der Baustelle und ist, wenn nicht genügende Aufsicht vorhanden ist, mehr oder weniger dem einzelnen Ermessen anheimgegeben, weil die durch den Begriff der plastischen Eigenschaft bestimmte Wassermenge innerhalb erheblicher Grenzen variieren kann.[1]) Die Folge ist eine auch durch die Praxis bewiesene große Qualitätsschwankung der plastischen Massen.

Zur Beurteilung der Wirtschaftlichkeit mögen schließlich noch die Kosten der beiden Verfahren einer kurzen Betrachtung unterzogen werden. Die fabrikmäßige Herstellung der Wärmeschutzmassen ist verhältnismäßig einfach; sie besteht in der Aufbereitung und Sichtung der Grundstoffe und Zuschläge sowie der meist maschinellen Mischung. Andererseits ist das Aufbringen der plastischen Massen umständlich und um so langwieriger, je langsamer die Trocknung der einzelnen Lagen erfolgt. Letztere ist aber wieder abhängig von der Temperatur des Energieträgers und wächst sehr schnell mit zunehmender Isolierstärke. Hierdurch verbietet sich oft von selbst die Anwendung plastischer Massen da, wo zur Erreichung eines hohen Effektes eine große Isolierstärke gewählt werden muß. Bei den Formkörpern liegen die Verhältnisse gerade umgekehrt. Die fabrikatorische Herstellung, Aufbereitung und Sichtung der Rohstoffe, Mischung und Formung des plastischen Materials, Trocken- und Brennprozeß, ist kompliziert und teuer, während die Aufbringung bedeutend vereinfacht ist. Dies gilt besonders bei normalen Konstruktionsteilen, glatten Rohren oder großen Kesselwandungen; bei anormalen Teilen, Rohrkrümmern u. a. werden die großen genormten Formstücke häufig von Hand zerkleinert, es entstehen zahllose Fugen, die den eigentlichen Charakter der Formkörperisolierungen mehr und mehr verschwinden lassen.

IV. Isolierverfahren zur besonderen Herabminderung der Strahlungsverluste.

1. Allgemeine Bemerkungen.

Es sei zunächst noch einmal darauf hingewiesen, daß ausgenommen in festen homogenen Körpern, wo nur Leitung möglich ist, die Wärme nur durch Strahlung, Leitung und Übergang gleichzeitig übertragen wird; dabei nimmt jeder einzelne Vorgang einen mehr oder weniger großen Anteil an dem Gesamtvorgang der Wärmeübertragung ein. Jedoch ist z. B. bei einem porösen Körper, etwa von der Zusammensetzung einer plastischen Masse oder eines porösen Formsteins, der Vorgang der Wärmestrahlung niemals charakteristisch für den Gesamteffekt dieses Materials, weil der insgesamt erreichte Strahlungswiderstand weniger auf einer geringen Emissions- und Absorptionsfähigkeit des die Porenwände bildenden Materials beruht, sondern vielmehr durch Häufung der sehr

---

[1]) Vgl. Mitt. Forsch. Heim, Heft 4, 1925, S. 18.

kleinen, jedoch infolge großer Porenmenge sehr zahlreichen Einzelwiderstände zu einem den Gesamtwärmedurchgang wesentlich beeinflussenden Faktor anwächst. Bei den im folgenden zu behandelnden Verfahren besteht im Gegensatz hierzu die Tendenz, einen hohen Gesamtstrahlungswiderstand durch wenige, meist konstruktiv hergestellte Hohlräume von wesentlich größerem Ausmaße, als es die Poren plastischer Massen usw. sind, zu erreichen; die Hohlraumbegrenzungswände haben dann einen möglichst geringen Strahlungskoeffizienten. Der in dem luftgefüllten Hohlraum vorhandene Leitungswiderstand tritt hinter dem der Strahlung in starkem Maße zurück, weil er durch Konvektionsströme mit steigender Temperatur in immer größerem Maße aufgehoben wird. Die Wärmeleitung in den festen Bestandteilen schließlich wird durch Wahl einer möglichst geringen Konstruktionsstärke derselben auf einen vernachlässigbaren Betrag herabgemindert.

Nach dem oben Gesagten beruht der Effekt derartiger Verfahren in der Hauptsache auf dem geringen Strahlungskoeffizienten der Hohlraumbegrenzungswände; aus diesem Grunde wurden bei allen Verfahren glatte metallene Flächen verwendet, die z. T. sehr niedrige Strahlungszahlen aufweisen.

2. Ältere Strahlungs-Isolierungen.

Schon Pasquay[1]) empfahl eine Wärmeschutzumhüllung aus mehreren abgesperrten Luftschichten, die durch Zwischenwände aus Metallblechen mit großem Strahlungswiderstand getrennt sind. Zweckmäßig sollten dabei Buckelbleche verwendet werden, weil durch die punktförmigen Auflagestellen der wirksame Querschnitt für die Wärmeleitung durch die Bleche selbst genügend gering gehalten werden kann.

In einem anderen Verfahren[2]) wurden um die zu isolierenden Rohre zunächst Holzwollzöpfe gelegt, und um diese Blechstreifen gewickelt. Die Holzwolle hat dabei zweierlei Aufgaben zu erfüllen, denn sie soll die Blechhülle tragen und ihren Abstand gegen das Rohr unveränderlich erhalten; andererseits soll die Wärmeübertragung in dem Raum zwischen Rohr und Blech herabgemindert werden. Unter der Einwirkung der Temperaturen wird sie verkohlen, dadurch die Isolierwirkung erhöhen, auf der anderen Seite aber keinen festen Stützpunkt für das Strahlungsblech mehr bilden können.

Ein weiteres Verfahren[3]) ist insofern interessant, als die Bleche nach der Art konkaver Spiegel geformt sind. Die von dem zu schützenden Objekt ausgesandten Wärmestrahlen werden von der Hohlspiegelfläche, die Kugel-, parabolische und sonstige Kegelschnittform haben kann, auf einen Punkt den Brennpunkt wieder zurückgestrahlt (Abb. 21, S. 107).

Da jedoch die durch die konzentrierte Rückbestrahlung am Punkt B angesammelte Wärme längst der meist gut leitenden Wand schnell und

---

[1]) D.R.P. 49 332 (1889).
[2]) Ch. Keller: D.R.P. 48 840 (1889).
[3]) Karl Flüß, Kronenburg: D. R. P. 142 108 (1901).

ohne großen Verlust wieder verteilt wird, wird die endgültig zwischen Wand und Strahlungsblech ausgetauschte Wärme durch die Wirkung des Hohlspiegels kaum um einen wesentlichen Betrag herabgemindert.

Die Strahlungsbleche der genannten älteren Verfahren waren aus verzinktem Eisenblech hergestellt; dasselbe hat folgende Strahlungskoeffizienten:

verz. Eisenblech neu C = 1,10
verz. Eisenblech alt C = 1,32[1])

Die Erhöhung des Koeffizienten bei alten Blechen beruht zunächst auf einer Oxydation der Zinkschicht, sodann auch in manchen Fällen auf Staubablagerungen, die bei Einwirkung von Dämpfen eine feste Kruste bilden können. Diese chemische Veränderung durch Oxydation sollte z. B. nach dem Verfahren von Keller dadurch verhindert werden, daß einzelne Blechstreifen mit Nieten von anderem Metall verbunden wurden, das mit dem Blech eine galvanische Reihe bildet; z. B. Blechmaterial: Weißblech; Ösen und Nieten: Zink.

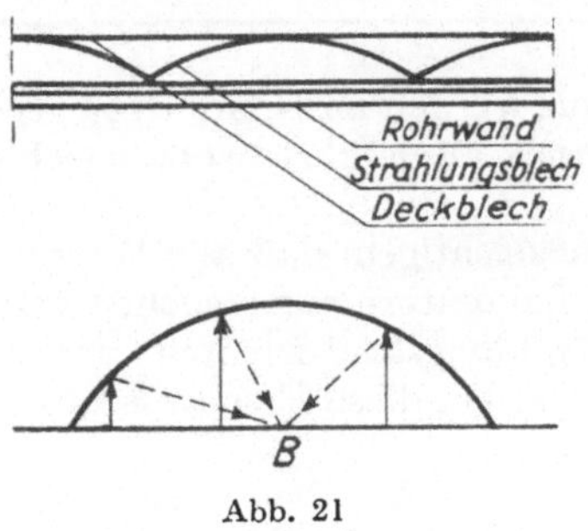

Abb. 21
Strahlungs-Isolierung.

Die beschriebenen Verfahren hatten aber noch andere Nachteile:
Verzinkte Bleche sind ein ziemlich teures Material; sie sind unhandlich und müssen bei der Verwendung an Rohren für jeden Durchmesser passend auf der Maschine gerundet werden.

Bei der hohen Steifigkeit der gerundeten Bleche und der verschieden starken Ausdehnung je nach Entfernung vom warmen Rohr, tritt sehr bald eine Lockerung ein. Undichtigkeiten und schädliche Konvektionsströme entlang des Energieträgers sind die Folge.

Ferner ist die Wärmeleitung an den Berührungsstellen zwischen Blech und Rohr bei den handelsüblichen Blechstärken von mindestens 0,5 mm Stärke immerhin bedeutend, wenn man gleichzeitig in Betracht zieht, daß sich die an den Auflagern übertragene Wärme bei der hohen Leitfähigkeit des Bleches ($\lambda \approx 50$) schnell über die ganze Oberfläche verteilt, und von dort in den freien Raum ausgestrahlt wird.

Der Wirkungsgrad dieser Verfahren wird natürlich durch diese Nachteile sehr ungünstig beeinflußt.

---

[1]) Vgl. Prioform-Handbuch 1925, S. 147, Tab. 26.

Feltone[1]) berichtet über Versuche mit solchen Blechmantelisolierungen

	Anzahl der Mäntel	Abstand der Mäntel mm	Kondenswasser-ersparnis %
Péclet	1	5	62
	2	je 5	65
	3	5	70
	4	5	75
Pasquay	1	6	75,6
	1	14	80,3
	2	je 13—14	85,0
Russner	1	14	83,4
	2	je 14	86,6

Die Versuche Russners wurden an Rohren von geringerem Rohrdurchmesser und höherem Druck ausgeführt, woraus sich die höheren Effekte leicht erklären lassen.

Es ist ferner zu berücksichtigen, daß alle Wirkungsgrade Größtwerte darstellen, weil bei den Laboratoriumsversuchen vermutlich neue Bleche mit den günstigen Strahlungskoeffizienten verwendet wurden. Bei längerer Betriebsdauer würden diese Ersparniszahlen bedeutend zurückgehen.

Leider macht Feltone keine Angaben über Rohrdurchmesser, Temperatur des Rohres und des umgebenden Raumes, die einen genaueren Vergleich mit modernen Isolierverfahren ermöglichen könnten. Als Anhalt möge indessen dienen, daß mit der Prioform-Isolierung für einen Rohrdurchmesser von 50 mm und einer Temperaturdifferenz von 100 ° C etwa folgende Wärmeersparniszahlen erreicht werden:

Isolierstärke mm 20 30 40 60
Ersparniszahl % . . . . 79 85 87 90[2])

3. Metallfolien.

In neuester Zeit ist das Interesse für derartige Strahlungsisolierungen wieder angeregt worden durch ein Verfahren,[3]) bei dem an Stelle der Bleche dünne Metallfolien, insbesondere aus Aluminium, verwendet werden. Dieselben werden bei Rohrleitungen auf Stützringe, aus Kieselgur, Asbest oder einem anderen geeigneten Material, je nach dem gewünschten Effekt in einer oder mehreren Lagen um das Rohr gelegt.

[1]) Feltone: Isoliermaterial, 1903.
[2]) Hierbei ist mit ruhender Außenluft gerechnet. Bei Leitungen im Freien mit Windanfall werden höhere Ersparniszahlen erreicht.
[3]) Der Patentanspruch ist von Dr. E. Schmidt, Danzig erhoben.

Zweckmäßig wird auch die Rohrwand und das als äußerer Abschluß der Isolierung dienende Blech mit Folien belegt (vgl. Abb. 22).

Auch bei plattenförmigen Isolierungen ebener Wände, etwa für Baukonstruktionen, soll das Verfahren Anwendung finden. Hierbei wird die Folie in Rahmen eingespannt, oder es werden Konstruktionsteile damit belegt.

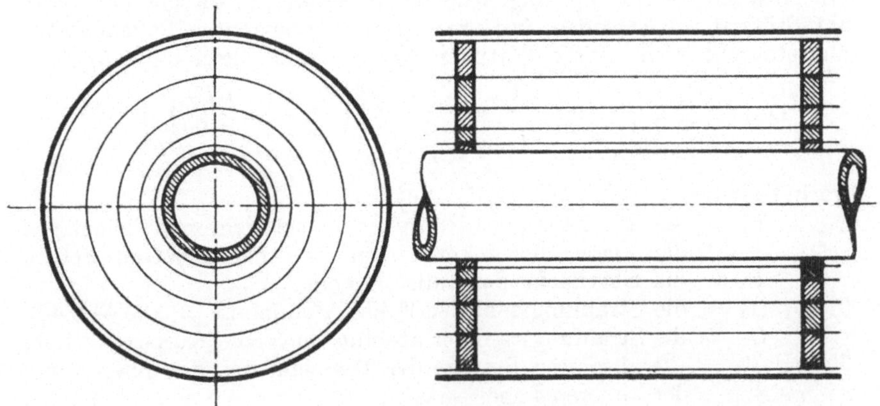

Abb. 22
Rohrisolierung mit Folien.

Durch das neue Verfahren sollen die Nachteile der alten Blechmantelisolierungen behoben werden. Seine Vorteile sollen dabei insbesondere sein:

1. Die Folien sind äußerst dünn; sie können in einer Stärke von 0,002 bis 0,005 mm verwendet werden, wodurch ein sehr geringer Metallaufwand erreicht wird. Die Isolierung wird daher hinsichtlich des Materialanteils billig sein.

2. Die Wärmeleitung in den dünnen Folien ist gegenüber den alten Verfahren außerordentlich vermindert; die Folie hat nur etwa $^1/_{1000}$ des früher verwendeten Blechmantelquerschnittes.

3. Die im Betriebe auftretenden Wärmedehnungen, die bei den Blechmänteln sehr bald zu einer Lockerung der in sich steifen Konstruktion führten, werden durch Verwerfungen oder Dehnungen der elastischen Folie ausgeglichen.

4. Der Strahlungskoeffizient glatter Aluminiumfolie beträgt nur 0,30 — 0,40 gegenüber 1,10 bei verzinktem Eisenblech, wodurch der Wirkungsgrad der Isolierung wesentlich verbessert wird. Da außerdem Aluminium durch Einwirkungen der Luft usw. nur wenig verändert wird, soll der Strahlungskoeffizient in seiner ursprünglichen geringen Höhe fast konstant erhalten bleiben.

5. Die Isolierung hat vermöge ihrer geringen Metallmasse eine ebenfalls sehr geringe Wärmekapazität, ein Vorteil, der sich insbesondere bei unterbrochener Betriebsweise bemerkbar macht; der Isoliereffekt, der ja hauptsächlich auf dem Strahlungswiderstand

beruht, wird fast unmittelbar nach Inbetriebsetzen in voller Höhe erreicht. Auch die Speicherverluste beim Auskühlen der Isolierung sind außerordentlich gering.

Die in dieser Isolierung durch Strahlung übertragene Wärme ist theoretisch bestimmt nach dem Gesetz der Strahlungsenergie, die zwischen einem Körper, in diesem Falle dem Rohr, und einer ihn in einem bestimmten Abstand vollständig umgebenden Umhüllung, in diesem Falle dem auf Stützringen liegenden, frei um das Rohr gespannten Folienmantel, ausgetauscht wird. Diese Wärmemenge ist nach Gleichung (25):

$$Q_{\text{-Strahlung}} = \frac{1}{\dfrac{1}{C_i} + \dfrac{F_i}{F_a} \cdot \left(\dfrac{1}{C_a} - \dfrac{1}{C_s}\right)} \cdot \left[\left(\frac{T_i}{100}\right) - \left(\frac{T_a}{100}\right)^4\right] \cdot F_i \tag{99}$$

worin bedeuten:

$\qquad F_i =$ die Oberfläche des Rohres, oder bei mehreren Folienlagen die Fläche der inneren von zwei benachbarten Folien,

$\qquad F_a =$ die Oberfläche der äußeren Folie,

$C_i = C_a =$ die Strahlungszahl der Folie (Aluminium $= 0{,}30 - 0{,}40$),

$\qquad C_s =$ die Strahlungszahl des absolut schwarzen Körpers $= 4{,}96$,

T_i und $T_a =$ die absoluten Beträge der Temperaturen der inneren und der äußeren Lage.

Für die gesamte Wärmeübertragung in der Folienmantelisolierung kommen noch zwei weitere Vorgänge hinzu:

  1. Die Wärmeleitung und der Wärmeübergang in dem Luftraum zwischen Rohr und Mantel.

  2. Der Wärmeübergang von dem äußeren, zur Erreichung einer mechanischen Festigkeit aus Blech hergestellten Mantel[1]), an den freien Raum, der sich nach dem Gesetz vollzieht:

$$Q_{\text{-Uebergang aussen}} = F_a \cdot (t_a - t_2) \cdot \alpha_a \tag{100}$$

wenn $t_2 =$ die Raumtemperatur in °C und $\alpha_a =$ die Wärmeübergangszahl außen, bedeutet.

Je größer der Abstand zwischen Rohr und Folienmantel, oder zwischen zwei benachbarten Folien ist, um so größer wird die durch Strahlung übertragene Wärmemenge, weil mit zunehmendem Folienabstand:

F_a größer, F_i/F_a kleiner und damit der Ausdruck

$$\frac{1}{\dfrac{1}{C_i} + \dfrac{F_i}{F_a} \cdot \left(\dfrac{1}{C_a} - \dfrac{1}{C_s}\right)} \quad \text{größer wird.}$$

Diese Abhängigkeit sei an einem Beispiel erläutert.[2]) Es sei der Rohrdurchmesser $d_i = 0{,}108$ m und $F_i = \pi \cdot d_i = 0{,}34$ m²; $C_i = C_a = 0{,}5$;

---

[1]) Auch dieser äußere Mantel wird zur Verringerung der Strahlungsverluste zweckmäßig mit Folie auf der Innenseite ausgekleidet.

[2]) Die Berechnung ist mit dem Rechenschieber durchgeführt und hat nur abgerundete Werte.

$C_s = 4{,}96$; dann ergeben sich für einen wechselnden Abstand Δ folgende Werte:

Δ in cm	0,0	0,5	1,0	2,0	4,0	10,0
F_a in m²	0,340	0,370	0,402	0,465	0,590	0,960
F_i/F_a	1,0	0,92	0,85	0,73	0,58	0,35
$1/C_a - 1/C_s$	1,8	1,8	1,8	1,8	1,8	1,8
$F_i/F_a \cdot (1/C_a - 1/C_s)$	1,8	1,65	1,53	1,32	1,04	0,68
$1/C_i$	2,0	2,0	2,0	2,0	2,0	2,0
$\dfrac{1}{C_i} + \dfrac{F_i}{F_a} \cdot \left(\dfrac{1}{C_a} - \dfrac{1}{C_s} \right) = \dfrac{1}{[C]}$	3,8	3,65	3,53	3,32	3,04	2,68
$[C]$	0,263	0,274	0,283	0,301	0,329	0,373

Man erkennt deutlich, daß die Strahlungszahl $[C]$ mit größer werdendem Abstand Δ zunächst schnell, bei großem Δ jedoch immer langsamer anwächst.

Aber noch aus einem anderen Grunde ist die Wahl eines möglichst kleinen Abstandes der Folienmäntel zu empfehlen. Die vorstehend genannte Gleichung des Wärmeüberganges sagt uns, daß bei größer werdendem Δ der Faktor F_a anwächst, und die Gleichung offenbar nur dann erfüllt wird, wenn T_a entsprechend kleiner wird. Damit wird aber die Temperaturdifferenz $T_i - T_a$ wieder größer, so daß der Temperaturfaktor $[c] = \left[\left(\dfrac{T_i}{100} \right)^4 - \left(\dfrac{T_a}{100} \right)^4 \right]$, und damit die durch Strahlung übertragene Wärmemenge ebenfalls wieder größer wird.

Man könnte nun einwenden, daß diese Vergrößerung des Strahlungsverlustes aufgehoben wird durch eine entsprechende Verringerung des durch Leitung im Luftraum zwischen den Folien entstehenden Wärmeverlustes. Dies wird auch zutreffen, wenigstens bei niedrigen Wärmegraden, wo der Temperaturfaktor $[c]$ einen kleinen Wert hat. Bei höheren Temperaturen jedoch tritt der Anteil der Wärmeleitung und Konvektion gegenüber dem der Strahlung an dem Gesamtverlust immer mehr zurück; hinzu kommt, daß wir es ja nicht mit ruhender Luft zu tun haben, sondern mit erheblichen Konvektionsströmen rechnen müssen, die mit wachsendem Δ sehr schnell größere Werte annehmen, und so der an sich steigenden Isolierwirkung der ruhenden Luft gewissermaßen entgegenarbeiten.

Über die absoluten Beträge der Konvektionszahlen α_k in zylindrischen Hohlräumen liegen keine präzisen Erfahrungen vor; nach einem Vorschlag von E. Schmidt[1]) kann man sie zu zweidrittel der Werte für senk-

---

1) Vgl. S. 45.

rechte Luftschichten annehmen (vgl. Zahl.-Taf. 2 auf S. 14); sie steigen also mit zunehmendem Δ in immer stärkerem Maße. Für einen bestimmten Rohrdurchmesser tritt daher immer ein bestimmter Grenzwert von Δ ein, bei dessen Überschreitung die in der vorstehenden Berechnung gezeigte Zunahme der Strahlungsverluste die Verringerung der Leitungsverluste im Luftraum überwiegt, wo also eine Vergrößerung des Abstandes der Folienwände keine Verbesserung des Gesamteffektes mehr herbeiführen kann. Dieser Grenzwert von Δ ist dabei je nach der Höhe der Temperatur verschieden und nimmt mit steigender Temperatur ab.

Die bis heute vorliegenden Messungen der Wärmeleitfähigkeit von Rohrisolierungen aus Aluminiumfolie bestätigen diese Vermutung. In Abb. 23 sind die von E. Schmidt[1]) veröffentlichten Wärmeleitzahlen in Abhängigkeit von Folienabstand und Mitteltemperatur graphisch dargestellt. Unter Wärmeleitzahl ist hierbei die „äquivalente" oder „wirksame" Wärmeleitzahl zu verstehen, wie sie bei der Berechnung der Wärmeübertragung in Luftschichten eingeführt wurde. Die Diagramme stellen Mittelwerte dieser Messungen dar und gelten streng nur für einen Rohrdurchmesser von 60 mm.

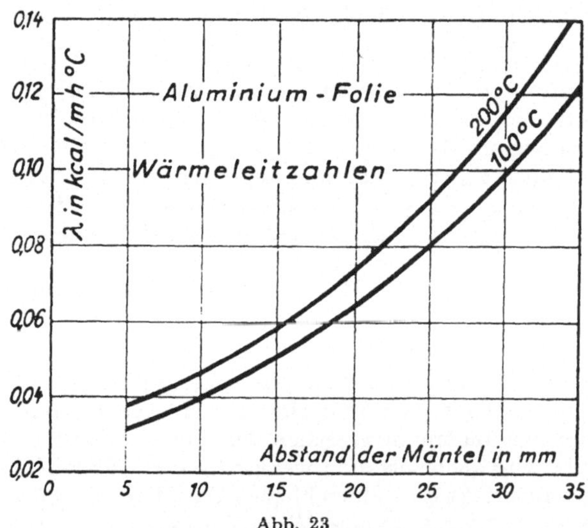

Abb. 23

Aluminium-Folie Wärmeleitzahlen.

In Zahlentafel 23 sind ferner mit diesen Wärmeleitzahlen bei $t_m = 100°$ C die Wärmedurchlässigkeitszahlen eines Folienmantels in Abhängigkeit vom Folienabstand Δ berechnet; es ergibt sich bei $\Delta = 15$ mm ein maximaler Durchlässigkeitswiderstand von $J = 3,86$. Alle größeren Folienabstände haben trotz größerer „Isolierstärke" einen kleineren Widerstand.

---

[1]) E. Schmidt: Z. d. V. D. J., 1927. S. 1398—1399.

ZAHLENTAFEL 23

Wärmedurchlässigkeitswiderstand eines Folienmantels in Abhängigkeit vom Folienabstand.

(Rohrdurchmesser 60 mm; $t_m = 100\ ^0$ C)

	0,005	0,010	0,015	0,020	0,025	0,030
Δ in m	0,005	0,010	0,015	0,020	0,025	0,030
Wärmeleitzahl $\lambda_w = \ldots$	0,03	0,038	0,050	0,064	0,080	0,100
d_a/d_i	1,158	1,315	1.472	1,630	1,787	1,945
$\ln d_a/d_i$..............	0,148	0,247	0,386	0,489	0,581	0,665
$J = \dfrac{\ln d_a/d_i}{2}$	2,47	3,16	3,86	3,82	3,63	3,33

Bei größeren Temperaturgefällen in der Isolierung sind daher die im Bereich der hohen Temperaturen liegenden Luftschichten enger, die im Bereich niedrigerer Wärmegrade liegenden größer zu wählen, so daß die Abstände der Folien bei einer Rohrisolierung sich nach außen hin erweitern.[1]

Über die praktische Bewährung der Folienisolierung können heute noch keine Angaben gemacht werden; jedoch darf man vermuten, daß die biegsamen dünnen Folienblätter, insbesondere, wenn sie um Rohre großen Durchmessers gelegt werden, durchhängen und durch gegenseitige Berührung den Effekt wesentlich verringern. Ebenso muß man befürchten, daß die Zerreißfestigkeit der dünnen Blätter bei dauernder Erhitzung auf hohe Temperaturen, vermutlich schon oberhalb 300 ^{0} C, allmählich vermindert wird und die ursprünglich straff gespannten Mäntel zerfallen.

Über die Unveränderlichkeit der Strahlungskonstanten von Aluminiumfolie im praktischen Betriebe mit seiner dauernd wechselnden Temperatur und der oft chemisch agressiven Atmosphäre liegen ebenfalls noch keine auf Jahre ausgedehnten Versuche und Erfahrungen vor. In neuester Zeit vorgenommene Versuche, wobei Aluminiumfolie auf etwa 350 ^{0} C erhitzt wurde, zeigten, daß die Folie sehr schnell schwarz wird. In einem anderen Fall war die Oberflächentemperatur der Isolierung nach kurzer Zeit sehr hoch angestiegen, was ebenfalls darauf schließen läßt, daß die Aluminiumfolie zerstört wurde, oder wenigstens ihr geringes Strahlungsvermögen verloren hatte.

Ein weiterer Nachteil dürfte in der hohen Empfindlichkeit der Folie gegen die unvermeidlichen mechanischen Beschädigungen während des Transportes und der Montage zu suchen sein.

4. Verwendung loser Folien als Füllstoff.

Man hat auch vorgeschlagen, Folien in Form kleiner Blättchen von verschiedenartigster Form, gezackt, gekrümmt, gewellt usw. in um das Rohr gelegte Blechmäntel zu füllen. Wenn auch diese Folien, die auch als lose schaumige Masse, z. B. Schaumgold verwendet werden können,

---

[1] Vgl. Abb. 22, S. 109.

wesentlich durch ihr geringes Strahlungsvermögen isolierend wirken, so gehört dieses Verfahren jedoch nicht in den Rahmen der Betrachtung dieses Abschnitts, weil ein großerTeil der Folien bei der regellosenLagerung mehr oder weniger parallel zur Hauptrichtung des Wärmestromes zu liegen kommt, und dadurch weniger durch Strahlungswiderstand wirkt, als vielmehr zur möglichst feinen Verteilung des gesamten Porenvolumens der Isolierung und zur Einschließung kleiner Luftzellen dient, die durch ihren relativen Ruhezustand im wesentlichen Umfang an dem Gesamteffekt der Isolierung teilnehmen.

Auch über dieses Verfahren sind ausreichende Erfahrungen im praktischen Betriebe bis heute nicht bekannt geworden.

V. Verfahren zur Isolierung mit Luftschichten.

Nach den Ergebnissen, die die Betrachtung der Gesetze der Wärmeübertragung in ihrer Einwirkung auf Wahl und Gestalt der Wärmeschutzmittel gezeigt haben, könnte sich eine Besprechung der Luftschichten-Isolierungen erübrigen, weil es sich bei diesen um verhältnismäßig große Lufträume handelt, deren Wirkung im Vergleich zu der kleinporiger Stoffe als unzureichend bezeichnet werden muß. Auch die in der vorhergehenden Abhandlung gezeigten Strahlungsisolierungen, die ja ebenfalls konstruktive, ziemlich große Lufträume enthalten, wirken weniger durch den isolierenden Effekt des Luftraumes selbst, als vielmehr durch die geringen Strahlungskoeffizienten der Begrenzungswände der Lufträume. Es ist daher von vornherein zu erwarten, daß der Wirkungsgrad von Luftschichtenisolierungen wesentlich hinter denjenigen der porösen Körper und der Strahlungsverfahren zurückbleibt.

Trotz dieser Erkenntnisse sind mit einer gewissen Regelmäßigkeit während der historischen Entwicklung der Wärmeschutztechnik und zwar bis in die neueste Zeit hinein, immer wieder Verfahren herausgebracht worden, in denen, ausgehend von irrtümlichen Vorstellungen über die physikalischen Gesetzmäßigkeiten der Wärmeübertragung, konstruktiv ausgebildete große Luftschichten Anwendung finden sollen.

An Hand einiger Beispiele soll dies gezeigt werden.[1]

D.R.P. 74656 (1893):

„Um das zu schützende Rohr werden aufrollbare wellenförmigePlatten aus Gewebe mit einer Pulverfüllung gelegt, wobei zwischen denPlatten und dem Rohr größere Luftschichten entstehen; die gewellten Platten sind elastisch gegen Dehnung und berühren das Rohr nur an wenigen Stellen."

Schweiz. P. 13386 (1896):

„Rohrisolierung aus Formsteinen, bestehend aus Calciumverbindungen mit organischen Beimengungen (Holzmehl, Flachs, Stroh, Haare); die Formsteine sind mit innen liegenden Aussparungen versehen, so daß zwischen Isolierung und Rohr Luftschichten gebildet werden."

---

[1] Vgl. außerdem D.R.P. 103078, F. P. 528789, D.R.P. 332979.

Amerk. P. 675447 (1901):

„Rohrisolierung mit Luftschichten für niedere Temperaturen, bestehend aus luftdichten Kammern, deren Wände auf spiralförmig gewickelte Schnüre oder Ringe abgestützt werden."

Schweiz. P. 25115 (1901):

„Isolierhülle für Rohrleitungen (aus Gerberlohe, Schlemmkreide und Wasserglas), die durch Vorsprünge oder Stifte gegen das Rohr abgestützt wird, so daß Luftschichten gebildet werden."

D.R.P. 361563 (1920):

„Rohrisolierungen, bestehend aus einer versetzten Wickelung von Bändern, wodurch radial angeordnete gegenseitig versetzte Luftzellen gebildet werden."

D.R.G.M. 939489 (1926):

„Rohrisolierung, bestehend aus einem Kieselguraufstrich, darüber ein auf Stützringen gelagerter Mantel aus Holzstabgewebe mit Kieselgurabputz und Bandagierung; zwischen der Aufstrichmasse und dem Mantel werden durch die Stützringe abgeschlossene Luftkammern gebildet."

Auch die früher vielfach verwendeten Hohlsteine haben die gleichen Nachteile. Nach einem Bericht des Forschungsheims für Wärmeschutz hatte ein Hohlstein mit einem Raumgewicht von 415 kg/m^3 bei 130°C die gleiche Wärmeleitfähigkeit wie ein aus demselben Material, jedoch ohne Hohlräume, hergestellter Stein vom Raumgewicht 500 kg/m^3. Bei höheren Temperaturen war die Wärmeleitzahl des letzteren geringer, und betrug bei 300 °C nur noch etwa 60% von der des Hohlsteines.[1]

Häufig besteht auch die irrtümliche Auffassung, daß Luftschichten bei niedrigen Temperaturen wegen der verringerten Strahlung gut isolieren; dies ist jedoch, wenn nicht die Wände sehr niedrige Strahlungskonstanten haben, nicht zutreffend, wie an einem Beispiel gezeigt werden soll.

In der Außenwand eines Gebäudes sei eine vertikale Luftschicht von 6 cm Stärke angeordnet; die Temperaturen der Begrenzungswände seien $+20$ °C und -20 °C, der Strahlungskoeffizient der Wände einmal $C = 1,2$ (glatte Betonwand) das andere Mal $C = 4,0$ (rauhe Ziegelsteinfläche). Dann ergibt sich unter Benutzung der bekannten Gleichungen:

Wärmeübertragung in einer senkrechten Luftschicht.

	$C = 1,2$		$C = 4,0$	
	kcal	%	kcal	%
Leitung	13,3	20	13,3	9
Konvektion	31,5	46	31,5	19
Strahlung	22,6	34	112,0	72
	67,4	100	156,8	100

[1] Mitt. Forsch. Heim, Heft 4, S. 16, 1925.

8*

Die wirksame Wärmeleitzahl der Luftschicht beträgt demnach:

$$\text{Für } C = 1,2; \quad \lambda_w = \frac{67,4}{40} \cdot 0,06 = 0,106 \text{ kcal/m h }^0\text{C}$$

$$\text{Für } C = 4,0; \quad \lambda_w = \frac{156,8}{40} \cdot 0,06 = 0,236 \text{ kcal/m h }^0\text{C}$$

Verwendet man dagegen anstelle der 6 cm starken Luftschicht eine nur 4 cm starke Platte aus einem hochporösen, wegen der niedrigen Temperaturen durchgehend imprägnierten Stoff, etwa expandierten Kork mit einer Wärmeleitfähigkeit von 0,04, so beträgt die gesamte übertragene Wärme dann nur noch 40 kcal.

Häufig steht die in der Luftschicht eingeschlossen gedachte Luft infolge irgendwelcher Undichtigkeiten mit der Außenluft in Verbindung; sie erfüllt dann ihren Zweck nicht nur sehr unvollkommen, sondern wirkt gerade zu schädlich. Dies trifft vor allen Dingen auch dann wieder zu, wenn die vertikale Ausdehnung der Luftschicht groß ist, weil die kalte Luft in einer dem Kaminzug ähnlichen Weise von unten angesaugt wird, sich an den wärmeren Begrenzungswänden erwärmt und nach oben entweicht. Solche Luftschichten wirken daher nicht als Isolierung, sondern eher als eine den Wärmedurchgang erhöhende Luftkühlung.

VI. Vakuumisolierungen.

1. Die Wärmeübertragung in verdünnten Gasen und im völligen Vakuum.

Bei Besprechung der Gesetze der Wärmeübertragung ist schon erwähnt worden, daß der Wärmeleitungskoeffizient der Gase unabhängig vom Druck ist.[1]) Entgegen dieser erstaunlichen Tatsache nimmt die auf der Konvektion beruhende Wärmeübertragung an den Begrenzungswänden verdünnter Gasräume außerordentlich geringe Werte an, die darauf hinweisen, daß der Wärmeübergang zwischen einem festen Körper und einem Gas in Abhängigkeit vom Druck des letzteren steht.

Die Wirkung des an der Berührungsstelle eines festen und eines gasförmigen Stoffes beobachteten Temperatursprungs[2]) kann man nach

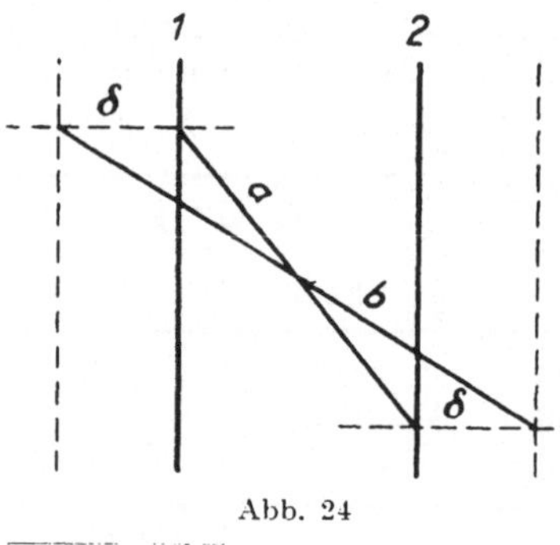

Abb. 24

Abb. 24 dadurch kennzeichnen, daß man sich die zwischen den festen Wänden 1 und 2 eingeschlossene Gasschicht nach jeder Seite um einen Betrag δ größer gemacht denkt. Die Linie a entspricht dem Temperaturverlauf in der ruhenden Gasschicht ohne Vorhandensein eines Übergangswiderstandes, die Linie b zeigt den unter der Wirkung des Temperatursprungs eintretenden Temperaturverlauf, der dem der reinen Wärmeleitung in einer Gasschicht von

---

[1]) Vgl. S. 8.
[2]) Vgl. S. 10.

der Dicke $d + 2\,\delta$ entspricht. Die Größe δ ist dabei vom Druck des Gases abhängig und durch das Gesetz bestimmt:

$$\delta = \delta_0 \cdot \frac{p_0}{p}, \qquad (101)$$

wenn δ_0 die dem Temperatursprung bei einem bestimmten Druck p_0 gleichwertige bekannte Vergrößerung ist. Die Abhängigkeit vom Druck kann dadurch erklärt werden, daß mit abnehmendem Druck die mittlere Weglänge der in Bewegung befindlichen Gasmoleküle anwächst und schließlich größer als die Dicke der Gasschicht wird.[1]) Dann geht die Wärmeleitung in eine Art Körperstrahlung über; die von der einen Wand in Richtung auf die andere sich bewegenden Moleküle stoßen direkt auf diese auf, ein Teil wird mit ungeänderter Geschwindigkeit zurückgeworfen, nur der andere Teil wird absorbiert, und dann wieder mit der der Temperatur dieser Wand entsprechenden Geschwindigkeitsverteilung ausgesendet. Mit abnehmendem Druck p nimmt nach der vorstehenden Gleichung δ immer größere Werte an, für $p = O$ wird $\delta = \infty$, d. h. im völligen Vakuum geht dann keine Wärme mehr durch Leitung über, die Übertragung erfolgt nur noch durch die Strahlung der Wände. Allgemein kann man für die Wärmeübertragung in Gasschichten annehmen:

bei normalem Druck wirken als Widerstände:
  a) Leitung in erheblichem Maße,
  b) Übergang in geringerem, bei großer Dicke der Gasschicht vernachlässigbar kleinem Maße,
  c) Strahlung.

bei geringerem Druck, insbesondere bei stark vorgeschrittener Evakuierung:
  a) Leitung unverändert, jedoch in bezug auf den Gesamtwiderstand von geringerer Bedeutung,
  b) Übergang in erheblichem Maße, weil δ sehr groß wird bei kleinem Druck p,
  c) Strahlung unverändert,

im vollkommenen Vakuum ist:
  a) Leitung $= O$,
  b) Übergang $= O$,
  c) Strahlung unverändert.

2. Wärmeübertragung in teilweise oder völlig evakuierten Pulverstoffen.

Der Druck p, bei dem die mittlere Wegelänge der Moleküle groß ist im Vergleich zu der Dicke der Gasschicht, wo also der Temperatursprung hohe Werte erreicht, wird bei fortschreitender Verdünnung des Gases um so schneller erreicht, je kleiner die Dicke der Gasschicht ist. Bei pulverförmigen Stoffen, wo die Dimensionen der eingeschlossenen Gasräume oder, wie wir im folgenden sagen wollen, Lufträume, zum Teil mikroskopisch klein sind, macht sich daher der Einfluß des Temperatursprungs

---

[1]) M. v. Smoluchowski: Sitz. ber. Wien Akad. 108, S. 7 (1899).

auf die Wärmeübertragung schon bei verhältnismäßig geringer Verdünnung bemerkbar; unter mehreren staubförmigen Stoffen weist, unter sonst gleichen Bedingungen und bei einer bestimmten Verdünnung, derjenige den kleinsten Betrag der durch Übergang übertragenen Wärme auf, der den kleinsten mittleren Korndurchmesser hat.

Smoluchowski[1]) zeigte eine theoretische Berechnung der durch Leitung und Übergang übertragenen Wärme in einem „idealen" pulverförmigen Stoff, der aus Kugeln gleichen Durchmessers zusammengesetzt ist; die Wärmeleitfähigkeit der festen Bestandteile ist dabei als so hoch angenommen, daß sie vernachlässigt werden kann, ebenso ist die Strahlung vernachlässigt. Für eine beliebige Anordnung der Kugeln ergibt sich für die Wärmeleitung und den Wärmeübergang zusammengenommen in den von den festen Bestandteilen eingeschlossenen Lufträumen derKoeffizient

$$x = \mathrm{A} \cdot x_0 \cdot \log (1 + \varepsilon \cdot p), \qquad (102)$$

worin bedeuten:

$x_0 =$ der Koeffizient der reinen Wärmeleitung der Luft, unabhängig vom Druck,

$p =$ der jeweilige Druck

$\varepsilon = \dfrac{a}{\delta_0 \cdot p}$, eine Größe, die mit wachsendem Korndurchmesser a zunimmt,

$\mathrm{A} =$ eine die Anordnung und Größe der Körner bezeichnende Konstante.
Der Wert x ist um so kleiner, je kleiner der Klammerausdruck

$$(1 + \varepsilon \cdot p)$$

ist, d. h. er nimmt mit wachsender Korngröße zu.

Smoluchowski hat die Größe x für verschiedene pulverförmige Stoffe experimentell bestimmt, wobei das oben abgeleitete Gesetz eine gewisse Bestätigung fand bei drei Quarzsorten von verschiedenem Korndurchmesser. In der Abb. 25 sind auf der Abszisse die Werte vom $\log p$ in mm Quecksilbersäule, auf der Ordinate die Werte von x in kcal/m h °C aufgetragen. Die einzelnen Quarzsorten hatten folgende Beschaffenheit.

Quarzsorte	Mittl. Korndurchmesser in mm	Raumgewicht in g/cm³	Porenvolumen in %
I. Quarzsand	0,264	1,54	42
II. Quarzstaub	0,0935	1,28	52
III. Quarzstaub	0,0433	1,04	61

---

[1]) Smoluchowski: Anz. d. Akad. d. Wiss., Krakau 1910, 1911. Vgl. auch Lasarew: Journ. russ. phys. chem. Ges., 1911.

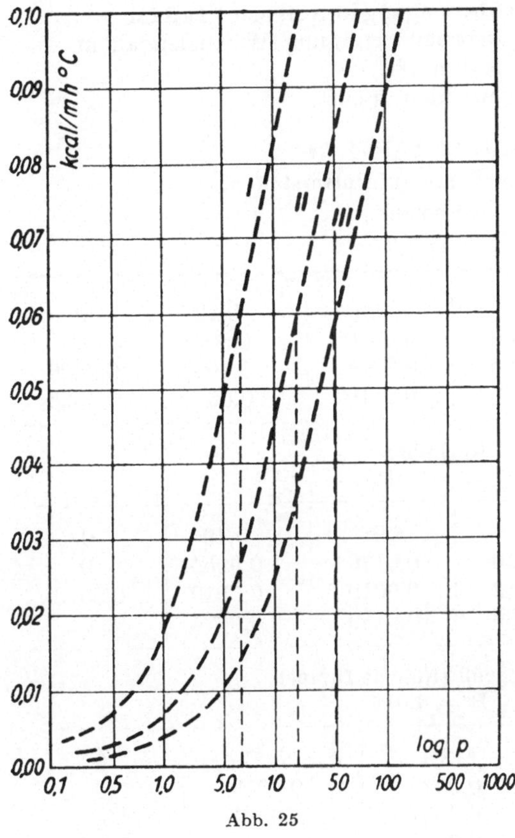

Abb. 25

Man erkennt deutlich, daß der Wert x mit kleiner werdender Korngröße abnimmt. Der Wert $x = 0,06$ wird z.B. erreicht:

I. Bei $p =$ 6mm
II. Bei $p = 20$ mm
III. Bei $p = 50$ mm

x strebt auch mit wachsender Annäherung an das völlige Vakuum einem konstanten Wert zu, was sich aus dem Produkt $\varepsilon \cdot p$ in der oben stehenden Gleichung leicht erklären läßt.

Von demselben Forscher sind auch solche pulverförmigen Stoffe untersucht worden, bei denen die festen Bestandteile nicht wie bei den Quarzkörnern aus einer festen homogenen Masse bestehen, sondern selbst wieder mikroporöse Gebilde darstellen, z. B. Kieselgur, Korkpulver, Lampenruß. Das theoretisch gefundene Gesetz der Abhängigkeit von der Korngröße, das mit den experimentellen Ergebnissen bei den drei Quarzsorten in grundsätzlicher Übereinstimmung stand, findet in den Resultaten mit diesen Stoffen keine Bestätigung; es ist ja auch unmöglich, einen mittleren Korndurchmesser zu erkennen, weil die einzelnen Körner selbst poröse Gebilde aus noch kleineren Körnchen von verschiedenster Form und Größe darstellen. Die Messungen ergaben außerordentlich geringe Werte von x; addiert man zu diesen Werten noch den Betrag der Wärmeübertragung im völligen Vakuum, der sich zusammensetzt aus der Wärmeleitung in den festen Bestandteilen und dem Strahlungsaustausch zwischen diesen, so erhält man die dem jeweiligen Druck entsprechende, und den drei Einzelvorgängen, Leitung und Konvektion im Luftraum, Leitung in den festen Körnern und der Strahlung, äquivalente Wärmeleitzahl des pulverförmigen porösen Stoffes.

In den folgenden Tabellen bedeuten:

$p =$ Druck in mm Quecksilbersäule,
$x =$ Wärmeübertragung in den Lufträumen

$\sigma = $ Wärmeübertragung im völligen Vakuum

$\lambda = $ Gesamtwärmeübertragung (Wärmeleitzahl in kcal/m h °C)

$R = $ Raumgewicht in g/cm³.

ZAHLENTAFEL 24
Wärmeübertragung in Pulverstoffen.
Kieselgur[1])

R = 0,07.

$p =$	730	49	2,95	0,22	0
$x =$	0,0290	0,0250	0,0090	0,0018	0
$\sigma =$	0,0026	0,0026	0,0026	0,0026	0,0026
$\lambda =$	0,0316	0,0276	0,0116	0,0044	0,0026

Korkpulver.

R = 0,087.

$p =$	730	136	8,98	0,49	0
$x =$	0,0260	0,0250	0,0170	0,0055	0
$\sigma =$	0,0019	0,0019	0,0019	0,0019	0,0019
$\lambda =$	0,0279	0,0269	0,0189	0,0074	0,0019

Lampenruß (Noir de fumée).

R = 0,013.

$p =$	730	13,1	0,57	0
$x =$	0,0210	0,0075	0,0019	0
$\sigma =$	0,0001	0,0001	0,0001	0,0001
$\lambda =$	0,0211	0,0076	0,0020	0,0001

Man erkennt deutlich aus dem Verhältnis zwischen den Werten σ und x, wie mit zunehmender Annäherung an das völlige Vakuum der anteilige Wärmedurchgang durch Leitung immer mehr abnimmt, und der Anteil der Strahlung und Leitung durch die festen Bestandteile anwächst.

Die Ergebnisse von Lampenruß sind insofern interessant, als der Wert bei nahezu normalem atmosphärischen Druck den Leitfähigkeitswert ruhender Luft erreicht. Es handelt sich hier um einen äußerst voluminösen Stoff mit allerfeinster Verteilung der festen Bestandteile; nur so kann man sich den niedrigen Wert von $\sigma = 0{,}0001$ erklären, der zunächst unverständlich erscheint, weil die Strahlungskonstante von Ruß einen hohen Wert, $C = 4{,}5$, hat. Aber infolge der außerordentlich feinen Verteilung des Porenvolumens ist die Zahl der Poren und damit der als Strahlungsschutzschirme wirkenden Porenwände so außerordentlich groß, daß trotz der hohen Strahlungskonstanten der Gesamtstrahlungswiderstand den gefundenen hohen Wert erreicht.

---

[1]) Die Tabellen enthalten abgerundete Werte.

3. Technische Anwendung von Vakuumisolierungen.

Trotz des außerordentlich hohen Effektes, der einen besonderen Anreiz zur Anwendung evakuierter Lufträume oder verdünnter poröser Stoffe geben könnte, ist es bis heute nicht gelungen, die Vakuumisolierung praktisch an größeren Objekten mit Erfolg zu verwenden; denn es ist außerordentlich schwierig, eine komplizierte und ausgedehnte Konstruktion, wie sie z. B. bei der Isolierung eines Rohres oder eines Kessels notwendig wäre, so vollkommen dicht herzustellen und zu erhalten, daß das Vakuum oder die gewünschte Verdünnung der Luft zeitlich unveränderlich bestehen bleibt. Diese Schwierigkeiten sind um so größer, weil solche Konstruktionen durch verschieden starke thermische Ausdehnung ohnehin zu einer Lockerung und damit verbundenem Undichtwerden neigen. Die Anwendung der Vakuumverfahren wird daher vorläufig auf kleinere Konstruktionen für Spezialzwecke, physikalische Meßapparate, Transportgefäße usw. beschränkt bleiben, die leichter dicht gehalten werden können. Ein bekanntes Beispiel ist die Thermos-Flasche, bei der die Wärmeübertragung durch einen evakuierten doppelwandigen Glasmantel auf den Strahlungsaustausch der beiden koaxialen Mäntel beschränkt ist; durch Auskleiden der beiden Mäntelflächen mit einem Material von geringer Strahlungsintensität, z. B. Silber, $C = 0{,}15$, wird der Strahlungsverlust stark vermindert.

In diesem Zusammenhang soll ein Verfahren[1]) erwähnt werden, bei dem in eine plastische Grundmasse kleine Hohlkugeln aus Metall oder Zelluloid, die in luftverdünntem Raum hergestellt sind, eingelegt werden. Wir wissen jedoch, daß die Wirkung des Temperatursprungs in luftverdünnten Räumen erst dann bedeutende Höhe annimmt, wenn diese geringe Ausdehnung haben, wie z. B. bei den drei beschriebenen Quarzsorten I bis III mit $a = 0{,}264$ bis $0{,}0433$ mm. Ein merkbarer Effekt wird daher nur bei sehr kleinen und zahlreichen, in die Masse eingelegten Kugeln eintreten; bei Verwendung von Zelluloid wird das Verfahren außer dem untauglich für die Verwendung bei höheren Temperaturen.

VII. Trockenstopf-Verfahren.

1. Das Konstruktionsprinzip.

Die Betrachtung der plastischen Massen und Formkörper hatte gezeigt, daß die Wärmeleitfähigkeit über eine bestimmte Grenze hinaus nicht weiter verringert werden kann, weil sonst infolge zu niedrigen Raumgewichtes die Festigkeit auch für die geringsten Beanspruchungen nicht mehr ausreicht. Diese Grenzwerte für das Raumgewicht stellen also die günstigsten, mit plastischen Massen und Formkörpern erreichbaren wärmetechnischen Höchstleistungen dar (vgl. Abb. 26). Vergrößert man das Porenvolumen, so wird die Wärmeleitfähigkeit geringer, aber die Festigkeit, die ein dichtes Gefüge verlangt, unterschreitet das zu-

---

[1]) D.R.P. 329 351.

lässige Mindestmaß. Mit einem einzigen Material lassen sich also weitere
Verbesserungen nicht mehr erzielen.

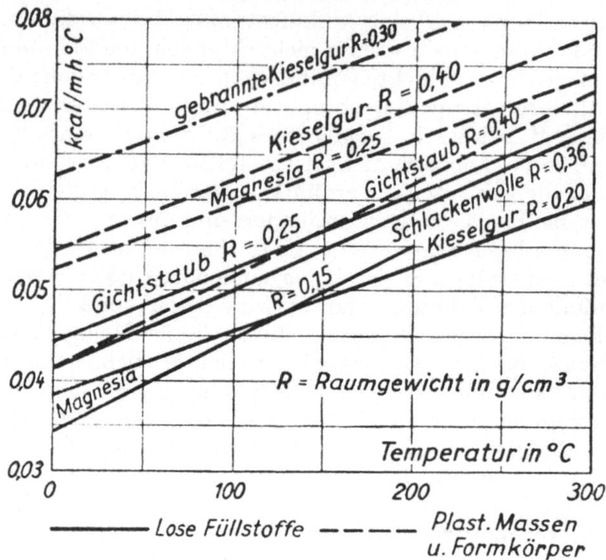

Abb. 26

Günstigste Wärmeleitzahlen von plast. Massen, Formkörpern und losen Füllstoffen.

Auf dieser Erkenntnis ist der Konstruktionsgedanke der Trockenstopf-
Verfahren aufgebaut. Die beiden Haupteigenschaften, mechanische
Festigkeit und wärmetechnische Höchstleistung werden getrennt verwirklicht; man lagert lose Pulver- und Faserstoffe, deren Wärmeleitzahlen (vgl. Abb. 26) niedriger sind, in einen äußeren festen Mantel ein.
Die mechanische Festigkeit ist außen, also da, wo sie praktisch notwendig
ist, verwirklicht, während der wärmeschützende Effekt nahezu ausschließlich durch den losen Füllstoff erreicht wird; der Füllstoff wird
mechanisch in keiner Weise beansprucht, man kann daher Stoffe dafür
verwenden, die die denkbar günstigste Wärmeleitzahl besitzen, ohne
Rücksicht auf die Festigkeit; sie müssen nur unbedingt volumenbe-
ständig sein.

Bei der Isolierung gekrümmter Flächen, um die es sich in der Praxis
meist handelt, hat die Anordnung der Trockenstopf-Verfahren noch einen
besonderen wärmetechnischen Wert. Die Isolierwirkung eines jeden
Körpers ist in den inneren, dem Wärmeträger zugewendeten Schichten
am größten; diese Verfahren, bei denen der Füllstoff als das hochwertige
Isoliermaterial innen, der feste und daher wärmetechnisch minderwer-
tigere Mantel außen angeordnet sind, haben somit den zur bestmöglichen
Ausnutzung des Isoliereffekts notwendigen physikalisch richtigen Aufbau.
Der Vorteil dieser Anordnung soll an einem Beispiel, dem Wärmeschutz
eines Rohres, gezeigt werden. (Vgl. Abb. 27, S. 123). Das Rohr ist dabei

Abb. 27
Rohrisolierung mit zwei Wärmeschutzstoffen von verschiedener Wärmeleitfähigkeit

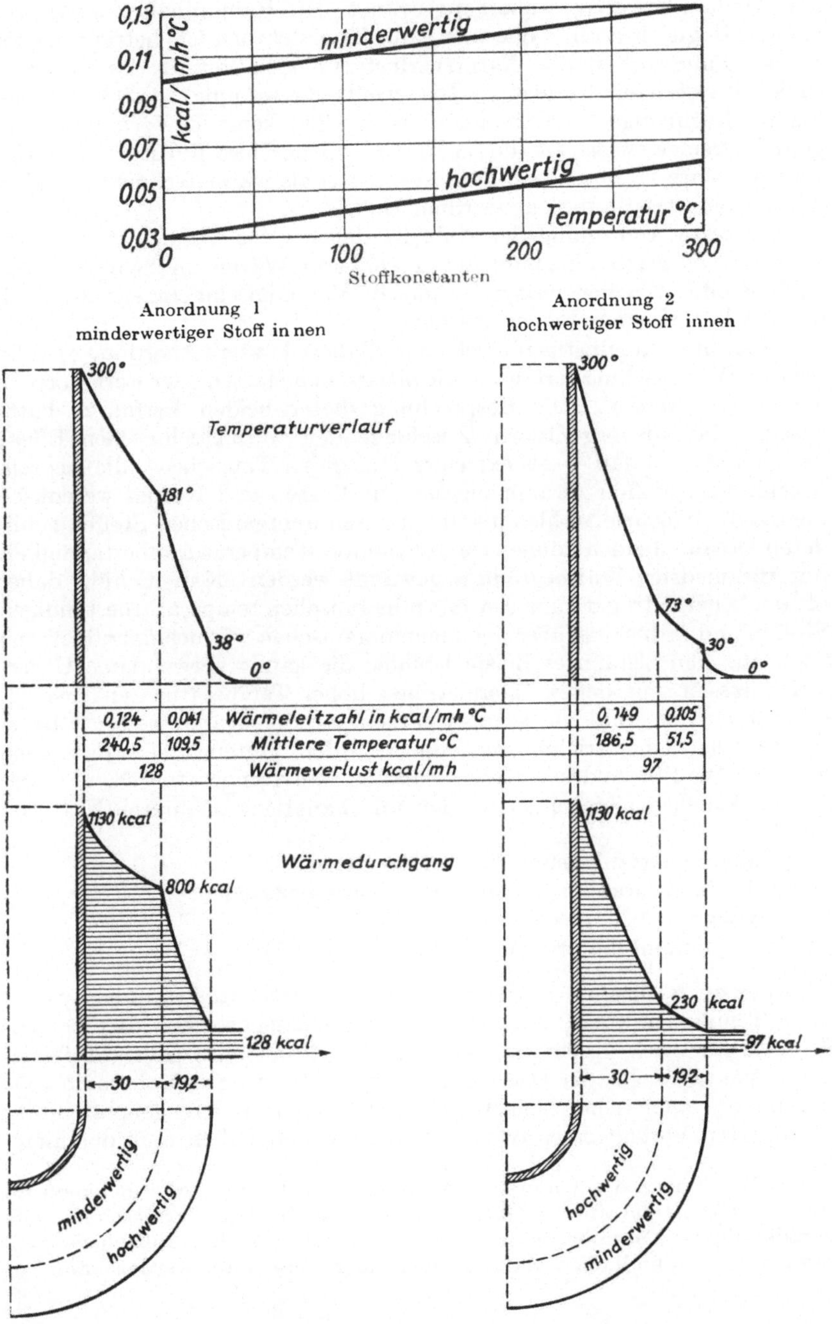

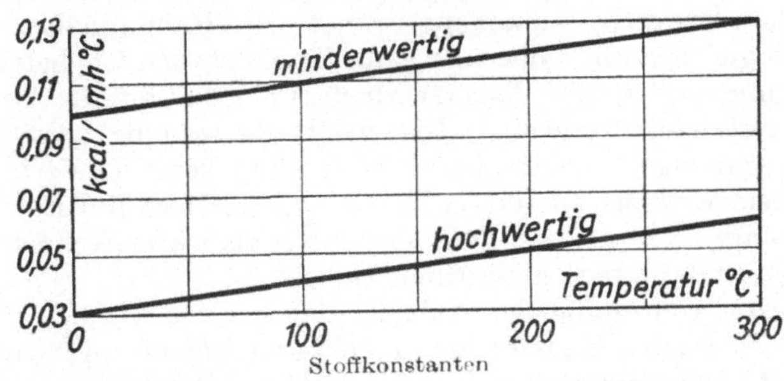

0,13
0,11
0,09
0,07
0,05
0,03
kcal/mh°C
minderwertig
hochwertig
Temperatur °C
0
100
200
300
Stoffkonstanten
Anordnung 1
minderwertiger Stoff in nen
Anordnung 2
hochwertiger Stoff innen
300°
181°
38°
0°
Temperaturverlauf
300°
73°
30°
0°
0,124
0,041
Wärmeleitzahl in kcal/mh °C
0,149
0,105
240,5
109,5
Mittlere Temperatur °C
186,5
51,5
128
Wärmeverlust kcal/mh
97
1130 kcal
800 kcal
Wärmedurchgang
128 kcal
1130 kcal
230 kcal
97 kcal
30
19,2
30
19,2
minderwertig
hochwertig
hochwertig
minderwertig

mit zwei Wärmeschutzstoffen, einem wärmetechnisch hochwertigen und einem minderwertigen umhüllt, und zwar ist einmal der minderwertige Stoff innen und der hochwertige außen, das andere Mal der hochwertige innen und der minderwertige außen angeordnet. Die Rauminhalte beider sind jedes Mal gleich groß. Wie aus Abb. 27 ersichtlich ist, beträgt der im zweiten Falle vorhandene Wärmeverlust nur noch 75 v. H. des im ersten Falle eintretenden Verlustes. Die zweite Anordnung ist also wärmetechnisch günstiger; sie ist auch bei den Trockenstopf-Verfahren — in ganz extremer Weise — durchgeführt, wo der lose Füllstoff als hochwertiges Material innen, und der feste Mantel als wärmetechnisch minderwertiges Material außen angeordnet sind.

Die erste Anordnung der Abb. 27 dagegen ist wärmetechnisch ungünstiger, sie ergibt einen um 30 v. H. höheren Wärmedurchgang, obwohl beide Stoffe in beiden Fällen das gleiche Volumen einnehmen, also auch die gleichen Kosten ergeben würden.

Trotz ihres ungünstigen Effektes muß diese letztere Anordnung häufig bei den Wärmeschutzverfahren mit plastischen Massen oder Formkörpern angewandt werden. Die Besprechung dieser beiden Verfahren hatte gezeigt, daß die organischen Zuschläge den wärmetechnischen Effekt verbessern, und daß — als extremer Fall dieser Tatsache — die aus rein organischen Stoffen zusammengesetzten Massen und Körper wesentlich niedrigere Wärmeleitzahlen als die aus rein anorganischen Stoffen gebildeten haben. Jedoch können sie wegen ihrer Temperaturunbeständigkeit nur für niedrige Wärmegrade angewandt werden. Man umhüllt daher oft den Energieträger zunächst mit mineralischen temperaturbeständigen Stoffen und ordnet darüber den mehr organischen wärmeempfindlicheren Stoff an. Ein bekanntes Beispiel bilden die häufig verwendeten Unterstrichmassen, mit denen Energieträger hoher Temperatur zunächst geschützt werden, und die weniger hitzebeständigen aber besser wärmeschützenden Oberstrichmassen, die auf den Unterstrich aufgetragen werden. Die Stärke des letzteren muß aus dem Temperaturverlauf in der ganzen Isolierung berechnet werden und hängt von mehreren Faktoren ab: [1])

a) Wärmeleitfähigkeiten der beiden Stoffe,
b) Temperaturabhängigkeit dieser Wärmeleitzahlen,
c) Gesamtstärke des Wärmeschutzes,
d) Krümmungshalbmesser (Rohrdurchmesser).

Aber auch einzelne anorganische hochwertige Stoffe müssen wegen ihrer Temperaturunbeständigkeit oft durch einen solchen hitzebeständigen Unterstrich geschützt werden. Ein Beispiel für diese Stoffe ist Magnesia, die wegen der Dissoziation der Kohlensäure sich oberhalb 200° verändert; auch Glasgespinst, Gips und einige andere gehören unter bestimmten Verhältnissen dazu. In den meisten Fällen muß der hitze-

---

[1]) Die Stärke des Unterstriches ist am günstigsten gewählt, wenn im Beharrungszustand an der Übergangsstelle der beiden Wärmeschutzstoffe gerade diejenige Maximaltemperatur sich einstellt, die dem außenliegenden, temperaturempfindlichen Material eben noch zugemutet werden kann.

beständige Unterstrich, wenn die Temperatur in der äußeren Schicht genügend gering sein soll, so stark gewählt werden, daß der gesamte Wirkungsgrad, wie die Abb. 27 zeigen konnte, erheblich vermindert wird. Die ungünstige Wirkung eines wärmetechnisch minderwertigen Unterstriches zeigt sich auch deutlich, wenn man die anteiligen Ersparnisse der beiden Stoffe miteinander vergleicht:

	Anteilige Wärmeersparnis
Anordnung 1	
minderwertiger Stoff innen	33%
hochwertiger Stoff außen	67%
Anordnung 2	
minderwertiger Stoff außen	20%
hochwertiger Stoff innen	80%

Bei den vorstehenden Beispielen hatten die beiden Stoffe das gleiche Volumen, die Isolierstärken der inneren und der äußeren Schicht verhielten sich wie 3 zu 2; trotzdem beträgt die anteilige Wärmeersparnis der äußeren Schicht nur ein Fünftel der Gesamtersparnis. Bei den Trockenstopf-Verfahren, wo die Stärke des äußeren Mantels nur einen Bruchteil der Füllstärke ausmacht, wird dieser Anteil noch kleiner, und hat keine Bedeutung mehr für den Gesamtwärmedurchgang.

Als Beispiele derartiger, aus mehreren Schichten zusammengesetzter Wärmeschutzmassen seien zwei ausländische Patente genannt:

Schwedisches Patent 5544 (1894): Wärmeschutzmasse für sehr hohe Temperaturen aus drei Schichten.

Innere Schicht. 41% Kali- oder Natronwasserglas,
52% feuerfestes Pulver (Ton, Quarz, Kreide),
7% Wasser.

Mittlere Schicht: 96% Kieselgur,
4% Hanf, Flachs und andere Faser, feuerfest imprägniert.

Äußere Schicht: 70—80% Kieselgur,
5—6 % Dextrin,
20—12% Sägespäne oder Kork,
5—2 % Fiber oder Haare.

Österreichisches Patent 59 684 (1913): Wärmeschutzmasse aus drei Schichten.

1. Schicht	2. Schicht	3. Schicht
60% Kalzinierte Kieselgur,	66% kalzinierte Kieselgur,	70% kalzinierte Kieselgur,
12% Kaolinerde,	20% Asbestfaser,	22% Torfmehl,
12% Baumwollabfälle	7% Kaolinerde,	8% Steinkohlenteer.
8% Melasse,	7% Wasserglas.	
8% Dextrin.		

2. Die Konstruktionsteile der Trockenstopf-Verfahren.

Bei Besprechung der einzelnen Konstruktionsteile sei zur leichteren Verständlichkeit das einfachste und in der Praxis auch häufigste Beispiel einer Rohrisolierung gewählt.

Die ganze Konstruktion besteht grundsätzlich aus drei Hauptteilen, den Stützringen, dem Mantel und der Füllung. (Vgl. Abb. 28).

a) Die Stützringe.

Die Stützringe haben die Aufgabe, den Mantel zu tragen und ihn in einer bestimmten Entfernung von dem Rohr festzuhalten; ihr gegen-

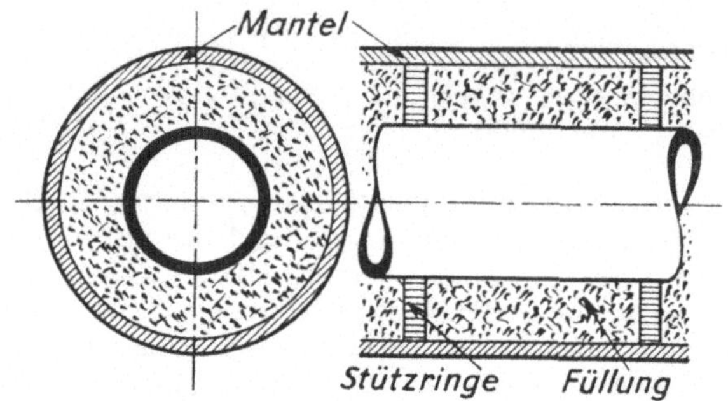

Abb. 28
Schema einer Trockenstopf-Isolierung.

seitiger Abstand wird bestimmt durch die Biegungsfestigkeit des auf ihnen ruhenden Mantels, die wiederum, von der Ausbildung des Mantels selbst zunächst abgesehen, mit abnehmendem Krümmungshalbmesser, entsprechend der höheren Steifigkeit, zunimmt. Die Stützringe werden durch die auf ihnen lastende Masse des Mantels und der Füllung auf Druck beansprucht, man wird daher die Ringe um soschwächer ausführen können, je druckfester ihr Material ist. Am geeignetsten sind für Rohrisolierungen schmal geschnittene Schalen oder Segmente aus gebranntem Kieselgurmaterial, dessen Druckfestigkeit bei guter Qualität vollkommen ausreicht. Damit die thermische Radialdehnung des Rohres nicht auf den festen Mantel übertragen wird, und außerdem die Ringe bei abwechselnder Dehnung sich nicht lockern, wird unter die Stützringe ein elastisches Polster gelegt. Geeignet ist hierfür eine dichte Wicklung von Asbestschnur. (Vgl. Fig. 1 in Abb. 29 auf Seite 127).

Dieser thermischen Dehnung soll auch ein besonderes Verfahren Rechnung tragen; der Mantel wird dabei durch radial zum Rohre stehende Schraubenfedern nachgiebig gehalten. Die Schrauben können auch gegen Kugeln gelegt werden, um ein seitliches Gleiten zu ermöglichen. (Vgl. Fig. 2 in Abb. 29). [1] Dies letztere Verfahren wird ohne Zweifel genügende Elastizität gewährleisten, doch ist es kompliziert und teuer.

---

[1] D. R. P. 352 616 (1918).

Häufig hält man den Mantel auch durch Winkeleisen fest, die radial um das Rohr gebunden werden, wobei ebenfalls zur Erreichung einer genügenden Elastizität Polster unter die am Rohr anliegenden Winkelschenkel gelegt werden können. (Vgl. Fig. 3 in Abb. 29).

Auch zickzackförmig gebogene, hochkant gestellte Flacheisenbänder sind hierfür vorgeschlagen worden, jedoch ist die Kippsicherheit dieser Ausführung nicht genügend. (Vgl. Fig. 4 in Abb. 29). [1]

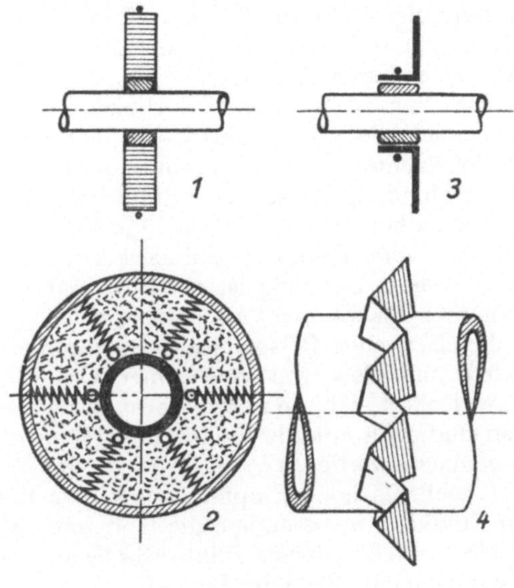

Abb. 29
Stützringe.

Die Stützringe wirken selbstverständlich auf den Gesamtwirkungsgrad nachteilig, da sie die Wärme immer besser leiten als der lockere Füllstoff; bei der geringen Masse der Ringe im Vergleich zu der Füllung hat dieser Einfluß jedoch keine erhebliche Bedeutung.

b) Der Mantel.

Der äußere Mantel hat die Aufgabe, ein festes Gehäuse für die Einlagerung des Füllstoffes zu bilden und diesen außerdem gegen mechanische Beanspruchungen, Druck- und Schlagwirkung, sowie gegen die chemischen und physikalischen Einwirkungen der freien Luft zu schützen. Da der Anteil des Mantels an dem Gesamtwirkungsgrad bei geringer Mantelstärke sehr klein ist, spielt die Wärmeleitfähigkeit des Mantelmateriales keine bedeutende Rolle. Es ist von diesem Gesichtspunkt daher auch durchaus angängig, Blechhüllen zur Einlagerung des Füll-

---

[1] D. R. P. 262617 (1913).

stoffes zu verwenden [1]). Diese Blechmäntel zeigen jedoch erhebliche anderweitige Nachteile.

Der Blechmantel ist den Längendehnungen des Rohres gegenüber nicht elastisch genug. Bei Annahme einer Rohrtemperatur von z. B. 400° C und einer Temperatur des Blechmantels von 50° C beträgt der Dehnungsunterschied zwischen Rohr und Mantel etwa 5 cm auf 10 m Rohrlänge, der auf irgendeine Weise aufgenommen werden muß. Wenn die Blechstöße, wie es häufig geschieht, gelötet werden, so tritt infolge der thermischen Dehnung leicht ein Bruch der Lötnaht als der schwächsten Stelle ein. Man hat aus diesem Grunde, und auch weil die Lötarbeiten wegen der damit verbundenen Feuersgefahr häufig unstatthaft sind, die Blechstöße mittels Sicken, in die elastische Abdichtungen gelegt werden, verbunden. Wenn auch diese Verbindung eher eine gewisse Elastizität verspricht, so ist ihr Nachteil doch wiederum in der ungenügenden Dichtigkeit der Sickenverbindung zu suchen. Staubfeine Stoffe rieseln mit der Zeit aus den Sicken heraus, und ebenso kann Wasser von außen eindringen, wodurch die Isolierwirkung vermindert wird.

Auch gegen die radiale Dehnung ist ein Blechmantel bei der hohen Steifigkeit gekrümmter Fläche nicht nachgiebig genug; wenn daher die Dehnung durch die elastischen Polster der Stützringe nicht vollkommen aufgenommen wird und diese von innen einen Druck auf den Blechmantel ausüben, so lockert sich die ganze Konstruktion sehr bald. Ähnliche Erfahrungen sind auch mit Blechmänteln bei den veralteten Strahlungs-Verfahren gemacht worden.[2])

Schließlich ist noch die hohe Empfindlichkeit der Bleche gegen die atmosphärischen Einflüsse, insbesondere die Korrosion aggressiver Gase zu nennen, die auch verbleite oder verzinkte Bleche aufweisen, weil beim Biegen feine Haarrisse in der Blei- oder Zinkschicht entstehen, und so das Eisenblech freigelegt wird. Schutzanstriche sind zwar wirksam, verlängern aber die Lebensdauer der Bleche nur auf beschränkte Zeit.

Wenn trotz dieser schon vor langer Zeit gemachten nachteiligen Erfahrungen die Verwendung des Blechmantels immer wieder versucht worden ist, so glauben wir ihm doch keine Zukunft versprechen zu können, weil die Mängel in den innersten Eigenschaften des metallischen Materials begründet sind und durch Hilfsmittel irgendwelcher Art nur unvollkommen und auf kurze Zeitdauer behoben werden können.

Die ganze Art der Beanspruchungen, denen der äußere Mantel ausgesetzt ist, weist vielmehr darauf hin, daß ihnen nur eine zwar genügend druck- und schlagfeste, jedoch vollkommen elastische Konstruktion gewachsen ist, wie sie z. B. der von den Deutschen Prioform-Werken verwendete Hartmantel aufweist. Nach diesem Verfahren wird zunächst auf die Stützringe ein Drahtgewebe gelegt, und nach Einbringen der Füllung eine plastische Masse aufgetragen, die einerseits in die Maschen des Gewebes eindringt, und es andererseits nach außen vollkommen zudeckt.

---

[1]) Versuche mit Blechmänteln sind schon vor vielen Jahren auch in außerdeutschen Ländern angestellt worden (z. B. E. P. 10398, 19281, 29643, F. P. 391611, A. P. 896171, Schweiz. P. 14321).

[2]) Vgl. die Erfahrungen mit Strahlungsisolierungen. S. 107.

Da die wärmetechnischen Eigenschaften des Mantelmaterials keine bedeutende Rolle spielen, läßt sich durch geeignete Zusammensetzung erhärtender Mörtelstoffe und luftdichter wasserabweisender Imprägnierungsmittel eine Masse herstellen, die gegen alle physikalischen und chemischen Einwirkungen vollkommen unempfindlich ist. Die innige Verbindung mit dem Drahtgewebe verbürgt hohe Zugfestigkeit, aber auch genügende Elastizität gegen Biegung. Bei einem solchen elastischen Mantel ist es auch ohne jede Bedeutung, wenn die Stützringe infolge der Radialdehnung des Rohres einen Druck auf den Mantel ausüben, weil dieser durch Biegung nachgeben und bei Abkühlung des Rohres infolge seiner Elastizität wieder in seine ursprüngliche Lage zurückkehren kann.

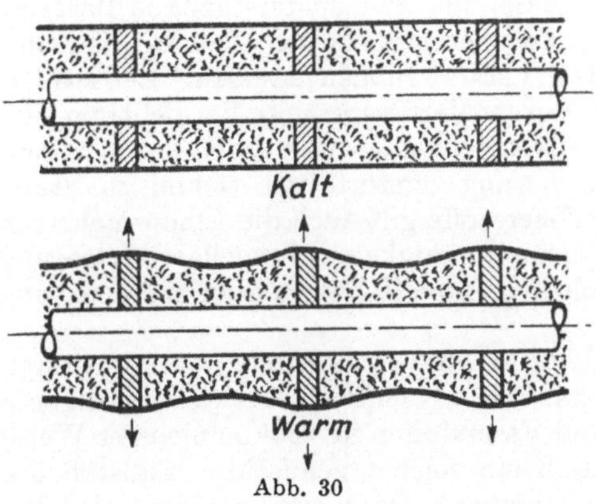

Abb. 30
Radialdehnung des Mantels (übertrieben gezeichnet).

(Vgl. Abb. 30). Die elastische Eigenschaft eines solchen Mantels gestattet es auch, eine starre Befestigung des Drahtgewebes auf den Stützringen zu vermeiden, so daß die Längendehnungen des Mantels in gewissen Grenzen durch ein Gleiten auf den Stützringen aufgenommen werden, und schädliche Kippmomente auf die Stützringe nicht auftreten können. Bei sehr langen Rohren kann außerdem durch Anordnung von Mantelmuffen ein ausreichender Wärmespielraum geschaffen werden.[1]

c) Die Füllung.

Die wärmetechnischen Vorzüge der pulverförmigen und faserigen Stoffe gegenüber plastischen Körpern sind schon erwähnt worden. Es ist also durch ihre Verwendung eine Verbesserung des Wirkungsgrades der Wärmeschutzverfahren gegenüber den plastischen Körpern zu erwarten; jedoch weisen beide Stoffe, die pulverförmigen wie auch die faserigen, wenn sie für sich allein verwandt werden, erhebliche Mängel auf.

Die pulver- oder staubförmigen Stoffe, unter denen Kieselgur, Gichtstaub und Magnesia die bedeutendsten sind, haben alle zunächst den Nachteil, daß ihre vollkommene Einrüttelung nur nach sehr langer Zeit erreicht werden kann; die anhaltenden Erschütterungen, denen eine industrielle Isolierung ausgesetzt ist, verursachen, selbst wenn das Pulver auch sorgfältig eingelagert wird, mit der Zeit immer noch ein weiteres Zusammensacken. Die Folge sind große Lufträume im oberen Teil des ursprünglich vollständig ausgefüllten Raumes und schädliche Konvektionsströmungen. Auch der Feuchtigkeitsgehalt übt einen großen Einfluß auf die Volumenbeständigkeit staubförmiger Stoffe aus, der bei ihrer

---

[1] D. R. P. 385 807.

hohen Wasserkapazität noch mehr an Bedeutung gewinnt. Bei Magnesia kommt zu diesen Nachteilen noch die auf chemischen Veränderungen beruhende Unbeständigkeit des Volumens hinzu. [1])

Schließlich muß noch betont werden, daß die Einlagerung pulverförmiger Stoffe naturgemäß nur in Blechmänteln erfolgen kann, deren Nachteile also in Kauf genommen werden müssen; gerade für Pulverstoffe sind jedoch Blechmäntel schon deshalb ungeeignet, weil sie, wie gezeigt werden konnte, bei normalen betrieblichen Beanspruchungen niemals dicht bleiben.

Bei den Faserstoffen könnte man eher eine genügende Volumenbeständigkeit vermuten; dies trifft auch in gewissem Grade für organische Faserstoffe (Wolle, Baumwolle, Seide) zu; eine spätere genaue Betrachtung der anorganischen Faserstoffe aber wird zeigen, daß sie, für sich allein gelagert, die nachteiligsten Veränderungen erleiden. Asbestfaser verändert ihre Struktur mehr durch Verfilzung und Verdichtung einzelner Teile, Glaswolle und Schlackenwolle dagegen werden durch gegenseitige Zerreibung und Zertrümmerung zerstört und sacken zu Staub zerkleinert zusammen. Für alle Faserstoffe gilt auch die schon mehrfach erwähnte Tatsache, daß ihre Wärmeleitfähigkeit bei regelloser Lagerung höher ist als bei paralleler Schichtung, wo alle Fasern quer zur Richtung des Wärmestromes liegen.

Die genauere Betrachtung der einzelnen Grundstoffe in den späteren Abschnitten wird auch zeigen, daß diese Nachteile durch eine geeignete Mischung von staubförmigen und Faserstoffen in vollkommenster Weise behoben werden können, und daß ein solcher gemischter Füllstoff die besten Eigenschaften seiner Einzelbestandteile in sich vereinigt. Infolge der innigen Vermischung haften die Staubteilchen auch derart fest an den Fasern an, daß der Füllstoff ohne weiteres in ein Drahtgewebe eingelagert werden kann.

In Zahlentafel 25 sind die Zusammensetzung der von den Deutschen Prioform-Werken nach diesem Prinzip hergestellten Füllstoffe und deren Eigenschaften wiedergegeben.

ZAHLENTAFEL 25
Wärmeleitfähigkeit der Prioform-Füllstoffe.

Prioform-füllung	Zusammensetzung	Raumgewicht g/cm³	Wärmeleitfähigkeit in kcal/m h °C		
			0° C	100° C	200° C
„Normal"	Kieselgur + Schlackenwolle	0,35	0,050	0,059	0,068
„105"	Magnesia + Schlackenwolle	0,32	0,044	0,053	0,062
„101"	Magnesia + Schlackenwolle	0,28	0,040	0,048	0,057

[1]) Es wird hier und für die folgenden Ausführungen auf die eingehenderen Untersuchungen über das Verhalten der Grundstoffe hingewiesen.

In Abb. 31 sind die Wärmeleitfähigkeiten von „Prioform 105" und von reiner faseriger Schlackenwolle in Abhängigkeit vom Raumgewicht gegenübergestellt. Jeder der beiden Stoffe hat eine „günstigste Stopfungsdichte", bei der die niedrigsten Wärmeleitzahlen erreicht werden:

Schlackenwolle . . . . 400 kg/m³, $\lambda = 0,043$
„Prioform 105" . . . . 240—260 „ $\lambda = 0,040$.

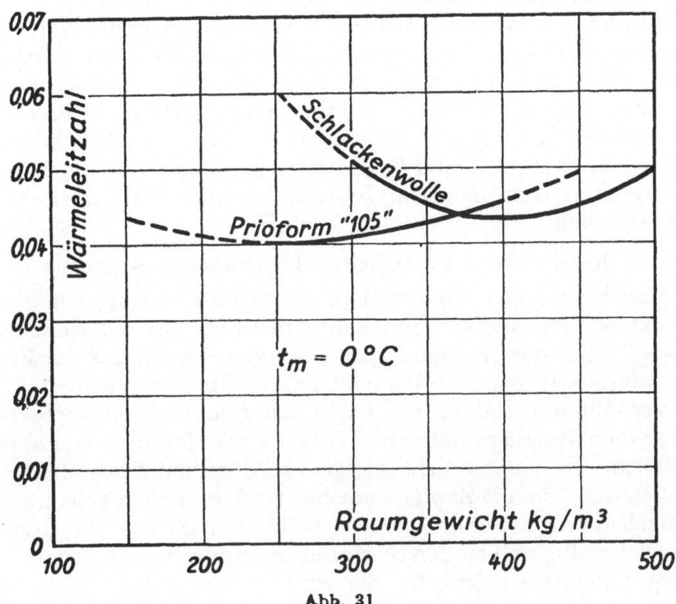

Abb. 31

Aus dem Diagramm kann man ferner entnehmen:

Die Wärmeleitzahl von Schlackenwolle ist in sehr hohem Maße vom Raumgewicht abhängig; „Prioform 105" dagegen hat eine wesentlich geringere Abhängigkeit. Diese Tatsache ist ohne weiteres verständlich, wenn man bedenkt, daß die faserige Wolle in der Hauptsache nur langgestreckte Luftkanäle einschließt, in denen bei einer Lockerung sehr schnell schädliche Konvektionsströmungen auftreten, bei einer Verdichtung dagegen zahlreiche Fasern in ihrer ganzen Länge sich berühren, wodurch der vorher von ihnen getrennt liegenden Wandungen ausgeübte Strahlungswiderstand völlig aufgehoben wird. Bei der Prioformfüllung dagegen sind die Kanäle durch Staubteilchen unterteilt, eine Lockerung hat daher kein so schnelles Ansteigen der Konvektion zur Folge.

Schließlich weist diese Tatsache auch auf die hohe innere Elastizität des kombinierten Füllstoffes hin, eine lockere Stopfung ergibt keine örtlichen großen Lufteinschlüsse, eine Zusammenpressung auch keine bis zur Berührung einzelner fester Bestandteile führende Verdichtung; die Lockerung bzw. Verdichtung vollzieht sich vielmehr in dem elastischen Stoff vollkommen gleichmäßig. Über einen großen Dichtebereich ändert sich daher nicht die Zahl der eingeschlossenen Poren, sondern nur in

9*

geringfügiger Weise ihre Größe. Wir haben es hier in der Tat mit einem porösen Stoff höchster Vollkommenheit zu tun, der, wie das geringe Raumgewicht und die geringe Abhängigkeit des Wärmeleitvermögens beweisen, neben einem hohen Gesamtporenvolumen nicht nur eine sehr kleinere mittlere Porengröße besitzt, sondern bei dem auch, ungeachtet erheblicher Verdichtungen oder Lockerungen, die Größt- und Kleinstwerte der Porengrößen nicht weit von dem Mittelwert abweichen.

Die aus den Gesetzen der Wärmeübertragung theoretisch gefundenen Schlußfolgerungen hatten ergeben, daß der Anteil der Strahlung an dem gesamten Wärmeübertragungswiderstand in porösen Stoffen erheblich ist und nicht von der Größe der Poren, sondern nur von ihrer Zahl, richtiger gesagt der Zahl der Porenwände, abhängt; in dem eigenartigen Verhalten der aus Pulver- und Faserstoffen gemischten Prioformfüllungen kann man eine experimentelle Bestätigung dieser theoretischen Vermutung erblicken.

3. Konstruktive Einzelheiten der Prioform-Isolierung.

Bei Rohrleitungen bringt man in Abständen von etwa 600 mm gebrannte Kieselgursteine von 30 bis 40 mm Breite auf das Rohr auf; sie dienen als Träger des engmaschigen Drahtgewebes, in das die Prioformfüllung eingestopft wird. Nach vollendeter Stopfung wird das Drahtgewebe vernäht und sodann der harte Schutzmantel aufgetragen. Zum Schluß erfolgt Bandagierung mit Jute, Umkleidung mit Pappe oder Lackanstrich. In neuerer Zeit erfolgt die Abstützung des Mantels auch auf Winkeleisen, die mit Zapfen versehen sind, in die ein gelochtes Bandeisen eingelegt wird. Diese Stützkonstruktion paßt auf alle Rohrdurchmesser gleichmäßig und ist den thermischen Längendehnungen des Rohres gegenüber besonders elastisch. Sie wird in steigendem Maße von uns verwendet.

Bei der Isolierung von Kesseln, Apparaten und Behältern wird auf die Oberfläche zunächst ein besonderes Netzwerk aus Band- und Rundeisen aufgebracht, das die Isolierung festhält; durch besondere Eiseneinlagen kann außerdem der Schutzmantel außerordentlich widerstandsfähig gemacht werden; die Wärmeleitfähigkeit wird durch die nur außen liegende Armierung nicht erhöht. Die Isolierung von Nietnähten bei solchen Objekten erfolgt getrennt von dem eigentlichen Isolierkörper durch Kissen aus Drahtgewebe mit Prioformfüllung, die jederzeit ohne Beschädigung der Isolierung abgenommen und wieder aufgebracht werden können.

Auf Tafel 1 (Abb. 32 bis 37) sind einige Beispiele ausgeführter Prioform-Isolierungsanlagen wiedergegeben.

VIII. Wärmeschutz von Flanschen und Absperrorganen von Rohrleitungen.

1. Berechnung des Wärmeverlustes.

Die Grundlagen, nach denen man in der Praxis die Berechnung des Wärmeverlustes vornimmt, sind noch sehr mangelhaft. Auf Grund seiner

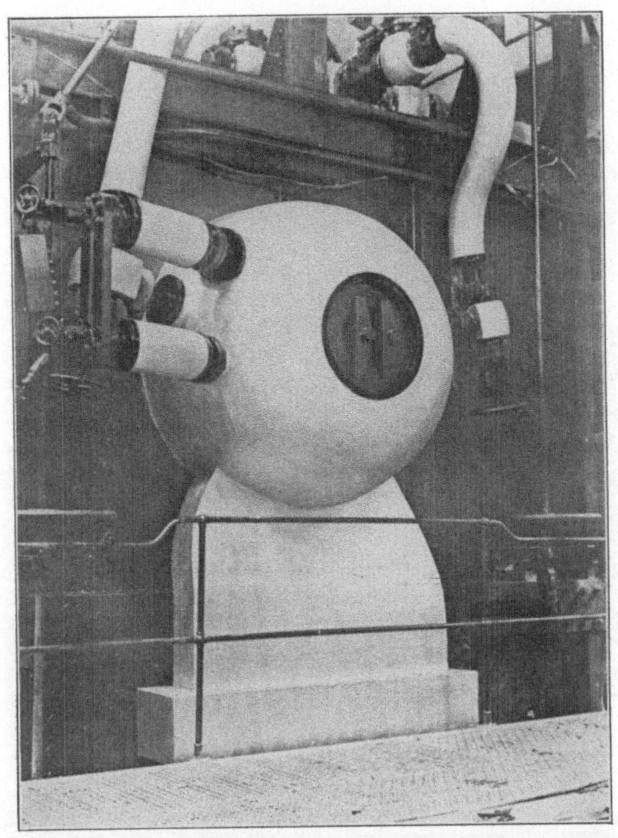

Abb. 32 u. 33. Isolierung von Kesselstirnwänden mit Prioformfüllung „105"
und Hartmantel

Abb. 34. Isolierung eines Kugelkochers aus der Papierindustrie

Abb. 35

Abb. 36

Abb. 37

Abb. 35 bis 37. Isolierung von Wärmespeichern mit Prioform „105"

Man erkennt deutlich das Netzwerk aus Rund- und Bandeisen, außerdem in den Rund-
nähten der Kessel die abnehmbaren Isolierkissen

Versuche an Sattdampfleitungen hat Eberle[1]) als Näherungswerte angegeben, daß der Wärmeverlust eines nackten Flansches gleich dem Verlust von 1 m nackter Rohrleitung gleichen Durchmessers und der
eines Ventils gleich dem von 3 m Leitung ist. Die Werte können
natürlich nur als sehr rohe Schätzungen gelten; in einzelnen Fällen der
Praxis ergeben sich größere Abweichungen. Vor allem erscheint eine Anwendung auch für überhitzten Dampf nicht angängig, weil die Temperatur
der Flanschoberfläche wegen der geringeren Wärmeübergangszahl des
überhitzten Dampfes wesentlich niedriger angenommen werden muß als
bei Sattdampf, wo man eher mit der Temperatur der Oberfläche des
glatten Rohres rechnen kann. Indessen liegen keine genauen brauchbaren
Versuche vor; man kann als Annäherung vielleicht annehmen, daß für
Flanschen und Absperrorgane der Wärmeverlust pro Flächeneinheit im
nackten Zustand etwa drei Viertel des Verlustes pro Flächeneinheit der
nackten Rohroberfläche beträgt.

Für die Berechnung von Isolierungsanlagen sind die Verluste im allgemeinen ohne wesentliche Bedeutung; nur in besonderen Fällen, Berechnung des Temperaturverlustes oder Kondensatverlustes, können sie
wichtiger werden.

Bei isolierten Flanschen und Absperrorganen sind die Unterlagen für
die Berechnung der Wärmeverluste ebenfalls unzulänglich. Im allgemeinen baut man die Berechnung auf der Wärmeersparniszahl gegenüber dem nackten Zustand auf. Für Flanschenisolierungen kann man
dabei mit Wärmeersparniszahlen von 65 bis 90 v. H. je nach Ausführung
rechnen. Über die entsprechenden Werte bei Schiebern, Ventilen usw.
sind keine Zahlen bekannt.

2. Isolierungen für Flanschen, Ventile und Schieber.

Die Isolierung von Flanschen und Absperrorganen, namentlich der
letzteren, stellt eine etwas schwierige Aufgabe dar. Einerseits soll die
Isolierung leicht abzunehmen und auch wieder aufzubringen sein, anderseits erfüllt sie ihren Zweck nur dann, wenn sie einen vollkommen dichten
Abschluß gewährleistet.

Sehr häufig finden doppelwandige Blechkappen Anwendung, die außen
auf die Rohrisolierung aufgelegt werden; zur Abdichtung wird unter die
Kappe eine Dichtungsschnur (Asbest) gelegt. Diese Ausführung hat
mancherlei Vorzüge, sie ist sehr widerstandsfähig gegen äußere Beschädigungen, die Kappe kann auch in einfachster Weise abmontiert und
wieder aufgebracht werden; jedoch geht durch die Blechwand viel Wärme
unmittelbar an die Umgebung verloren. Der Wirkungsgrad solcher
Blechkappen beträgt höchstens 70 v. H.

Eine bessere Isolierwirkung erzielt man mit geeigneten Isolierkissen,
die um den Flansch usw. gelegt werden, z. B. Matratzen aus Asbest-
gewebe mit einem geeigneten Füllstoff. Zur äußeren Abkleidung dient ein

---

[1]) Eberle: „Versuche über den Wärme- und Spannungsverlust bei
Fortleitung gesättigten und überhitzten Wasserdampfes", Z. d. V. D. J.,
1908 S. 481.

einfacher Blechmantel. Von Nachteil ist, daß bei Undichtigkeiten der austretende Dampf in die Isolierung eindringt, diese durchfeuchtet und die Isolierwirkung mehr oder weniger zerstört. Dieser Gefahr begegnet man durch kleine Tropfröhrchen, die bei der Blechkappe in einfachster Weise angeordnet werden können. Bei der Ausführung mit Isoliermatratzen legt man um die Flanschen einen metallischen Ableitungsring, ebenfalls mit unten liegendem Tropfröhrchen, so daß der aus dem Flansch austretende Dampf unmittelbar abgeleitet wird. Die Deutschen Prioform-Werke führen eine derartige Flanschisolierung mit Kissen aus Drahtgewebe mit Prioformfüllung aus; dabei wird ein mit einer besonderen, dampfdichten Packung versehener Ableitungsring mit radialen Lappen angeordnet, die über die äußeren Stirnflächen der Flanschen übergreifen. Diese Packungsringe bleiben auch bei hohem Druck des austretenden Dampfes dicht.[1])

Zweckmäßig ist es auch, die Stirnflächen der eigentlichen Rohrisolierung mit bis auf das Rohr reichenden Blechmanschetten zu versehen; sie sind dann gegen Feuchtigkeit und auch gegen mechanische Beschädigungen geschützt.

---

[1]) D. R. P. 326986.

Die bedeutendsten Grundstoffe der Wärme- und Kälteschutzmittel.

I. Kieselgur.

1. Entstehung und Vorkommen der Kieselgur.

Die Kieselgur, auch Diatomeen- oder Infusorienerde genannt, gehört zu der Gruppe der organischen Gesteine; sie ist entstanden durch die Massenablagerung abgestorbener einzelliger Algen sowohl in maritimen als auch Binnengewässern. In früherer Zeit hat man diese Substanzen zu den tierischen Lebewesen gerechnet und sie als Bazillarien (Stabtierchen) bezeichnet, heute jedoch gilt ihre Zugehörigkeit zu den Pflanzen allgemein als erwiesen.

Die kleinen lebenden Algen sind von Panzern eingehüllt, die im wesentlichen aus amorpher Kieselsäure ($SiO_2 \cdot H_2O$) bestehen. Die Formen dieser aus zwei aufeinanderpassenden Schalenhälften zusammengesetzten Kieselpanzer sind überaus mannigfaltig; man kennt heute über 2000 verschiedene Arten von Diatomeen, stabförmige, gerade oder gebogen, symmetrisch oder unsymmetrisch, gezackte, vieleckige oder kreisförmige Scheiben u. a. Auch die äußeren und inneren Wandungen der Panzer sind außerordentlich verschieden und durch die mannigfaltigsten Verzierungen einzeln charakterisiert. Ihre Größe schwankt zwischen 5 und 400 Mikron, die meisten Formen sind daher nur unter dem Mikroskop zu erkennen.

Die Ablagerungen der Infusorien finden sich in allen Ländern der Welt. Bekannt sind die Lagerstätten in Böhmen, Norditalien, Sizilien, Schottland, Frankreich, Rußland, Nordafrika, Australien, sowie die ausgedehnten Vorkommen in Amerika. Auch Deutschland verfügt über große Vorräte, von denen die tertiären Lagerstätten am Vogelsberg und in der Lausitz, ferner die interglazialen Lager am Südabhang des Fläming und vor allem in der Lüneburger Heide die bedeutendsten sind. Eine besondere Erwähnung verdienen die maritimen Ablagerungen auf der dänischen Insel Mors; die dortige Gur ist mit schwerem vulkanischen Sand gemengt.

2. Chemische Zusammensetzung der Kieselgur.

Die Färbung der Gur ist im wesentlichen eine Folge ihres Gehaltes an Eisenoxyd sowie der organischen Reste; die grüne Gur ist demnach als die jüngste, die weiße als die älteste anzusprechen. Bei der amerikanischen Erde fällt ein geringer Gehalt an Kieselsäure auf, dafür sind die Verunreinigungen bedeutender.

ZAHLENTAFEL 26.
Analysen von Kieselgur.

	Lüneburger Heide (Unterlüß) (nach Schmidt)			Amerika (nach W. C. Phalen)
	weiße Gur	graue Gur	grüne Gur	
SiO_2	89,17	81,25	71,22	65,62 — 86,92
TiO_2	0,12	0,15	0,14	—
Fe_2O_3	0,35	1,34	2,22	1,03—3,34
Al_2O_3	1,89	1,82	4,09	2,32 - -11,71
CaO	Spur	0,18	Spur	0,29 — 2,61
MgO	0,22	0,20	Spur	Spur—0,83
K_2O	0,39	0,69	0,79	0,02 — 3,58
Na_2O	0,69	0,68	0,54	0,08—1,43
H_2O	3,49	5,26	4,83	—
Org. Subst + CO_2	3,58	8,43	16,17	4,89—14,01

3. Physikalische Struktur.

Nach Absterben der Lebewesen bleiben in den Lagerstätten die Panzer mit den sehr geringen organischen Resten zurück, wobei an Stelle der lebenden Protoplasma-Kerne Luft tritt. Diese Lufträume sind außerordentlich klein, aber so zahlreich, daß das Porenvolumen die Masse der Diatomeenschalen bis zum fünffachen Betrag übersteigen kann.

Die sehr widerstandsfähigen Panzer haben zum Teil ihre Form vollständig erhalten, zum Teil sind sie auch durch Erddruck zertrümmert oder durch chemische Einwirkung alkalischer Wässer mehr oder weniger verkittet worden. Das hohe Porenvolumen bedingt eine bedeutende Wasserkapazität, hochporöse Diatomeenerde kann Wasser bis zum fünffachen Betrag ihres Volumens aufnehmen, ohne zu zerfließen.

4. Aufbereitung der Gur und Verwendung als Wärmeschutzmittel.

Kieselgur wird aus den Lagerstätten meist im Tagebau und fast immer von Hand, seltener in maschinellem Baggerbetrieb, gewonnen. Die grubenfrische Gur, die einen Wassergehalt von etwa 70 v. H. hat, wird zunächst an der Luft, seltener durch künstliche Wärme getrocknet, und dann zur Beseitigung der organischen Bestandteile kalziniert; die graue und grüne Gur nimmt dabei, wenn sie nur wenig Eisenoxyd enthält, eine weiße, sonst eine braune Färbung an. Während des Brennens zerfallen die einzelnen Stücke zu losem Pulver. Der bei nahezu allen Kieselgurvorkommen vorhandene beigemengte Sand muß sodann in einem besonderen Schlämmverfahren beseitigt werden, worauf die dann ganz gereinigte Gur nochmals getrocknet wird. Dieser Schlämmprozeß verteuert das Verfahren besonders wegen der zweimaligen Trocknung erheblich; häufig haben daher billige im Handel erhältliche Sorten einen mehr oder weniger großen Sandgehalt, der für die Verwendung als Wärmeschutzmittel nur einen schädigenden Ballast darstellt. Zur weiteren Aufbereitung wird die Kieselgur gemahlen; da das einzelne Korn jedoch selbst ein poröses Gebilde ist, darf die Mahlung nicht zu fein erfolgen, weil sonst die Diatomeen-Schalen zertrümmert, und das Porenvolumen und der nachherige Effekt vermindert werden. Die fertig aufbereitete Kieselgur verwendet man pulverförmig entweder als Grundstoff zu Wärmeschutzmassen, wobei sie in Trommeln mit den Zuschlagstoffen trocken gemahlen wird, oder sie wird zur Herstellung poröser Steine, Schalen, Platten u. a. weiter verarbeitet. Dabei wird die Gur trocken mit fein gemahlenem Ton und mit brennbaren Zuschlägen, meist Holzmehl oder Korkmehl, gemischt; man hat auch zur Verbilligung des Verfahrens versucht, als Lockerungsmittel an Stelle des Korkes Braunkohle zu verwenden, die sich jedoch bei der nachfolgenden innigen Durchmischung mit Wasser leicht zusammenballt und nicht kleine Poren, sondern grobe, wärmetechnisch ungünstige Lufteinschlüsse bildet. Die plastische Masse wird in Formen gepreßt, vorgetrocknet und gebrannt. Das Brennen selbst ist ein schwieriger und für den Erfolg des Verfahrens gefährlicher Prozeß. Während einerseits der Ton um so mehr erhärtet, je schärfer er gebrannt wird, und auch die brennbaren Zuschläge bei höherer Temperatur restloser beseitigt werden und Luftporen bilden, die Festigkeit und die makroskopische Porösität somit mit der Brenntemperatur steigen, beginnen die feinen Panzerschalen der Diatomeen bei etwa 900° C zu sintern. Hierdurch wird die Kieselgur ihrer besten Eigenschaft, der mikroporösen Struktur beraubt, und der wärmeschützende Effekt beruht dann nur noch auf den durch die Brennzuschläge geschaffenen Poren. Die Brenntemperatur darf daher niemals 900° C überschreiten, andererseits wird das Produkt um so härter, fester und poröser, je mehr die Ofentemperatur an diese Grenze angenähert ist [1]). Die Menge der brennbaren Lockerungsmittel ist ebenfalls begrenzt, weil die mit ihnen erreichte Porösität die Festigkeit nachteilig beeinflußt.

So halten sich Vorteile und Nachteile der keramischen Isoliersteine gleichsam die Waage, und der Wärmetechnische Effekt läßt sich nicht beliebig steigern. Die unbedingt notwendige Mindestfestigkeit ist bei einem Raumgewicht von etwa 0,3 g/cm³ gerade noch vorhanden, so daß ein derartiges Produkt den bestmöglichen Effekt darstellt.

ZAHLENTAFEL 27
Wärmeleitfähigkeit gebrannter Kieselgursteine.

Raumgewicht g/cm³	Temperatur °C			
	20	100	200	300
0,3	0,064	0,075	0,089	0,103
0,4	0,072	0,083	0,096	0,109
0,5	0,083	0,094	0,107	0,120
0,6	0,098	0,109	0,122	0,134
0,7	0,120	0,132	0,145	0,161

[1]) Auch während des Kalzinierprozesses kann insbesondere bei der grünen, organisch reichen Gur die Temperatur zu hoch steigen und die gleichen Nachteile herbeiführen.

Gebrannte Steine mit einem Raumgewicht von 0,7 g/cm³ enthalten, wenn gute reine Gur verwendet wurde, meist überhaupt keine brennbaren Zuschläge mehr; sie haben ein dichtes, sehr hartes Gefüge, ihr wärmeschützender Effekt beruht im wesentlichen auf den mikroskopischen Luftporen in den Diatomeen-Schalen. Die Wärmeleitfähigkeit ist unter Berücksichtigung der hohen Festigkeit als sehr günstig anzusprechen. Man kann solche Steine als Futtermauerwerk bei technischen Feuerungen anwenden, wo sie, geschützt hinter einer Schicht feuerfesten Materials, bei Temperaturen bis zu 800 — 900⁰ C genügend druckfest sind und in hohem Maße die Wärmeverluste der Feuerungswandungen vermindern.

Alle gebrannten Kieselgurfabrikate können die Vorteile, die den keramischen Erzeugnissen überhaupt zukommen, ebenfalls in gewissem Grade für sich in Anspruch nehmen; sie haben eine ausreichende Festigkeit und sind unempfindlich gegen die Einflüsse der Feuchtigkeit, der Temperaturen bis zu 900⁰ C und gegen alle chemischen Einwirkungen. Aber ihre im besten Fall zu erreichende Isolierwirkung ist durch die modernen Verfahren bei weitem übertroffen, so daß sie, bei ihren durch den Brennprozeß bedingten hohen Herstellungskosten, vom Standpunkt der Wirtschaftlichkeit heute als überholt zu betrachten sind.

Über die mit plastischen Kieselgurmassen zu erreichenden Effekte können natürlich keine allgemein gültigen Angaben gemacht werden, da diese von der Menge und Beschaffenheit der Zuschlagsstoffe und von dem Wasserzusatz abhängig sind. Als Anhalt mögen Mittelwerte der zahlreichen Messungen des Forsch. Heims für Wärmeschutz, München dienen (Vgl. Zahlentafel 28).

ZAHLENTAFEL 28
Wärmeleitfähigkeit plastischer Kieselgurmassen.

Raumgewicht (abgeunden, trocken) g/cm³	Temperatur ⁰C			
	20	100	200	300
0,4	0,055	0,062	0,070	0,078
0,5	0,071	0,076	0,084	0,091
0,6	0,088	0,093	0,100	0,107
0,7	0,106	0,110	0,118	0,124

Vergleicht man die Werte mit denjenigen gebrannter Steine, so zeigt sich, daß die Wärmeleitzahlen der plastischen Massen bei gleichem Raumgewicht geringer sind; dies ist eine Folge der verkittenden Wirkung des gebrannten Tons bei den keramischen Steinen einerseits, sowie des meist größeren Wasserzusatzes und damit der feineren Verteilung der Poren bei den plastischen Massen andererseits. Die Festigkeit der gebrannten Steine ist natürlich wesentlich höher als die der plastischen Massen.

5. Windsichtung der Kieselgur.

In neuerer Zeit hat man eine gewisse Qualitätssteigerung der Kieselgur dadurch erreicht, daß man die fertig aufbereitete, kalzinierte, geschlämmte und gemahlene Gur einer Windsichtung unterzieht und so die leichteren Arten von den schwereren trennt. Die Diatomeen sind, wie einleitend ausgeführt werden konnte, mikroskopische Gebilde, bei denen je nach Größe und Form der Kieselpanzer ein mehr oder weniger großer Luftraum eingeschlossen ist; die Raumgewichte der einzelnen Diatomeen sind daher außerordentlich verschieden. In der Windsichteranlage werden die leichten Diatomeen von den schwereren getrennt, indem sie am weitesten von dem Windstrom fortgerissen werden, so daß es möglich wurde, ein Produkt von außerordentlich geringem Raumgewicht zu erzeugen; aber die Zahl der leichtesten Diatomeen ist im Vergleich zu der der schwereren sehr gering, weshalb der Preis dieser hochwertigen Gur auch wesentlich höher liegt. In nachstehendem Diagramm sind die mittleren Wärmeleitfähigkeiten gemahlener roher Gur je nach Grad ihrer Aufbereitung in Abhängigkeit von Raumgewicht und Temperatur dargestellt. (Vgl. Abb. 38).

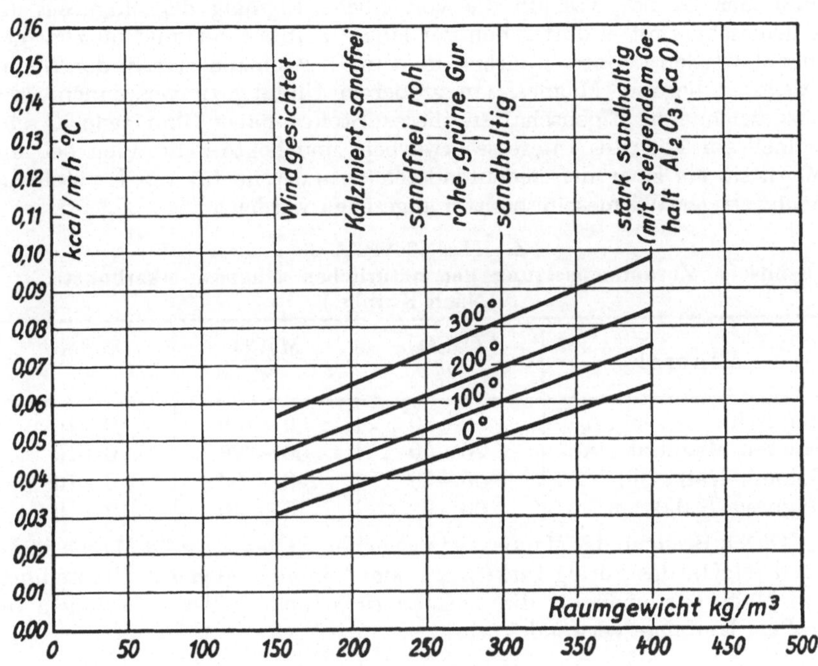

Abb. 38. Wärmeleitzahlen von Kieselgur in Pulverform.

6. Literaturverzeichnis.

Ströse, K., Das Bazillarienlager bei Klieken in Anhalt. Dessau 1891.

Schmidt, C., Notes sur les guisements de Tripoli (Kieselgur) en France et en Allemagne. Annales des Mines, Paris, April 1910.

Dammer-Tietze, Die nutzbaren Mineralien, Bd. 1. Stuttgart 1913.

W. C. Phalen, Diatomeen und Infusorienerde, Bur. of Mines, März 1920.

P. M. Grempe, Kieselgur für chem. techn. Zwecke, Chem. Ind. Wien 2, S. 98—112 (1920).

Vereinigte Deutsche Kieselgurwerke, G. m. b. H., Hannover, Festschrift zum 25 jährigen Bestehen der V. D. K. Hannover 1925.

II. Magnesia.

1. Vorkommen in der Natur.

In der Natur findet sich Magnesia in reinem Zustand als ein hartes gesteinbildendes Mineral von weißer bis gelblicher Färbung unter der Bezeichnung Magnesit (chem. $MgCO_3$) bekannt, vor; die Magnesitlager der Erde sind ziemlich klein, die größten Lagerstätten liegen im griechischen Archipel, unter denen die der Insel Euböa die bekanntesten und für Deutschlands Einfuhr bedeutendsten sind. Weit umfangreicher ist das Vorkommen des Magnesits zusammen mit kohlensaurem Kalk als Dolomit; vor allem verfügen England und Amerika über sehr ausgedehnte Dolomitlager, und fast alle für technische Zwecke bestimmte Magnesia wird in diesen Ländern aus dem Dolomit gewonnen. Das ist auch der Grund, weshalb die vorzügliche Eignung der Magnesia als Wärmeschutzmittel dort schon vor langer Zeit erkannt und nutzbar gemacht werden konnte, während man in Deutschland erst in der Nachkriegszeit begann, Magnesia in größerem Umfang zu verwenden; die ausgezeichneten Eigenschaften dieses Stoffes haben ihm jedoch sehr schnell ein lebhaftes Interesse erworben, und heute kann auch bei uns Magnesia als einer der bedeutendsten Grundstoffe für die Herstellung hochwertiger Wärmeschutzmittel angesehen werden.

ZAHLENTAFEL 29

Chemische Zusammensetzung der natürlichen Magnesiumkarbonate.
(Nach Knibbs.)

Mineral	$CaCO_3$ %	$MgCO_3$ %	andere %
Magnesit	0—20	80—100	0—10
Dolomit-Magnesit . . .	20—50	50— 80	0—10
Dolomit-Kalkstein. . .	50—60	40— 50	0—10
Magnesia-Kalkstein . .	60—90	10— 40	0—10

Durch Brennen des Magnesits in geeigneten Öfen entsteht Magnesiumoxyd (MgO), das körnig zerkleinert oder fein gemahlen zur Herstellung von Magnesitsteinen für die Ausmauerung industrieller Feuerungen in großem Umfange verwendet wird.

2. Die basischen Magnesiumkarbonate.

Für die Zwecke des Wärmeschutzes sind die basischen Karbonate der Magnesia geeignet. Im Handel sind sie als lockeres weißes Pulver erhältlich, und zwar:

magnesia alba ponderosa (schweres basisches Karbonat),
magnesia alba levis (leichtes basisches Karbonat).

Sie können als Gemisch des Karbonats mit dem Hydroxyd aufgefaßt werden, nach der Formel:

$$2\,MgCO_3 + Mg\,(OH)_2 + 2H_2O \text{ oder}$$
$$3\,MgCO_3 + Mg\,(OH)_2 + 3H_2O^1).$$

[1]) **Scherer**: Vgl. Literaturverzeichnis.

a) Gewinnung der basischen Karbonate aus dem natürlichen Mineral.

Die Herstellung der basischen Karbonate erfolgt auf der Grundlage des Pattinson-Verfahrens; Magnesit wird kalziniert, fein gemahlen, mit Wasser gemischt und dann unter Druck mit Kohlensäure unter fortwährendem Umrühren behandelt. Das durch Fällung erhaltene Pulver, magnesia alba, ist je nach der Fällungstemperatur schwerer oder leichter; das Raumgewicht schwankt zwischen 0,17 bis 0,60 g/cm^3. Bei der Herstellung aus Dolomit ist zunächst Trennung des Kalkes notwendig. Knibbs beschreibt das in England gebräuchliche Verfahren:

Gewinnung von leichtem basischen Magnesium-Karbonat aus Dolomit.

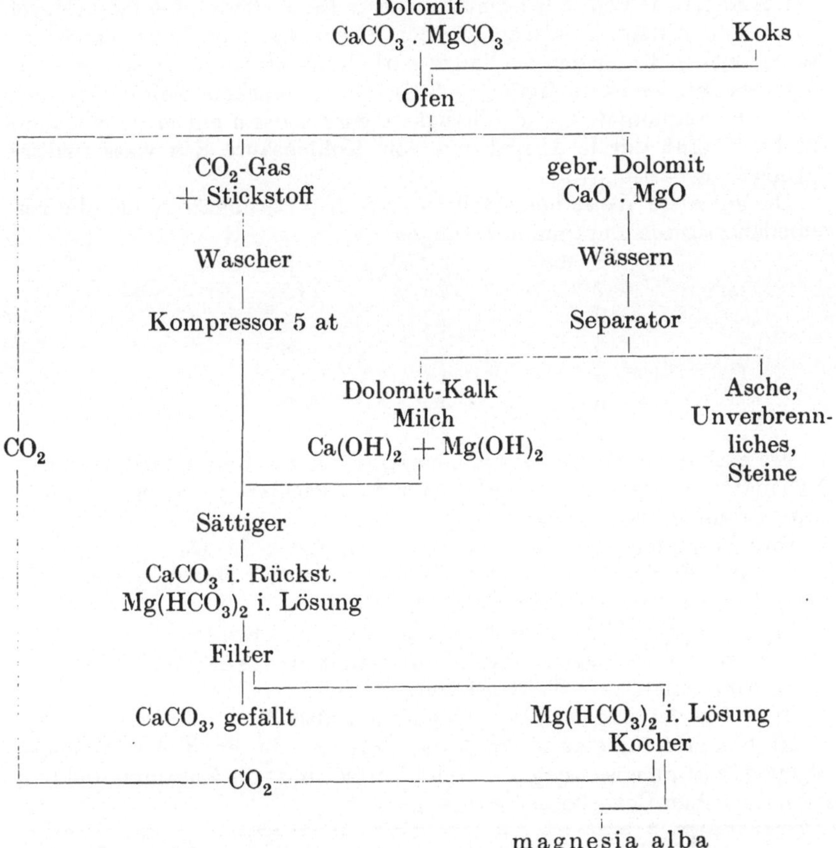

b) Gewinnung der badischen Karbonate aus Magnesium-Salzlösung.

Die Kali-Industrie verarbeitet die im Bergbau gewonnenen Rohsalze (Sylvinit, Karnallit) zum größten Teil auf Chlorkalium. Seine Gewinnung erfolgt in der Hauptsache durch Lösung der Salze in Wasser, wobei Chlorkalium und Chlormagnesium voneinander getrennt werden; während Chlorkalium beim Erkalten auskristallisiert, bleibt Chlormagnesium in der Mutterlauge, auch Endlauge genannt, zurück.

Die weitere Verarbeitung der Endlauge zur Gewinnung von Magnesia ist mit Schwierigkeiten verknüpft, und viele Verfahren sind im Laufe der Zeit versucht worden.

Bei der Gewinnung von Salzsäure durch Zerlegen der Chlormagnesiumlösung fällt als Nebenprodukt Magnesia an, nach der Formel:

$$MgCl_2 + H_2O = MgO + 2\,HCl, \text{ oder}$$
$$MgO \cdot MgCl_2 + H_2O = 2\,MgO + 2\,HCl.$$

In einem anderen Verfahren wird die Lauge durch Kalkmilch umgesetzt.

Ein Karbonat von sehr leichter lockerer Beschaffenheit entsteht durch Zusatz von Ammoniumcarbonat oder Bicarbonat zur Chlormagnesiumlösung, wobei die in der Endlauge enthaltene Magnesia in kohlensaure Magnesia von der Form $MgCO_3 + 3\,HO_2$ unter starkem Aufquellen übergeht. Die ammoniakalische Flüssigkeit wird sodann entfernt, und beim Trocknen geht durch Abspaltung von Kohlensäure das wasserhaltige Carbonat in basisches über.

Die auf diese Weise hergestellten basischen Carbonate haben die verschiedenartigsten Zusammensetzungen:

$$
\begin{array}{ccc}
3\ MgO & 2\ CO_2 & 5\ H_2O \\
7\ ,, & 2\ ,, & 10\ ,, \\
3\ ,, & 1\ ,, & 4\ ,, \\
5\ ,, & 2\ ,, & 8\ ,, \\
6\ ,, & 1\ ,, & 8\ ,, \\
6\ ,, & 4\ ,, & 9\ ,, \\
4\ ,, & 2\ ,, & 5\ ,,
\end{array}
$$

Sie enthalten alle weniger Kohlensäure, als zur Bildung des normalen Carbonates notwendig ist, und sind um so leichter, je weniger Kohlensäure gebunden ist.

Ihre Zusammensetzung wird wesentlich durch die Darstellungsweise bestimmt; die dabei auftretenden Reaktionen sind abhängig von:

  a) Temperatur der Magnesiumsalzlösung,

  b) Mengenverhältnis zwischen Magnesium und Kohlensäure,

  c) Carbonisierungsgrad des Fällungsmittels (Verhältnis zwischen Ammoniak und Kohlensäure),

  d) Natur der angewandten Magnesiumsalze. [1]

Knibbs gibt für eine große Anzahl Proben von englischer Magnesia folgende Zusammensetzung an. (Zum Vergleich ist die Zusammensetzung des natürlichen Carbonates danebengestellt):

Carbonat	leicht %	schwer %	kristallisiert %	nat. Magnesit %
MgO	40,81	39,91	31,18	47,62
CO_2	21,75	21,16	20,08	52,38
H_2O	37,44	38,93	48,74	—

[1] Kolthoff, I. M. und Weisz H.: Vgl. Literaturverzeichnis.

Die im Handel erhältlichen basischen Carbonate sind ein weißes lockeres Pulver, die ganz leichten sind besonders fein, die schwereren mehr körnig. Unter dem Mikroskop betrachtet bestehen sie aus amorphen Teilchen, gemischt mit nadelförmigen prismatischen Kristallen.

3. Verwendung des basischen Carbonats als Wärmeschutzmittel.

Zur Herstellung von Formkörpern wird das basische Carbonat häufig schon bei der Gewinnung auf Asbestfaser gefällt, in Formen gegossen oder gepreßt, und dann völlig getrocknet. Da die Magnesia noch etwas hydraulische Eigenschaften besitzt, erhärten die Formkörper einigermaßen. [1] Ihr Raumgewicht und damit auch die Wärmeleitfähigkeit ist wegen der Pressung und wegen des Asbestzusatzes immer höher als die entsprechenden Werte der pulverförmigen Magnesia.

Auch als plastische Wärmeschutzmasse wird Magnesia mit Asbestfaser gemischt verwendet. Am bekanntesten ist die sog. 85 prozentige Magnesia, die zu 85 v. H. aus Carbonat und 15 v. H. aus Asbestfaser besteht.

In Zahlentafel 30 sind die Mittelwerte der Wärmeleitfähigkeit von reinem basischen Magnesiumcarbonat in Pulverform dargestellt; die Wärmeleitfähigkeit der mit Asbest gemischten Magnesia-Fabrikate ist natürlich etwas höher.

ZAHLENTAFEL 30

Wärmeleitfähigkeit von basischem Magnesiumcarbonat in Pulverform.

Temperatur	Raumgewicht g/cm³				
⁰ C	0,15	0,20	0,30	0,40	0,50
0	0,034	0,039	0,051	0,064	0,079
100	0,045	0,049	0,059	0,072	0,087
200	0,055	0,058	0,067	0,079	0,094

Die basischen Magnesiumcarbonate sind in Wasser nur schwer löslich. Das Hydroxyd $Ca(OH)_2$ z. B. ist etwa 15 mal leichter löslich als $Mg(OH)_2$, was bei der Trennung des Dolomits eine besondere Rolle spielt. Größer ist die Löslichkeit in kohlesäurehaltigem Wasser, wobei sie von der Wassertemperatur und dem Kohlensäuredruck abhängt.

Engel[2]) fand, daß bei Atmosphärendruck 25,79 g Carbonat in 1 l sich lösen.

Merkel[3]) gibt an, daß sich bei einer Atmosphäre und 5⁰C ein Teil Carbonat in 761 Teilen kohlesäurehaltigem Wasser löst.

---

[1]) Vgl. Engel: Compt. rend. 110, S. 786 (1890).
[2]) Engel: Compt. rend. 1885.
[3]) Merkel: Zeitschr. f. Chem., 1869.

Die geringe Löslichkeit des Carbonates bietet einen besonderen Vorteil für die aus ihm hergestellten Formkörper, weil diese trotz ihrer stark hygroskopischen Eigenschaft sich auch bei tagelangem Liegen in Wasser nicht auflösen.

4. Thermische Dissoziation des Magnesium-Carbonats.

Von außerordentlicher Bedeutung ist die verhältnismäßig geringe Temperaturbeständigkeit des Magnesiumcarbonats. Bei Erhitzen auf eine bestimmte Temperatur entweicht ein Teil der im Carbonat enthaltenen Kohlensäure, und das Carbonat geht über in Magnesiumoxyd nach der Formel:

$$MgCO_3 \longrightarrow MgO + CO_2$$

Diese Veränderung hat eine Kristallzertrümmerung zur Folge, durch die das Gefüge völlig gelockert wird. Beim Formstücken, die auf nassem Wege aus Magnesia hergestellt sind, oder bei abgebundenen plastischen Magnesiamassen, ist dieser Vorgang die Ursache einer völligen Erweichung und Zerstörung der Festigkeit.

Das bei der Dissoziation gebildete Magnesiumoxyd (magnesia usta) ist ebenfalls wie die basischen Carbonate ein weißes lockeres Pulver; gleich ihnen kommt es in zwei Modifikationen vor, einer leichten, mehr amorphen, und einer schweren kristallinischen. Sie richten sich nach der Natur des ihren Ursprung bildenden Carbonates; aus der leichten Magnesia carb. wird immer zunächst die leichte Form von MgO gebildet. Aber auch diese wird unter der Einwirkung hoher Temperaturen in die schwere Form übergeführt. Eine bestimmte Umwandlungstemperatur besteht nicht; die Umwandlung beginnt erst oberhalb 800^0 C, zunächst sehr langsam, und wird mit steigender Temperatur immer schneller, ist aber nur bei längerer Erhitzungsdauer deutlich wirksam. Bei der Höhe der Umwandlungstemperatur kann man sich den Vorgang vielleicht so vorstellen, daß die instabile leichte amorphe Form sich in der aus den Verunreinigungen (Fe_2O_3, Al_2O_3, CaO, SiO_2) gebildeten Schmelze auflöst und Lösungen bildet, die in bezug auf die stabile kristallinische Form übersättigt sind und auskristallisieren.[1])

Da auch die Wärmeleitfähigkeit des Magnesiumoxyds die gleiche ist, wie die der basischen Carbonate gleichen Ursprungs, so könnte man annehmen, daß die Magnesia als lockere pulverige Masse auch bei Einwirkung hoher Temperaturen ihren ursprünglich hohen Isolierwert beibehalten wird, zumal eine weitere Umwandlung des Oxyds in die schwere Modifikation ja erst oberhalb 800^0 C langsam beginnt. Jedoch hat die Umsetzung des Carbonats in das Oxyd, wobei Kohlensäure entweicht, eine erhebliche Volumenverminderung zur Folge; es ist demnach nicht möglich, Magnesia als Pulverstoff allein zu verwenden, weil sie bei höheren Temperaturen alsbald zusammensackt, und große wärmetechnisch schädliche Hohlräume entstehen. Dieser entscheidende Nachteil ist bei einer Mischung der pulverförmigen Magnesia mit einem geeigneten Faserstoff jedoch vollkommen behoben.

---

[1]) N. Parravano und C. Mazetti: Vgl. Literaturverzeichnis.

Die von den Deutschen Prioform-Werken verwendeten lockeren Füllstoffe „Prioform 105 und 101" bestehen aus basischen Magnesiumcarbonat in Pulverform, gemischt mit gereinigter Schlackenwolle. Bei der Umsetzung in Magnesiumoxyd unter dem Einfluß hoher Temperatur wird die Volumenverminderung des Pulvers durch die eingebetteten elastischen Schlackenwolle-Bällchen Schritt für Schritt ausgeglichen. Die Füllung stellt einen vollkommen volumenbeständigen Stoff dar, der seine ursprüngliche innere Struktur und damit seine ausgezeichneten wärmeschützenden Eigenschaften im vollen Umfang beibehält. Dank dieses Prinzips kann die unerreicht niedrige Wärmeleitzahl der Magnesia auch für ganz hohe Temperaturen nutzbar gemacht werden, ohne daß ein Nachlassen der wärmetechnischen Qualitäten auch bei jahrelanger Betriebsdauer zu befürchten ist.[1])

5. Dissoziationstemperatur des Magnesiumkarbonats.

Die in der reichhaltigen Literatur sich vorfindenden Angaben über die Temperatur, bei der die Abspaltung von CO_2 eintritt, gehen außerordentlich weit auseinander. Bekanntlich zerfällt ein Carbonat unter Abgabe von Kohlensäure, sobald sein Dampfdruck größer geworden ist als der Partialdruck der gasförmig über ihm befindlichen Kohlensäure. Die Dissoziation erfolgt für verschiedene Carbonate bei verschiedenen Temperaturen, den Dissoziationstemperaturen; die eigentliche Zersetzungstemperatur liegt höher. Der Unterschied zwischen beiden hängt von der Korngröße und von der Geschwindigkeit, mit der die Erhitzung erfolgt, ab. Die Zersetzung wäre von der Temperatur unabhängig, wenn nicht eine gewisse Stabilität des Kristallmoleküls sie verhindern würde; letztere nimmt jedoch mit steigender Temperatur ab, so daß erst bei einer bestimmten Temperatur, der Stabilitätstemperatur, die Zersetzung eingeleitet wird.[2])

Die Angaben über die Dissoziationstemperatur des natürlichen Magnesits sind zahlreich und schwanken zwischen 350 und etwa 500° C.

Über die Dissoziationstemperatur des basischen Carbonates liegen nur einige neuere Untersuchungen vor.

Brill bestimmte sie als die Temperatur, bei der der Gasdruck der Kohlensäure $= 1$ at ist. (Vgl. Abb. 39.) Die Dissoziation erfolgt stufenweise, sie wird bei Magnesit [$MgCO_3$] bei etwa 450° C, bei basischem Carbonat [$MgCO_3 + 3 H_2O$] schon bei 230° C eingeleitet; bei 350° C konnte eine Gewichtsverminderung um etwa 60 v. H. festgestellt werden.

---

[1]) **Die neuesten Prüfungen aus dem Laboratorium der Deutschen Prioform-Werke ergaben:**

Wärmeleitfähigkeit von „Prioform 101".

Temperatur ° C	0	50	100	200	300
λ in kcal/m h °	0,040	0,044	0,048	0,057	0,065

Vgl. außerdem die Ausführungen auf S. 195.

[2]) Grünberg, K.: Vgl. Literaturverzeichnis.

Nach Untersuchungen von Marc und Simeck verläuft die Dissoziation entgegen der Annahme von Brill beim trockenen Carbonat stetig in einer zwischen 330 und 520⁰ C liegenden Kurve; sie wird aber sehr beschleunigt durch die im Carbonat enthaltene Feuchtigkeit; die von Brill und andern Autoren gefundene stufenweise Dissoziation wurde als eine Folge der Feuchtigkeit erkannt.

Auch die mehr oder weniger feine Verteilung der Kohlensäure beeinflußt die Dissoziationstemperatur, wie die Untersuchungen von Vesterberg zeigen konnten. Bei natürlichem Magnesit vollzieht sich die Dissoziation zwischen 448 und 500⁰ C, während Dolomit, in dem die Kohlensäure feiner verteilt ist, erst oberhalb 500⁰ C zerfällt; man kann annehmen, daß diese Abhängigkeit in gleicher Weise für die basischen Carbonate Gültigkeit hat.

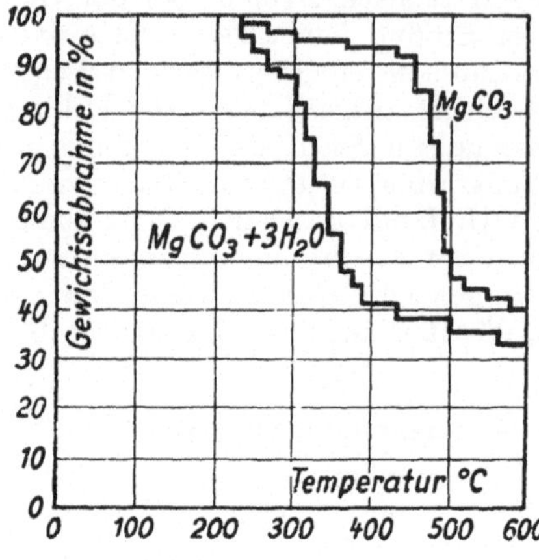

Abb. 39

Thermische Dissoziation von Magnesiumcarbonat (nach Brill).

Schließlich ist noch über Versuche von Centnerszwer und Brusz mit Carbonaten von der Zusammensetzung $MgCO_3 + 3\,H_2O$ zu berichten. Die Dissoziation begann bei 270⁰ C, bei wiederholter Erhitzung immer später; für wasserfreies Carbonat lag sie bei 373⁰ C. Die weiteren Stufen verliefen wie folgt:

$$2\,MgCO_3 = MgO\,.\,MgCO_3 + CO_2 \quad \ldots\ldots\ldots\ldots \text{ bei } 373^0\,C,$$
$$2\,(MgO\,.\,MgCO_3) = 3\,MgO\,.\,MgCO_3 + CO_2 \quad \ldots\ldots\ldots \text{ „ } 442^0\,C,$$
$$3\,(MgO\,.\,MgCO_3) = 4\,MgO + CO_2 \quad \ldots\ldots\ldots\ldots \text{ „ } 469^0\,C.$$

Weiter machen die Autoren noch Angaben über die Zerfallsgeschwindigkeit des Carbonats. Die frühere Annahme, daß die Dissoziation eine heterogene Reaktion darstellt, deren Geschwindigkeit von der Oberfläche der festen Phase und der Diffusionsgeschwindigkeit der Kohlensäure abhängt, hat sich nicht bestätigt. Es handelt sich vielmehr um einen rein chemischen Vorgang erster Ordnung, der hinsichtlich seiner Geschwindigkeit in Abhängigkeit von der Zeit an das Gesetz des Abklingens der Aktivität radioaktiver Stoffe erinnert. Den Dissoziationsvorgang kann man sich nach diesem Gesetz so vorstellen, daß für jede Temperatur nur ein bestimmter Bruchteil der Moleküle sich in einem für den Zerfall geeigneten Zustand befindet. Hieraus läßt sich ebenfalls eine Erklärung für die stufenweise erfolgende Zersetzung finden.

6. Eignung des basischen Magnesiumcarbonats als Wärmeschutzmittel.

Die vorstehenden Untersuchungen zeigen klar, daß die basischen Carbonate der Magnesia außerordentlich instabil sind und bei Temperaturen von etwa 200⁰ C aufwärts langsam unter Kohlensäureabspaltung zerfallen.[1]) Die Verwendung der Magnesia als Grundstoff zur Herstellung fester Formkörper oder plastischer Massen muß deshalb bei Berücksichtigung der notwendigen Festigkeit als äußerst bedenklich erscheinen. Bei Verwendung des Carbonats in Pulverform ist keine Festigkeit erforderlich, außerdem hat das Zerfallsprodukt des pulverförmigen Carbonats die gleiche niedrige Wärmeleitfähigkeit; jedoch ist wegen der mit diesem Vorgang verbundenen Volumenverminderung die Anwendung der Magnesia in Pulverform nur dann zweckmäßig, wenn durch eine Mischung des Pulvers mit einem geeigneten Faserstoff ein Zusammensacken mit Sicherheit verhindert wird.

Die geringen Absolutwerte der mit pulverförmiger Magnesia erreichbaren Wärmeleitfähigkeit dürften von keinem anorganischen Wärmeschutzmittel erreicht werden.

7. Literaturverzeichnis.

Scherer, Der Magnesit. Verlag Hartleben 1913.

Ludwig Hottopp, Zur Ableitung der Kali-Endlaugen in öffentliche Gewässer, Hannover 1913.

Dietz, Über die Nutzbarmachung der Kali-Endlaugen 1913.

K. Grünberg, Die natürl. kristall. Carbonate des Calciums, Magnesiums usw., Jena 1913.

M. Bottler, Techn. Anstrich- und Isoliermittel, Würzburg 1921.

H. Weiß, Die Fällung von Magnesiumsalzlösung in Ammoniumcarbonat., Halle 1923.

Knibbs, Lime and Magnesia, London 1924.

A. Vesterberg, Bull. of the geol. Inst., Upsala 1900, S. 127.

Brill, Zeitschrift f. phys. Chem. 45, S. 283, 1905.

J. Johnson u. H. Riesenfeld, Journ. Amer. Chem. Soc. 32, S. 938, 1910.

Marc u. Simeck, Thermische Dissoziation von Magnesiumcarbonat, Zeitschrift für anorg. Chem. 82 S. 17—49, 1913.

J. A. Hedvall, Zersetzungstemperatur der Carbonate beim Druck einer Atmosphäre. Zeitschrift f. anorg. Chemie. 96, S. 64, 1914. 98, S. 47—56, 1916.

N. Paravano u. C. Mazetti, Die Umwandlung von leichtem MgO in schweres, Atti. R. acad. dei Lincei, Roma 30, I., S. 63—66, 1921.

H. G. Schurecht, Die Abscheidung des Kalkes aus Dolomit. Journ. Americ. Ceram. Soc. 4, S. 558—569, 1921.

A. E. Mitchell, Studium über das Dolomitsystem. Journ. Chem. Soc. London 123, S. 1055—1099, 1923.

Centnerszwer u. Brusz, Dissoziation von Magnesiumcarbonat, Zeitschrift für phys. Chem. 1924/25.

III. Gichtstaub.

1. Gewinnung, chemische und physikalische Eigenschaften des Gichtstaubes.

Die Hochofengichtgase führen bei ihrer Strömung Beschickungsstoffe feiner und feinster Körner mit sich fort. Diese Körnchen, aus **Erz**, **Kalk**, **Koks** u. a. bestehende, abgerundete feste Teilchen, haben einen **durch**schnittlichen Korndurchmesser von 0,1 bis 0,5 mm. Sie stellen **innerhalb**

[1]) Vgl. Ephraim: Anorgan. Chemie, 1923.

des ganzen, in den Gichtgasen mitgeführten Staubes die schwersten Teilchen dar und werden aus diesem Grunde auch als Schwerstaub bezeichnet; das Raumgewicht in eingerütteltem Zustand beträgt etwa 1,5 g/cm³. Die Abscheidung des Schwerstaubes aus den Gichtgasen kann erfolgen durch:

    a) Naßreinigung der Gase, meist durch Benetzen in Rieseltürmen, wobei der Staub infolge seiner geringen Löslichkeit, seines größer werdenden spezifischen Gewichtes und seiner Benetzbarkeit aus dem Gasstrom entfernt wird;

    b) Trockenreinigung, bei der die Abscheidung durch Einstellen kleiner Strömungsgeschwindigkeiten in senkrechtem Gasstrom erfolgt und die Teilchen infolge ihrer Schwere herabsinken.

Wenn die Gichtgase einen dieser Reinigungsprozesse durchgemacht haben, enthalten sie immer noch Staubteilchen, die jedoch bedeutend feiner als der Schwerstaub sind. Ihre Abscheidung gelingt in Stoffiltern, wobei die Gase zur Erhöhung der Lebensdauer der Filter vorher auf etwa 80 bis 90 ⁰ C abgekühlt werden. Neuerdings wird auch dieser feine Staub bei der elektrischen Reinigung der Gichtgase gewonnen; der Gichtstaub macht dabei eine Art Windsichtung durch.[1])

Der Filterstaub ist ein Konglomerat feinster Kügelchen, deren Durchmesser etwa 0,0002 bis 0,0005 mm betragen. Sein Raumgewicht beträgt eingerüttelt 0,26 bis 0,35 g/cm³, also nur noch ungefähr ein Fünftel des Gewichtes von Schwerstaub. Vermutlich handelt es sich bei dem Filterstaub um Sublimationen von Schlacken, die in der Schmelzzone des Hochofens vergast und beim Abkühlen der Gichtgase unmittelbar in den festen Zustand übergeführt sind. Analysen von Filterstaub erhärten diese Auffassung; der Staub enthält bis zu 40 bis 50 v. H. Kieselsäure, Ton und Kalk in einem Verhältnis, das verschlackt ein leicht schmelzbares Silikat von der Zusammensetzung ergibt:

$$50 \text{ v. H. } SiO_2$$
$$30 \text{ ,, } CaO$$
$$20 \text{ ,, } Al_2O_3$$

Eine Untersuchung von Gichtstaub, entnommen aus drei für die Abscheidung des Schwerstaubs bestimmten hintereinanderliegenden Standrohren sowie aus dem dahinter liegenden Gasreiniger, ergab für jede der vier Entnahmestellen abnehmende Teilchengrößen; bei jeder Stelle war eine Größengruppe überwiegend. (Vgl. Zahlentafel 31 auf Seite 149.)

Gichtstaub hat eine pyrophore Eigenschaft, d. h. er glimmt bei Luftzutritt unter starker Wärmeentwicklung. Man kann diesen Vorgang auf ungesättigte Metallverbindungen zurückführen, so, daß ein größerer Anteil an Eisenoxydul, FeO, zur Selbstentzündung Anlaß gibt; in gleicher Weise wirkt Manganoxyd. Vielleicht spielt auch der aus dem Kohlenstoff abgeschiedene feine Kohlenstoffstaub dabei eine Rolle, doch sind diese Zusammenhänge nicht restlos geklärt. In Zahlentafel 32 auf Seite 149 ist eine chemische Analyse von drei Gichtstaubproben wiedergegeben.[2])

---

[1]) D. R. P. 447725 (1925), Verwendung des Gasreinigerstaubes als Wärmeschutzmittel.

[2]) „Stahl und Eisen". Vgl. Literaturverzeichnis.

ZAHLENTAFEL 31
Gewichtsanteil von Korngrößengruppen im Gichtstaub. [1]

Korngröße mm	Standrohr			Gasreiniger
	1	2	3	
2—1	0,3	—	—	—
1—0,32	9,2	1,35	3,40	—
0,32—0,19	61,9	22,25	24,10	—
0,19—0,13	28,6	—	—	—
0,13—0,10	—	76,40	7,30	—
0,10—0,05	—	—	65,20	—
0,034	—	—	—	75
Schaum, nicht meß- bare Korngröße	—	—	—	17,8
Löslichkeit in 100 Teilen H_2O	0,93	0,93	1,91	7,03
spez. Gewicht	3,2	3,2	3,2	3,0

ZAHLENTAFEL 32
Chemische Analyse von Gichtstaub.

Probe 1: Frischer Staub aus den Staubsäcken, pyrophor,
„ 2: Staub aus dem Staubwagen, nicht mehr pyrophor,
„ 3: Staub aus dem Filter, pyrophor.

	1	2	3
SiO_2	20,70	19,65	20,69
Fe	7,80	8,40	10,30
Mn	1,77	1,80	1,85
P	0,62	0,50	0,61
Al_2O_3	18,96	17,06	18,77
S	0,97	1,05	1,31
C	2,48	0,07	3,28
CaO	14,45	14,25	14,25
Zn	6,00	6,42	5,62
Kieselsäure, Tonerde Kalk zus.	54,11	50,96	53,71
Kohlenstoff, Schwefel zus.	3,54	1,12	4,59
Metalle zus.	16,19	17,12	18,38

[1] „Stahl und Eisen". Vgl. Literaturverzeichnis.

2. Eignung des Gichtstaubs als Wärmeschutzmittel.

Der Schwerstaub mit einem Raumgewicht von 1,5 g/cm³, gerüttelt, kommt als hochwertiges Wärmeschutzmittel nicht in Betracht. Bei dem Filterstaub, dessen einzelne Teilchen außerordentlich fein sind, ist das verhältnismäßig hohe durchschnittliche Raumgewicht von 0,26 — 0,35 g/cm³ auf den Gehalt an Metallen zurückzuführen (vgl. Probe 3 in Zahlentafel 32, 18 Gewichtsteile). Die starke Schwankung des Raumgewichts ist eine Folge wechselnder chemischer Zusammensetzung und auch der verschiedenen Form und Größe der Körner, so daß Verbesserungen durch geeignete Windsichtung erreicht werden können. Im günstigsten Fall wird man für eine aus Filterstaub hergestellte plastische Masse mit einem Raumgewicht in abgebundenem Zustand von 0,4 g/cm³ rechnen können. In Abb. 40 sind die mittleren Wärmeleitzahlen von

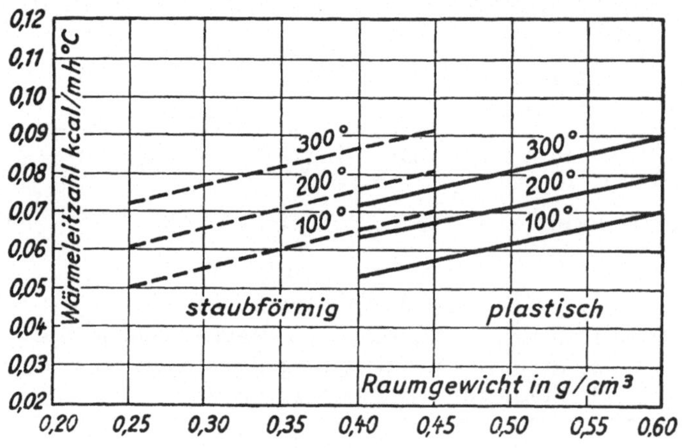

Abb. 40
Wärmeleitfähigkeit von Gichtstaub.

trocken gerütteltem Filterstaub und von plastischen Massen aus Filterstaub in Abhängigkeit von Raumgewicht und Temperatur aufgetragen.[1]

Sehr nachteilig ist die hohe chemische Aktivität des Gichtstaubs gegenüber Eisen. In vielen Fällen hat man in der Praxis beobachtet, daß Rohre, die mit Gichtstaub isoliert waren, nach kurzer Zeit starke Anfressungen zeigten. Auch ein im Laboratorium der Deutschen Prioform Werke vorgenommener Versuch bestätigte diese Erfahrung.

In einem zylindrischen, elektrisch geheizten Ofen wurde ein Flacheisenstab in trockenes Gichtstaubpulver eingebettet und etwa 24 Stunden auf 460—480 °C erhitzt; zum Vergleich wurde der Versuch mit Prioform-Füllung „105" (Magnesia-Schlackenwolle) wiederholt. Dabei ergaben sich folgende Gewichtsverluste:

	Gewichtsverlust
Prioform „105"	2,52 mg/cm²
Gichtstaub	14,20 mg/cm².

---

[1] Vgl. Mitt. Forsch. Heim, 1924, Heft 5, S. 38. 1925, Heft 4, 2. Aufl., S. 20.

Das Verhältnis der nachgewiesenen Fe-Verbindungen ist demnach:

Prioform „105" : Gichtstaub = 1 : 5,64.

Eine zweite Versuchsreihe bestätigte die Ergebnisse der ersteren.

3. Literaturverzeichnis.

Zeitschrift „Stahl und Eisen", 1919, Nr. 1, S. 478.
„   „   „   „   1920, „ 1, „ 748.
„   „   „   „   1922, „ 1, „ 290, 884—891.
„   „   „   „   1923, „ 1, „ 466—467.
„   „   „   „   1923, „ 2, „ 1467—1474.
„   „   „   „   1926, „ 1, „ 645—646.
„   f. techn. Physik, 1925, Nr. 9, S. 423—437.
Iron Trade Review, 1920, S. 559—563.
„   „   „   1922, „ 459—463.
„   „   „   1925, „ 820—821.

IV. Gips.

1. Einführung.

Der Gips, dessen außerordentlich vielseitige Verwendung als bekannt vorausgesetzt werden kann, verdankt seine Beliebtheit im wesentlichen seiner Formbarkeit und seiner schnellen und bei Berücksichtigung des verhältnismäßig geringen Gewichtes bedeutenden Erhärtung. Sein geringes Gewicht hat auch eine im Vergleich zu anderen Mörtelstoffen niedrige Wärmeleitzahl zur Folge, die ihm namentlich im Bauwesen eine umfangreiche Verwendung als wärmeschützender Baustoff sicherte; solche Gipsbaustoffe haben bei einem Raumgewicht von $0,7 - 0,9$ g/cm^3 eine Wärmeleitfähigkeit von etwa $0,2 - 0,3$ kcal/mh^0 bei normalen Raumtemperaturen. Wesentlich niedrigere Werte kann man erreichen, wenn man den Gips mit einem Überschuß von Wasser herstellt, das nach Verdunsten eine große Menge kleiner Luftporen hinterläßt; der auf diese Weise hergestellte Luftzellengips hat ein Raumgewicht von nur etwa $0,3$ g/cm^3 und eine Wärmeleitzahl, welche diejenige bester Kieselgurfabrikate noch unterschreitet. Jedoch hat ein solcher poröser Gips niemals auch nur annähernd die Festigkeit eines mit normalem Wasserzusatz abgebundenen Gipssteines, man muß bei dem ganzen Verhalten von Gips sogar annehmen, daß beim Anmachen mit einem großen Wasserüberschuß die Verfilzung und Verklammerung der Kristalle, auf der die Erhärtung neben anderen noch zu behandelnden inneren Veränderungen beruht, vollkommen unterbleibt. Aber noch mehr, man muß bei den eigenartigen Veränderungen der Gipsprodukte unter der Einwirkung von Temperaturen von etwa 100^0 C an aufwärts zu der Überzeugung kommen, daß die Verwendung von Gips für einen dauerhaften und haltbaren Wärmeschutz völlig ungeeignet ist.

Gips ist ein außerordentlich kompliziertes Gebilde. In der Natur kommt er neben dem weniger verwendbaren natürlichen Anhydrit, der sich nicht hydratisieren läßt, als Gipsstein vor. Für technische Zwecke wird er durch Brennen in geeigneten Öfen und durch Feinmahlung aufbereitet; dabei zeigt sich, daß die bei verschiedener Brenntemperatur und verschiedener Brenndauer entstandenen Gipsprodukte völlig verschiedene Eigenschaften in ihrem physikalischen und chemischen Verhalten aufweisen, nach denen mehrere Modifikationen des Gipses in ziemlich scharfer Begrenzung unterschieden werden können.

2. Chemische Zusammensetzung des Gipses.

Gips ist hinsichtlich seiner chemischen Zusammensetzung eine Verbindung von Schwefelsäure und Kalk. Bei allen Modifikationen ist das Mengenverhältnis dieser beiden Komponenten stets das gleiche; bei den beiden hydratisierten Formen, dem Bihydrat und dem Hemihydrat, kommt noch der Gehalt an Hydratwasser hinzu.

ZAHLENTAFEL 33
Chemische Zusammensetzung von Gips.

	Wasserfr. Gips	Bihydrat	Hemihydrat
Chem. Formel	$Ca\ SO_4$	$2Ca\ SO_4 . 4H_2O$	$2Ca\ SO_4 . H_2O$
Schwefelsäure	58,8	46,5	55,2
Kalk	41,2	32,6	38,6
Wasser	—	20,9	6,2
Ohne Hydratwasser.			
Schwefelsäure	58,8	58,8	58,8
Kalk	41,2	41,2	41,2

3. Der Charakter des Wassergehalts.

Die Hydratations- und Erhärtungserscheinungen von Gips lassen zunächst vermuten, daß es sich um Vorgänge ähnlich dem Abbinden der hydraulischen Bindemittel handelt. Während aber, wie wir heute wissen, bei letzteren kolloidale Vorgänge eine gewisse Rolle spielen [1]), muß man bei dem hydratisierten Gips neben der Verfilzung und Verklammerung der Kristalle als letzte Erhärtungsursache annehmen, daß sich hier ein Kristallisationsprozeß nach vorangehender Lösung des Calciumsulfats bis zur Sättigung abspielt. Wegen der geringen Löslichkeit des Calciumsulfats binden dabei die Hydrate makroskopisch ab.

Darin dürfte auch die Ursache zu suchen sein, daß es unmöglich ist, einem mit vielen Poren versehenen Gipsprodukt eine Festigkeit zu geben, wie einleitend vermutet wurde.

4. Die Modifikationen des Gipses.

Erhitzt man natürlichen Gipsstein, $2Ca\ SO_4 . 4H_2SO$, über normale Temperaturen hinaus, so übt das Hydratwasser einen mit wachsender Temperatur steigenden Dampfdruck aus, dessen Richtung von der Mitte eines Moleküls nach außen verläuft. Anderseits wirken dieser Spannung eine gewisse Kraft mit der das Molekül $Ca\ SO_4$ sein Hydratwasser festzuhalten bestrebt ist, und außerdem der von außen her gerichtete atmosphärische Druck entgegen. Bei Erhitzung auf $107,3^0$ C sind die Maximaltensionen von Wasser und Luft $+$ Molekularkraft die gleichen, und das Bihydrat zerfällt unter Abspaltung von 3 Molekülen Wasser:

$$2Ca\ SO_4 . 4H_2O \rightleftharpoons 2Ca\ SO_4 . H_2O + 3H_2O$$

[1]) Glasenapp: Tonindustrie-Zeitung, 1923.

Es entsteht das als Stuckgips bekannte Hemihydrat, das bei Wieder-
wässern ziemlich rasch zum Bihydrat abbindet.

Van't Hoff[1]) hat die Zersetzungstemperatur des Doppelhydrates im
exakten Laboratoriumsversuch mit großer Genauigkeit ermittelt, bemerkt aber gleichzeitig, daß die Dissoziation erst bei etwa 130^0 C eingeleitet wird, dann aber bei 107^0 C sich vollständig zu vollziehen vermag.
Auch neuere Untersuchungen haben diese Tatsache bestätigt, wie z. B.
Jung durch Untersuchung des Temperaturverlaufs von Gipsproben im
Tensimeter zeigen konnte. Bei sehr langer Erhitzungsdauer tritt die
Abspaltung des Hydratwassers schon wesentlich früher, wenn auch nur
ganz langsam ein, nach älteren Untersuchungen, die Schoch zusammengestellt hat, bei 63—75^0 C, nach einer neueren Veröffentlichung von Jung
schon bei 40^0 C.

Die Existenzfähigkeit von Stuckgips ist auf die Temperaturen zwischen 107 und 130^0 C beschränkt. Unterhalb 107^0 C ist das Halbhydrat
unbeständig, d. h. es nimmt, wenn auch nur sehr langsam, Wasser aus der
Luft auf, unter Bildung des Doppelhydrats. Aus diesem Grunde kommt
das Halbhydrat auch nicht in der Natur vor.

Oberhalb 130^0 C spaltet das Halbhydrat sein Wasser ab nach der
Formel:

$$2\,Ca\,SO_4 \cdot H_2O \longrightarrow 2\,Ca\,SO_4 + H_2O$$

Die Dissoziation erfolgt jedoch im Gegensatz zu der mehr sprung-
haften bei der Bildung des Halbhydrats aus dem Doppelhydrat langsamer und stetiger, weshalb auch die Angaben über die Temperaturen
außerordentlich schwanken, bei welcher das Hydratwasser vollständig
verschwindet. Im Laboratoriumsversuch erfolgt bei genügend langer
Erhitzung die Abspaltung bei 130^0 C; andere Untersuchungsergebnisse
schwanken zwischen 160 und 300^0 C. Jung ermittelte den Siedepunkt
des Halbhydrats durch Beobachtung der Temperaturkurve im Tensimeter
bei 170^0 C. (Vgl. Abb. 41, auf S. 154). Anderseits konnte Glasenapp[2])
das Vorhandensein von Hydratwasser in geringen Mengen bis zu 400^0 C
nachweisen. Man muß daher annehmen, daß die Abbindefähigkeit von
wasserfreiem Gips auf dem Vorhandensein von „Keimen“, d. h. Spuren
unzersetzten Hydrates, beruht; je höher die Brenntemperatur ist, um so
geringer ist die Fähigkeit, das Hydrat zurückzubilden, und um so mehr
nähert sich das Brennprodukt in seiner Eigenschaft dem natürlichen
Anhydrit. Es läßt sich dann nicht mehr hydratisieren.

Erst oberhalb 525^0 C, nach anderen Forschungen erst bei 700^0 C,
beginnt die Bildung von aktivem, normal abbindendem wasserfreien
Gips (Estrichgips, $Ca\,SO_4$), der zum Doppelhydrat unter Bindung des
Wassers in Nadelform kristallisiert:

$$Ca\,SO_4 + 2\,H_2O \longrightarrow Ca\,SO_4 \cdot 2\,H_2O$$

Diese Modifikation ist bei normaler Temperatur beständig, kommt auch
in der Natur als Gipsstein vor, und ist im Vergleich zum Halbhydrat
schwerer löslich. Mit diesen Löslichkeitsverhältnissen hängt auch das
Abbinden zusammen; zunächst erfolgt die Bindung des Halbhydrats,

---

[1]) Van't Hoff: Zeitschrift für phys. Chemie, 1913, 3, 267.

[2]) Glasenapp: Tonindustrie-Zeitung, 1908.

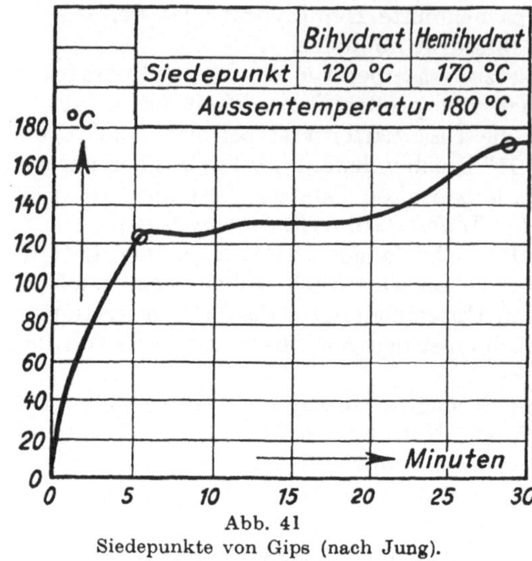

Abb. 41
Siedepunkte von Gips (nach Jung).

das weiter Wasser aufnimmt, und eine an dem schwerer löslichen Gips übersättigte Lösung bildet, aus der sich dann die Gipskristalle ausscheiden.

Die chemische Zersetzung des Calciumsulfats beginnt schon bei etwa 800° C, jedoch bis zu 1000° C nur in unerheblichen Mengen, von 1000 bis 1200° C wächst sie auf etwa 4 v. H., bei 1300° C erreicht sie etwa 7 v. H., und vollzieht sich in der geschmolzenen Masse stürmisch unter Dampfentwicklung bei 1375° C.[1]

5. Physikalische und chemische Eigenschaften.

Die Entwicklungsstufen des Gipses zeigen deutlich die Kompliziertheit dieses Materials, was noch vervollständigt wird bei Betrachtung der außerordentlich unterschiedlichen Eigenschaften der einzelnen Modifikationen in physikalischer wie auch chemischer Hinsicht.

Raumgewicht (nach Moye).

Loseeinlauf { Stuckgips	650—850	g/cm³
Estrichgips	900—1200	g/cm³
Gerüttelt { Stuckgips	1250—1400	g/cm³
Estrichgips	1300—1700	g/cm³

Dichte

(nach Jung)

(nach Gaudefroy)[2]

Gips 2 Ca SO$_4$ · 4 H$_2$O
  2,32 g/cm³

Halbhydrat 2 Ca
  SO$_4$ · H$_2$O 2,63 g/cm³

lösl. Anhydrit . . 2,45 g/cm³

natürl. Anhydrit 2,96 g/cm³

Abb. 42

[1] Budnikoff: Chem. Zeitung 47, vom 6. 1. 1922. Iwanow-Wossnessensk, Polyt. Inst.

[2] Gaudefroy: Entwässerung des Gipses. Compt. rend. 158, 159.

ZAHLENTAFEL 34
Löslichkeit von Gips in Wasser
(nach Dammer-Tietze).

Temperatur Grad C	Gipsstein Teile $2\,Ca\,SO_4\,.\,2\,H_2O$ auf 100 Teile Wasser	Anhydrit Teile $Ca\,SO_4$ auf 100 Teile Wasser
0	0,241	0,190
24	0,265	0,209
38	0,272	0,214
53	0,266	0,211
86	0,239	0,189
99	0,222	0,175

Anhydrit ist demnach weniger löslich als der Gipsstein; bei 38^0 C sind die Löslichkeiten beider am größten, bis zu dieser Temperatur steigen sie, darüber hinaus nehmen sie wieder ab.

Lösungswärme (nach de Forbrand) [1]

$$2\,Ca\,SO_4\cdot 4\,H_2O \;=\; 2\,Ca\,SO_4 \;+\; 4\,H_2O \;=\; -3{,}61\ \text{cal}$$
$$2\,Ca\,SO_4\cdot 4\,H_2O \;=\; 2\,Ca\,SO_4 \cdot H_2O \;+\; 3\,H_2O \;=\; -3{,}80\ \text{bis}\ 4{,}25\,\text{cal}$$
$$2\,Ca\,SO_4\cdot H_2O \;=\; 2\,Ca\,SO_4 \;+\; H_2O \;=\; +0{,}19\ \text{bis}\ 0{,}64\ \text{cal}$$

Kristallformen (nach Gallo) [2]

Bihydrat: Monoklin
Hemihydrat: Hexagonal
Lösl. Anhydrit: Triklin
Anhydrit, totgebr.: Rhombisch.

6. Hydratisierung von Gips mit Wasserüberschuß.

Einleitend ist schon bemerkt worden, daß bei Herstellung von Gips mit einem Überschuß von Wasser ein Produkt von geringem Raumgewicht und niedriger Wärmeleitzahl entsteht. Es handelt sich hierbei um die Bildung eines Bihydrats nach der Formel:

$$(2\,Ca\,SO_4)\,.\,H_2O + 3\,H_2O = 2\,(Ca\,SO_4\,.\,2\,H_2O).$$

Der Überschuß von Wasser dient lediglich dazu, die Zwischenräume zwischen den einzelnen Kristallen offen zu halten, die dann nach dem Trocknen der Masse durch Luft ersetzt werden. Damit eine feine Verteilung dieser Poren erreicht wird, muß der Gips beim Anmachen solange in Bewegung gehalten werden, bis er unter Aufnahme des überschüssigen Wassers zu einer plastischen, schwammigen Masse umgewandelt ist. Das gesamte Bihydrat wird bereits während dieses Vorgangs gebildet, wobei jedoch das dauernde Umrühren die Ausbildung der Kristalle beeinträchtigt. Statt langer Nadeln entstehen nur kurze unausgebildete

---

[1] de Forbrand: Bulle Soc. Chim., Paris, 35, 1150, 1906.
[2] Gallo: Gazz. Chim. ital., 44, 497, 1914.

Aggregate; außerdem wird eine Verklammerung und Verfilzung der Kristalle durch das Überschußwasser verhindert. Hierauf beruht die geringe Festigkeit und Bröckligkeit der getrockneten Masse. Lediglich der kleine Teil des Bihydrats, der in dem überschüssigen Wasser gelöst ist, — bei der geringen Löslichkeit ist das ein minimaler Teil — kristallisiert erst während des Trockenprozesses aus.

Man hat auch vorgeschlagen, den Luftzellengips auf andere Weise herzustellen, wobei die Nachteile des Einsumpfens vermieden sein sollen. Einer Lösung von Kalk wird unter Wasserüberschuß heiße Schwefelsäure zugegeben; dabei wird eine schnellere und bessere Erhärtung erzielt. An Stelle von Kalk kann man auch Calciumchlorid oder Calciumcarbonat, statt der Schwefelsäure Aluminiumsulfat oder andere Salze, z. B. Aluminium-Hydroxyd, anwenden. Das Raumgewicht soll bis 0,35 g/cm^3 betragen. Erfahrungen über dieses neue Produkt liegen nicht vor; da hochporöser Luftzellengips, der nach dem Einsumpfverfahren hergestellt ist, etwa 0,30 g/cm^3 wiegt, kann man vermuten, daß die größere Härte bei dem Kalk-Schwefelsäureverfahren auf der größeren Dichte beruht, und somit auf Kosten der Isolierwirkung erreicht wird.

7. Eignung des Gipses als Wärmeschutzmittel.

Bei den außerordentlich unterschiedlichen Eigenschaften der Gipsmodifikationen braucht es nicht zu verwundern, daß technische Gipssorten, die nach dem vom deutschen Gipsverein aufgestellten Normen[1] geprüft werden, erhebliche Schwankungen in ihrem Verhalten zeigen.

Die Umwandlung des Gipses in die einzelnen Modifikationen erfolgt beim exakten Laboratoriumsversuch in ziemlich scharf begrenzten Temperaturstufen. Im technischen Betriebe jedoch, wo in Gipskochern oder in Ringöfen und rotierenden Trommeln gebrannt wird, schwankt die Temperatur so, daß nur zum Teil ein brauchbares Brenngut erhalten wird. Bei der technischen Herstellung von Stuckgips wird niemals das reine Hemihydrat, sondern neben diesem immer löslicher Anhydrit, aber auch mehr oder weniger totgebrannter Gips in stark schwankender Zusammensetzung erhalten; desgleichen wird man beim Estrichgips immer die inaktive Form des Anhydrits, außerdem, wenn auch nur in geringen Mengen freien Kalk vorfinden.

Die Zusammensetzung eines Gipses kann daher im voraus nie bestimmt angegeben werden, und es gibt eine ganze Reihe von Punkten, die eine Gipssorte charakterisieren können [2].

---

[1] Die vom Deutschen Gipsverein formulierten Forderungen für die Normenprüfung von Gips umfassen:

1. Wassergehalt (Glühverlust),	7. Streichzeit,
2. Raumgewicht (lose u. gerüttelt),	8. Zugfestigkeit,
3. Mahlfeinheit,	9. Druckfestigkeit,
4. Wasserbedarf,	10. Dichte der erhärteten Proben,
5. Abbindezeit,	11. Wassergehalt der Proben.
6. Gießzeit,	

[2] Diese und die folgenden Ausführungen sind dem Werk von Schoch S. 254 entnommen.

Der Wassergehalt gibt einen Anhalt für das Vorhandensein wasserfreier oder hydratisierter Gipsarten. Die Einstreu-Mengen geben ein leidlich verläßliches Maß für die nachherige Festigkeit des abgebundenen und erhärteten Produktes, wenn diese auch nicht als ausschließliche Funktion der Einstreumengen angesehen werden kann. Die Anwesenheit von löslichem Anhydrit, die für die Verwendungsfähigkeit eines Gipses von außerordentlich großer Wichtigkeit ist, kann nur durch die Höhe der gleich beim Anrühren etwa auftretenden Temperatursteigerung erkannt werden.

Auch der Verlauf der ganzen Temperaturkurve erlaubt eine Beurteilung der Zusammensetzung; auch läßt sie erkennen, inwieweit der Gips vor oder nach dem Brennen gemahlen wurde, und endlich dient sie auch zur Schätzung der nachherigen Festigkeit.

Krumbhaar[1]) zeigte an Hand einiger Gipssorten, wie diese insgesamt wenigen auszuführenden Bestimmungen die Verschiedenartigkeit in der Beschaffenheit bzw. der Zusammensetzung von Gips dartun (vgl. Zahlentafel 35):

Probe A besteht vorwiegend aus Stuckgips. Sie enthält, wie der Wassergehalt andeutet, etwas Rohgips, dagegen keinen löslichen Anhydrit, da beim Anrühren keine merkliche Erwärmung eintritt. Die sehr große Temperatursteigerung beim Abbinden (IV) und die kurze Abbindezeit (V) kann also nicht eine Wirkung von löslichem Anhydrit, sondern lediglich die nachträglichen Feinmahlens nach dem Brennen sein.

ZAHLENTAFEL 35
Prüfung von Gips (nach Krumbhaar).

Gips-sorte	I. Wasser-gehalt v. H.	II. Einstreu-menge auf 100 Teile Wasser	III. Bindewärme des lösl. Anhydrits ^{0} C	IV. Gesamte Erwärmung ^{0} C	V. Abbindezeit Minuten
A	6,8	1,55	0,0	25,3	17
B	7,3	1,88	0,0	17,2	58
C	5,7	1,35	35,6	23,6	39
D	0,0	1,40	47,3	25,2	35
E	0,0	1,75	23,4	20,5	24

Probe B enthält (ebenso wie A) keinen löslichen Anhydrit (III), dagegen etwas mehr Rohgips, wie der höhere Wassergehalt (I) lehrt. Der hohe Gipsverbrauch beim Einstreuen (II) sowie der frühere Beginn der Temperatursteigerung gegenüber einem trägen Abbinden (V) sind ein Anhalt dafür, daß die Probe schon längere Zeit gelagert hat.

Probe C enthält reichlich 50 v. H. löslichen Anhydrit (III); denn in dem Thermo-Apparat wurde eine Temperatursteigerung bis fast 70 v. H. ermittelt. Weiter deutet die im Verhältnis zu der Höhe des Gehalts an

---

[1]) **Krumbhaar**: Tonindustrie-Zeitung, 1906, 2261.

löslichem Anhydrit noch immer große Menge an Hydratwasser (I) auf einen hohen Anteil an Rohgips. Der Gipsverbrauch, die totale Erwärmung und die Abbindezeit lassen auf einen grobkörnigen, vor dem Brennen gemahlenen Gips schließen. Die Festigkeit wird bei der starken Vermischung mit Rohgips und der geringen Einstreumenge nur mäßig ausfallen und nur durch den Umstand etwas gebessert werden, daß die Probe unter gewöhnlichen Temperaturverhältnissen des Lösungsmaximums erhärtet. Da löslicher Anhydrit vorhanden ist, so läßt sich mit Bestimmtheit annehmen, daß der Gips beim Lagern „flauer" werden wird.

Probe D besteht größtenteils aus löslichem Anhydrit. Sie enthält keinerlei wasserhaltige Arten (I); vielmehr dürfte der Restanteil wesentlich aus der inaktiven Modifikation bestehen, also über 210^0 C gebrannt sein, und sich demgemäß am Erhärten nicht mit beteiligen. Die Festigkeit nach dem Abbinden wird also besonders zu Anfang nur recht mäßig sein und erst im Laufe der Zeit etwas aufholen, sofern die Gipsstücke noch nachträglich etwas feucht gehalten werden. Durch Lagern dürfte diese Probe etwas „flauer" werden.

Probe E ist beim Brennen augenscheinlich einer noch höheren Temperatur ausgesetzt gewesen wie D, und der Anteil an inaktiver Masse ist entsprechend, wie aus dem größeren Gipsverbrauch bei geringerer Erwärmung hervorgeht, ein noch beträchtlich größerer; demnach wird die Festigkeit noch wieder geringer sein wie bei D.

Aus Vorstehendem geht klar hervor, daß die spätere Festigkeit bei Gips je nach dem Ausfall der Sorten in ihrer ursprünglichen Zusammensetzung von der Feinheit des Mahlens, von der Brenndauer, der dabei verwendeten Temperatur und anderen Zufälligkeiten abhängt, wobei noch hinzu kommt, daß die Festigkeit von Gips im Gegensatz zu derjenigen anderer Mörtelstoffe im Laufe der Zeit nicht nur keine kontinuierliche Steigerung erfährt, sondern schon nach kurzer Dauer ihre Maximalgrenzen erreicht, um dann stetig zurückzugehen.

Zusammenfassend läßt sich daher sagen, daß der Gips, in seiner Zusammensetzung und seinem Verhalten ohnehin stark schwankend, unter dem Einfluß der Temperatur eine dauernde Veränderung in seinen Eigenschaften zeigt, die sich erklären läßt durch:

    a) Eine Kristallzertrümmerung beim Entweichen des Hydratwassers, die eine vollständige Erweichung des Gipssteins zur Folge hat, und

    b) Die Tatsache, daß der wasserfreie Gips oberhalb 130^0 C bis zur Zersetzung des Calciumsulfats eine chemische Verbindung darstellt, die bei steigender Temperatur eine stetige Veränderung ihrer chemisch-physikalischen Eigenschaften erfährt. Denn infolge Änderung der Temperatur, deren Einfluß auf die Konstitution des Gipses mit ihrer Höhe und Dauer in Parallelismus steht, finden molekulare Veränderungen statt, welche die Reaktionsfähigkeit dem Wasser gegenüber beeinflussen. [1]

Als eine der Hauptforderungen, die an ein brauchbares Isoliermaterial gestellt werden müssen, haben wir zu Anfang dieser Abhandlung[2] seine

---

[1] Vgl. Paul Roland: Der Stuck- und Estrichgips, 1904, S. 70.

[2] Vgl. S. 86.

dauernde Unveränderlichkeit unter dem Einfluß der ihm von dem Energieträger mitgeteilten Temperaturen erhoben. Es hat sich jedoch gezeigt, daß gerade der Gips wegen seiner vorstehend entwickelten komplizierten Eigenschaften ein vollkommen temperaturunbeständiges Material darstellt, und somit zur Herstellung eines brauchbaren und haltbaren Isoliermaterials als völlig ungeeignet bezeichnet werden muß.

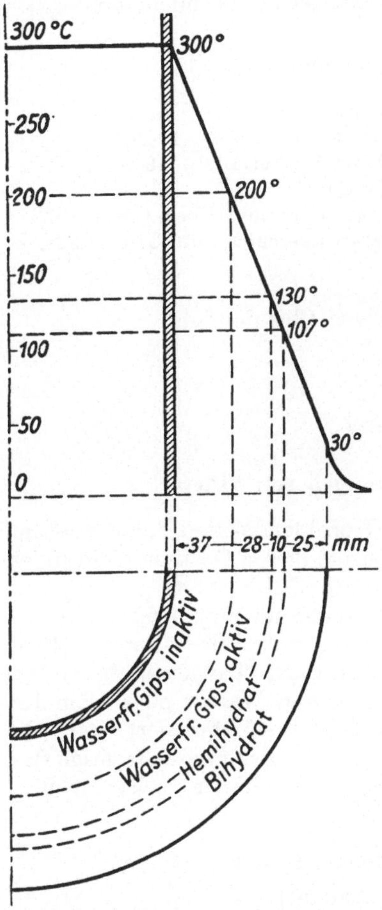

Eine Isolierung hat die Aufgabe, zwischen der hohen Temperatur des Energieträgers und der niedrigeren des freien Raumes eine ausgleichende Schicht zu legen, in der sich, von dem Temperaturgefälle zwischen der Isolierungsoberfläche und dem Raum abgesehen, alle Temperaturzwischenstufen vorfinden. Entsprechend der absoluten Höhe und der Größe des Temperaturgefälles wird demnach eine aus Gips hergestellte Isolierung in eine mehr oder weniger große Anzahl einzelner Modifikationen des Gipses umgewandelt werden. In Abb. 43 sind für einen bestimmten Fall die Zersetzungszonen in einer Rohrisolierung aus Gips eingetragen; dabei sind nachstehende technische Daten der Berechnung zugrunde gelegt:

Rohrdurchmesser 0,216 m, Temperatur des Rohres 300° C, Temperatur des Raumes 0° C, Isolierstärke 100 mm, Wärmeleitzahl der Isolierung 0,08 kcal/m h °C. Hieraus sind errechnet: Wärmeverlust 211 kcal/m h, Temperatur an der Oberfläche der Isolierung 30° C. Man erkennt daß die Gipsisolierung, die ursprünglich als zum Doppelhydrat abgebunden angesehen werden kann, in vier Modifikationen zerlegt wird, und zwar von außen nach innen gerechnet:

Abb. 43. Zersetzungszonen einer Gips-Isolierung.

Temperatur ° C	Zonenstärke mm	Modifikation	Verhalten
30—107	25	Doppelhydrat	unverändert
107—130	10	Halbhydrat	Kristallzertrümmerung, Wasserabgabe
130—200	28	wasserfreier Gips aktiv	vollständige Wasserabgabe
200—300	37	wasserfreier Gips, inaktiv	weitere molekulare Veränderungen

Der ursprüngliche Zustand der Isolierung bleibt also nur in einer dünnen außen liegenden Schicht erhalten, die etwa ein Viertel der Gesamtisolierstärke einnimmt, wenn nicht auch hier bei längerer Betriebsdauer eine langsame Umwandlung erfolgt[1]). Die innen liegenden Schichten der Isolierung, und zwar drei Viertel der Isolierstärke, werden jedoch durch Hydratwasserverlust, Kristallzertrümmerung und weitere molekulare Veränderungen zersetzt und behalten keinerlei Festigkeit mehr.

8. Literaturverzeichnis.

Paul Roland, Der Stuck- und Estrichgips. 1904.
A. Moye, Die Gewinnung und Verwendung des Gipses. 1908.
Karl Schoch, Die Aufbereitung der Mörtelmaterialien. 1913.
Dammer-Tietze, Die nutzbaren Mineralien. 1914.
H. Neugebauer, Kolloidchemische Untersuchungen über Gips. 1923.
H. Jung, Über Entwässerung und Wiederwässerung von Gips. 1924.
Tonindustrie-Zeitung.
Zeitschrift für physikalische Chemie.
Zeitschrift für anorganische und allgemeine Chemie.

V. Asbest.

1. Entstehung und Vorkommen von Asbest.

Asbest ist ein spezielles Mineral der Hornblende- und der Serpentingruppe, das sich in Form weitläufiger Adern in diesen Gesteinen vorfindet. Charakteristisch ist seine meist parallelfaserige Struktur; sie gibt uns über die Entstehung von Asbest Aufschluß. Während man früher die verschiedensten Ansichten über die Entstehung von Asbest hatte, erklärt man sie sich heute allgemein so, daß in den durch Tangentialdruck verursachten Gesteinsspalten nach Eindringen von Wasser oder Dämpfen Lösungen des Gesteins entstanden, und diese auskristallisiert sind. Wo später Druckwirkungen im Gestein auftraten, ist der parallelfaserige Bau des Asbestes häufig zerstört; man nennt solche seltener vorkommenden Asbeste verworrenfaserig.

Je nach dem Ursprungsgestein unterscheidet man:

    a) Hornblendeasbest (Tremolith, Amiant)
    b) Serpentinasbest (Chrysotil).

Asbest findet sich in vielen Ländern der Welt vor, jedoch sind die meisten Lagerstätten klein und soweit verteilt gelegen, daß sie keine technische Bedeutung erlangt haben; so haben die Asbestlager Frankreichs, Österreichs, Deutschlands nur einen mineralogisch-wissenschaftlichen Wert. In Italien liegen größere Adern von Hornblendeasbest, der schon im Altertum und Mittelalter verwendet wurde. In neuerer Zeit

---

[1]) Vgl. S. 153.

wurde dieses Produktionsgebiet durch die neu entdeckten großen kanadischen Lager vom Weltmarkt verdrängt. Rußland besitzt in seinem Gouvernement Perm ebenfalls Hornblende-Asbestlager. Wichtiger jedoch sind: Chrysotil von Cypern, im Handel als Lefka-Asbest bekannt, und Hornblendeasbest aus der Kapkolonie, im Handel wegen seiner blauen Farbe als Blauasbest bezeichnet.

Das Hauptproduktionsgebiet für technischen Asbest ist Kanada, wo große Hornblendeasbest- und vor allem Chrysotillager entdeckt und zur Ausbeutung freigelegt worden sind. Im Handel ist diese Faser ihrer weißen Färbung wegen allgemein bekannt. Die kanadische Asbestindustrie liefert heute etwa neun Zehntel der gesamten Weltproduktion.

2. Gewinnung und Aufbereitung von Asbest.

Die Gewinnung des natürlichen Asbestgesteines erfolgt fast ausschließlich im Tagebau; das Gestein wird meist von Hand abgebaut, sodann maschinell zerkleinert, gereinigt, zerfasert und ähnlich der Baumwolle verarbeitet. Das hochwertigste Produkt stellt die möglichst lange Faser dar; sie ist für Wärmeschutzzwecke vornehmlich geeignet. Die kürzere Faser und der anfallende Staub werden dagegen zur Herstellung von Asbestpappe, Asbestschiefer und Asbestzement verarbeitet. Wie außerordentlich gering die Ausbeute an langfaserigem Asbest im Vergleich zu dem verarbeiteten Gestein ist, zeigt eine Statistik über kanadische Chrysotilfaser; auf 1000 t Serpentingestein entfallen etwa 80 t technisch verwendbarer Asbest, und nur etwa 5 t Langfaserasbest. Ein anschauliches Bild von dem komplizierten und kostspieligen Aufbereitungsverfahren gibt nachstehendes Schema:

Asbestaufbereitung (nach Dammer-Tietze)

(Klassierung)

Brecher
künstl. oder nat. Trocknung
Schleudermühlen, Walzwerk
Faseröffner
Schüttelsieb

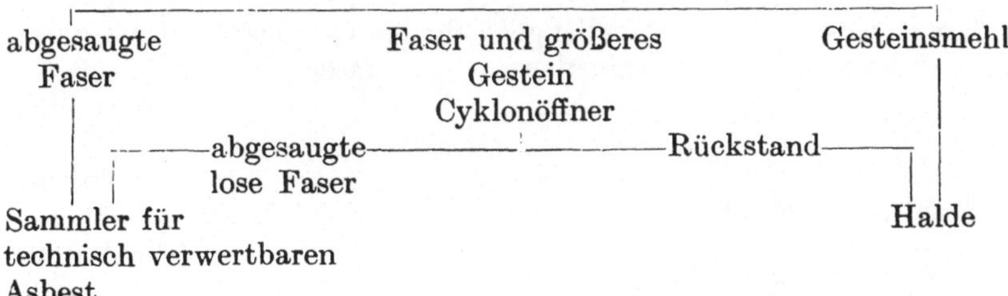

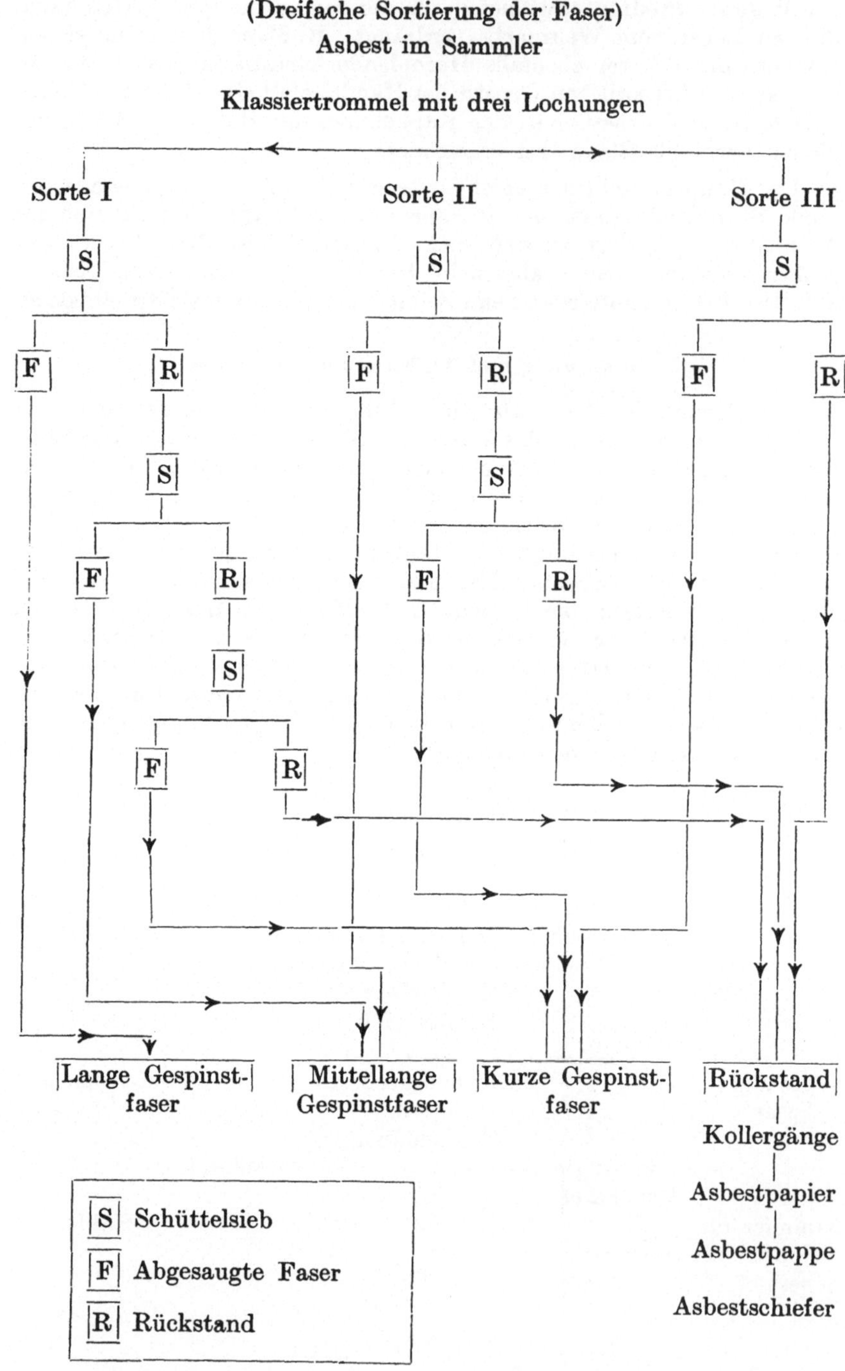
(Dreifache Sortierung der Faser)
Asbest im Sammler
Klassiertrommel mit drei Lochungen
Sorte I
Sorte II
Sorte III
S
S
S
F
R
F
R
F
R
S
S
F
R
F
R
S
F
R
Lange Gespinst-
faser
Mittellange
Gespinstfaser
Kurze Gespinst-
faser
Rückstand
Kollergänge
Asbestpapier
Asbestpappe
Asbestschiefer
S Schüttelsieb
F Abgesaugte Faser
R Rückstand

3. Physikalische und chemische Eigenschaften.

Die physikalischen und chemischen Eigenschaften, denen der Asbest seine weitgehende Verwendung in der Technik verdankt, sind insbesondere:

a) Unverbrennlichkeit auch bei hohen Temperaturen,
b) Säurefestigkeit
c) Elastizität
d) Formbarkeit
e) Geringes Gewicht und geringes Wärmeleitvermögen.

Entsprechend der wechselnden chemischen Zusammensetzung sind diese Eigenschaften bei den einzelnen Asbestsorten mehr oder weniger stark ausgeprägt. In Zahlentafel 36 sind die Analysen einiger wichtiger Asbestsorten gegenübergestellt:

ZAHLENTAFEL 36

Chemische Analyse von Asbest.

	Hornblende-asbest Kanada (Hastings)	Blauer Kapasbest	Kanadischer Chrysotil (Black-Lake)	Chrysotil (Cypern)
SiO_2	61,82	51,10	41,20	40,54
Al_2O_3	1,12	—	0,53	1,09
Fe_2O_3	—	—	3,75	—
$Fe\,O$	6,55	35,80	0,99	4,87
$Mg\,O$	23,98	—	40,96	39,02
$Ca\,O$	1,63	—	—	—
K_2O	—	2,30	—	—
Na_2O	—	6,90	—	—
H_2O	5,45	3,90	13,73	14,60

Die Hitzebeständigkeit ist im wesentlichen durch einen hohen Magnesiumgehalt bedingt; die Chrysotile sind also hierin den Hornblendesorten überlegen. Die Schmelzpunkte liegen für

Hornblendeasbest bei 1150° C
Chrysotil   bei 1550 — 1570° C.

Hornblendeasbest zeichnet sich durch hohen Kieselsäuregehalt aus; dieser ist die Ursache seiner größeren Säurebeständigkeit.

Langfaseriger Asbest ist wegen seiner hohen Elastizität zum Spinnen von Asbestfäden, zur Herstellung von Geweben und als faseriges Bindemittel für plastische Massen besonders geeignet. Die Faserlänge ist außerordentlich verschieden, es gibt Fasern bis zu 1 m Länge, jedoch ist die Ausbeute des langfaserigen Asbestes aus dem Rohasbest, wie schon gezeigt werden konnte, außerordentlich gering; die langen spinnbaren Fasern stellen daher ein ziemlich teures Produkt dar.

Das verhältnismäßig niedrige Wärmeleitvermögen verdankt der Asbest seinem geringen Gewicht und seiner Faserstruktur. Das spezifische Gewicht ist für

Hornblendeasbest 2,5 — 3,3 g/cm³
Chrysotil   2,3 — 2,5 g/cm³

Bei manchen Asbestarten ist die Faser außerordentlich fein, und die im Handel erhältliche einzelne Faser zeigt sich, wenn sie unter dem Mikroskop betrachtet wird, als ein Bündel feinster Fasern, zwischen denen Luft in feiner Verteilung eingeschlossen ist. Solche Faserbündel stellen also gewissermaßen poröse Körper dar, die dem Wärmedurchgang erheblichen Widerstand entgegensetzen; dieser Widerstand ist um so größer, je mehr die einzelne Faser senkrecht zum Wärmestrom liegt. In Abb. 44 sind mittlere Wärmeleitfähigkeitswerte in Abhängigkeit vom Raumgewicht dargestellt. [1]

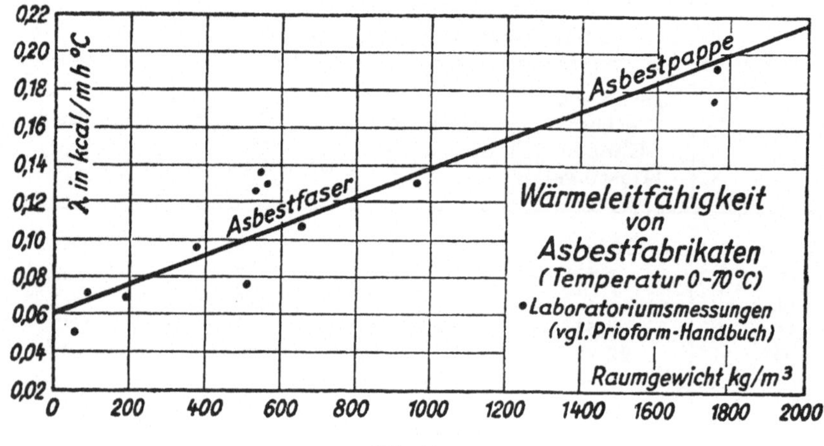

Abb. 44

Die sehr leichten, lose gezupften Fasern haben demnach ziemlich günstige Wärmeleitfähigkeit, jedoch muß auch hier der hohe Preis des langfaserigen Produkts berücksichtigt werden. Asbest wird daher kaum mit Erfolg als Grundstoff einer Isolierung verwendet werden können. Seine Anwendung erfolgt vielmehr in der Hauptsache als Bindemittel und zur Herstellung von Gespinsten und Geweben (Isolierschnüre, abnehmbare Isoliermatratzen).

Wegen ihrer hohen Elastizität und ihrer Hitzebeständigkeit ist die Asbestfaser für die Herstellung solcher Gespinste und Gewebe besonders geeignet; man kann jedoch bei höheren Temperaturen nur bestimmte Asbestsorten verwenden, weil bei vielen schon die Einwirkung geringerer Temperaturen gerade auf die Elastizität und Zerreißfestigkeit des Gewebes einen sehr nachteiligen Einfluß ausübt.

---

[1] Eine ausführliche Zusammenstellung aller bekannten Messungen findet sich im Prioform-Handbuch 1925, S. 85—91.

Versuche von Bayer[1]) haben ergeben, daß Gewebe aus Hornblendeasbest schon bei Einwirkung einer Temperatur von 200⁰ C nach kurzer Zeit ihre Elastizität und Zerreißfestigkeit einbüßen, mürbe werden und schließlich zerfallen; insbesondere ist nach diesen Versuchen der blaue Kapasbest, der sonst wegen seiner hohen Säurefestigkeit sehr beliebt ist, außerordentlich empfindlich gegen Erhitzung. Bei 500⁰ C nimmt er wegen seines hohen Eisengehaltes eine rotbraune Färbung an und zerfällt vollkommen. Dagegen sind Gewebe aus kanadischem Weißasbest (Chrysotil) hitzebeständiger; eine mehrmals wiederholte Erhitzung auf 400⁰ C hatte keine wesentliche Herabminderung der Elastizität und Festigkeit zur Folge.

Zur Prüfung der wärmeschutztechnischen Eigenschaften eines Asbestes, ferner zur Feststellung, ob das Fabrikat irgendwelche Fälschungen durch Baumwolle, Holzzellulose, Holzschliff, Talkum, Schwerspat und andere Stoffe enthält, sind Qualitätsprüfungen erforderlich:

a) Prüfung durch Augenschein, Zerreiben mit der Hand, mikroskopische Untersuchungen.

b) Feststellung des Glührückstandes (Technisch reine Asbeste sollen bei längerer Erhitzung auf 300⁰ C keinen größeren Rückstand als etwa 7 bis 10 v. H. ergeben).

c) Chemische Analyse, insbesondere Feststellung des Gehalts an Kieselsäure und Magnesiumoxyd.

d) Prüfung der Faserlänge durch Zerlegen der Proben in Siebtrommeln

4. Künstlicher Asbest.[2])

Man hat auch versucht, auf künstlichem Wege ein faseriges Mineral ähnlich dem Asbest herzustellen; ein von Australien kommendes Verfahren besteht darin, daß in zusammengeschmolzenen Basalt, Sandstein und Kalkstein Dampf eingeblasen wird, wobei die flüssige Masse hoch empor gespritzt wird, und dann in Flockenform absinkt. Nach dieser Darstellungsweise dürfte es sich jedoch eher um ein glasiges Erstarrungsprodukt ähnlich der Schlackenwolle handeln.

5. Literaturverzeichnis.

Dammer-Tietze, Die nutzbaren Mineralien, Bd. 2. 1914.
Cirkel, Fritz Chrysotile Asbestos. London 1916.
Feltone, Isoliermaterialien. 1903.
Schöllmann, Das Ganze der Asbest-Verarbeitung. 1925.
Gummizeitung, Berlin.

VI. Glasgespinst.

1. Herstellung von Glasgespinst.

Glas kann in heißem weichem Zustand zu feinen Fäden gezogen werden. Bei der heutigen maschinellen Herstellung werden mehrere nebeneinandergereihte Glasstäbe unter Druck aus erhitzten Hohlkörpern, die

---

[1]) **Bayer:** Gummi-Zeitung, 30, S. 817 ff., 1916.
[2]) Vgl. Anm. auf S. 168.

aus feuerfestem Material hergestellt und mit einer feinen Bohrung versehen sind, in zäh flüssigem Zustand ausgetrieben, und mit Hilfe einer rotierenden Trommel gleichzeitig und laufend ausgezogen[1]). Es entstehen dabei seidenartige Fäden von äußerster Feinheit; aus einem kg Glas kann ein Faden von ungefähr fünf Millionen Meter Länge gezogen werden.

2. Verwendung von Glasgespinst als Wärmeschutzmittel.

Glasgespinst wird in verschiedener Form als Wärmeschutzmittel angewendet; als lose Wolle, wobei die einzelnen Fasern gezupft werden und wirr durcheinander liegen, oder in Form von Decken und langen Streifen mit parallel geschichteten Fäden. Die Wärmeleitfähigkeit ist in hohem Maße von der Anordnung der Fäden abhängig. Bei der regellosen Anordnung liegt ein großer Teil der Fäden in Richtung des Wärmestromes und bildet ungünstig wirkende Wärmebrücken; bei der parallelen Anordnung dagegen sind keine solche Brücken vorhanden, und die Wandungen aller Fäden setzen der Wärmeübertragung einen in seiner Gesamtwirkung hohen Strahlungswiderstand entgegen. Je dichter die einzelnen Fäden bei der parallelen Schichtung liegen, um so mehr Strahlungswände muß der Wärmestrom überwinden, was natürlich nur bis zu einem gewissen Grade gilt, weil sonst durch die zu innige Berührung der einzelnen Fäden wieder gut leitende Brücken gebildet werden. Der Effekt der Glasgespinst-Isolierungen beruht hauptsächlich auf dem Strahlungswiderstand der Fadenwandungen; hieraus erklärt sich auch die große Temperaturabhängigkeit der Wärmeleitzahlen. (Vgl. Abb. 45). Kurve 1 und 2

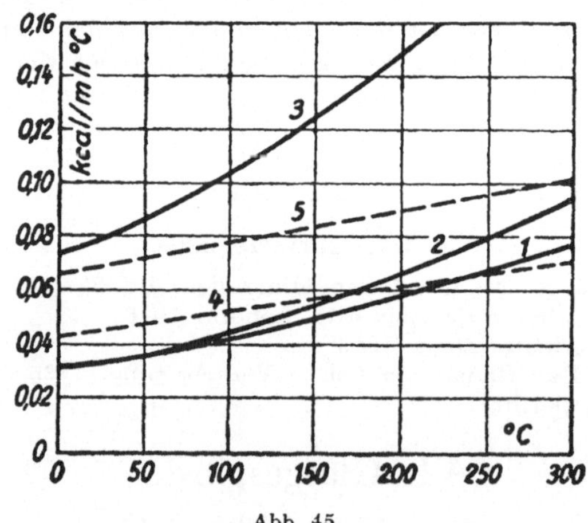

Abb. 45

Kurve 1 : Glasgespinst, parallele Schichtung der Faser, R = 0,219 g/cm³.
Kurve 2 : Glasgespinst, parallele Schichtung der Faser, R = 0,186 g/cm³
Kurve 3 : gezupfte Glaswolle,
Kurve 4 : Prioform-Füllung „101",
Kurve 5 : gebrannte Kieselgursteine, R = 0,3 g/cm³.

[1]) D. R. P. 332071.

gilt für parallele Schichtung der Faser; die dichtere Lagerung bei 1 (Raumgewicht 0,219 g/cm³) ergibt einen höheren Strahlungswiderstand wie bei 2 (Raumgewicht 0,186 g/cm³); der Unterschied der Wärmeleitzahlen wächst mit zunehmender Temperatur. Kurve 3 ist eine gezupfte Glaswolle mit wesentlich höherer Leitfähigkeit [1]). Zum Vergleich der Temperaturabhängigkeit sind die Wärmeleitfähigkeiten der Prioform-Füllung „101" (Kurve 4), sowie die eines gebrannten Kieselgursteines vom Raumgewicht 0,3 g/cm³ (Kurve 5) eingetragen.

Ein großer Nachteil ist in der Sprödigkeit der feinen Glasfäden zu erkennen. Die in einer Glasgespinstisolierung dicht gelagerten Fäden zerreiben sich bei mechanischen Erschütterungen und bei den mit der thermischen Dehnung zusammenhängenden ständigen Bewegungen außerordentlich leicht, und zerfallen dabei zu Staub, ein Vorgang, der eine gewisse Ähnlichkeit mit dem Verhalten der Schlackenwolle hat, wenn diese allein verwendet wird. [2]) Aber nicht nur den mechanischen Einwirkungen, sondern auch den Einflüssen höherer Temperaturen gegenüber sind die Glasfäden außerordentlich empfindlich; schon bei kurzer Erwärmung auf etwa 500° C beginnt das Glas zu erweichen, und die einzelnen Fäden backen zusammen, so daß das Glasgespinst seine poröse Struktur verliert. Die Wärmeleitfähigkeit steigt dabei sehr schnell an und nähert sich immer mehr der amorpher Gläser. Bei längerer Einwirkung genügen aber auch niedrigere Wärmegrade, etwa 300° C, um diese Veränderungen hervorzurufen, unter Umständen noch geringere Temperaturen, wenn die Glaswolle gleichzeitig mit Dampf oder Wasser durchfeuchtet wird. [3])

Trotz ihrer vorzüglichen wärmeschützenden Eigenschaften kann Glasgespinst daher nicht als ein technisch vollkommenes Wärmeschutzmittel bezeichnet werden, weil es den normalen Beanspruchungen des praktischen Betriebes, insbesondere bei langer Betriebsdauer, infolge seiner Sprödigkeit und niedrigen Erweichungstemperatur nicht gewachsen ist und somit keine zeitlich unveränderliche, niedrige Wärmeleitfähigkeit gewährleistet.

Man hat auch versucht, aus den lockeren Fäden poröse Formkörper herzustellen, indem man die gezupften Fäden mit gekörnten mineralischen Stoffen vermengt, wobei die Körner die einzelnen Fasern gegenseitig in Abstand halten, und durch ein zugesetztes Klebmittel mit der Faser fest verbunden werden. [4]) Wir glauben indessen nicht, daß ein solches Mate-

---

[1]) Die Werte sind Messungen des Lab. f. techn. Phys. und des Forsch.-Heims, München entnommen.

[2]) Die spröde, beim Berühren leicht zerbrechliche Faser übt einen stechenden Reiz auf die Haut aus, so daß bei unsachgemäßer Handhabung Hauterkrankungen entstehen können.

[3]) In einem großen Industriewerk konnte an einem versuchsweise mit Glasgespinstdecken umhüllten Dampfsammler von etwa 200° C Wandtemperatur ein Zusammenbacken der Glasfäden an den Stellen beobachtet werden, wo das aus den Überströmventilen ablaufende Kondensat die Isolierung im Laufe der Zeit durchfeuchtet hatte.

[4]) D. R. P. 261909.

rial bei dem ganzen Verhalten des Glasgespinstes eine genügend niedrige Wärmeleitfähigkeit haben kann, weil wie das Diagramm in Abb. 45 zeigen konnte, nur bei dichter Lagerung und paralleler Schichtung der Faser quer zum Wärmestrom günstige Werte erreicht werden.

3. Literaturverzeichnis.

Herzog, Industrielle Materialienkunde. Berlin 1924.
Ad. Saborsky, Wärmeschutz durch Glaswolle. Journ. Americ. Ceram. Soc. 1923, Nr. 5, S. 674—684.

VII. Schlackenwolle.

1. Entstehung der Schlackenwolle.

Schlackenwolle oder Flugwolle ist ein aus den Hochofenschlacken hergestelltes Kunstprodukt.[1]) Wenn man auf flüssige Schlacke einen Dampf- oder Luftstrom unter Druck einwirken läßt, so zerfällt sie in feine Fäden, die in einem geeigneten Gehäuse aus gelochtem Blech und Drahtgewebe aufgefangen werden können. Je höher der Druck des eintretenden Gases ist, um so feiner werden die Fäden; in einiger Entfernung von der Düse, wo der Druck nicht mehr genügend groß ist, entsteht immer eine mehr oder weniger große Menge kleiner, spezifisch schwerer, nicht zerstäubter glasiger Schlackenkugeln, die von der Flugwolle mitgerissen werden.

2. Chemische und physikalische Eigenschaften.
Eignung als Wärmeschutzmittel.

Entsprechend ihrer Entstehung aus den flüssigen Hochofenschlacken hat die Schlackenwolle die gleiche chemische Zusammensetzung wie jene. Man findet in ihr alle nichtflüchtigen ursprünglich in den Erzen enthaltenen Bestandteile, außerdem die Aschenrückstände der verwendeten Brennstoffe und verschiedener Körper wieder, die durch die chemischen und mechanischen Reaktionen des Ofenfutters in die Schlacke gelangen.

Der Hauptsache nach sind die Schlacken Kalzium-Aluminiumsilikate mit wechselndem Gehalt an Magnesia, daneben noch Alkalien, Mangan und Schwefel. Nie fehlt Eisen selbst, wenn auch unter normalem Ofengang dessen Menge gering ist. Wedding gibt je nach Zusammensetzung der Erze, Brennstoffe usw. für die Menge der einzelnen Bestandteile etwa folgende Grenzen an:

$$SiO_2 \dots \dots \dots \quad 28{-}67 \text{ v. H.}$$
$$Al_2O_3 \dots \dots \dots \quad 3{-}25 \text{ „ „}$$
$$MgO \dots \dots \dots \quad 0,4{-}18 \text{ „ „}$$
$$CaO \dots \dots \dots \quad 9{-}50 \text{ „ „}$$
$$MnO \dots \dots \dots \quad 0,3{-}40 \text{ „ „}$$
$$FeO \dots \dots \dots \text{Spuren}{-} 3 \text{ „ „}$$

---

[1]) Man kann Schlackenwolle auch aus Mg-haltigen Mineralstoffen wie Hornblende, Dolomit, Magnesit, Speckstein usw. gewinnen (vgl. „Künstlicher Asbest", S. 165).

Der Schwefelgehalt bewegt sich im allgemeinen zwischen 0,02 bis 1 v. H.

Die Schlackenwolle unterliegt je nach ihrer Zusammensetzung einer mehr oder weniger leichten Zersetzung durch die Einwirkungen der Feuchtigkeit und Luft; jedoch haben sich die kalkarmen Produkte mit einem möglichst geringen Schwefelgehalt als sehr dauerhaft vom chemischen Standpunkt erwiesen.

Schwieriger liegen die Verhältnisse hinsichtlich der physikalischen und insbesondere der mechanischen Eigenschaften. Zwar stellt erstklassige und gut zerstäubte Wolle ein Material von äußerst feiner Faser, sehr geringem Raumgewicht und außerordentlich niedriger Wärmeleitzahl dar. (Raumgewicht 0,19—0,45 g/cm³ je nach Stopfungsdichte.) Über die Wärmeleitfähigkeit und deren Abhängigkeit vom Raumgewicht und der Temperatur gibt Abb. 46 Aufschluß. (Die Werte sind Messungen des Forsch.-Heims entnommen; weitere Angaben finden sich u. a. im Prioform-Handbuch 1925, S. 108 bis 109.)

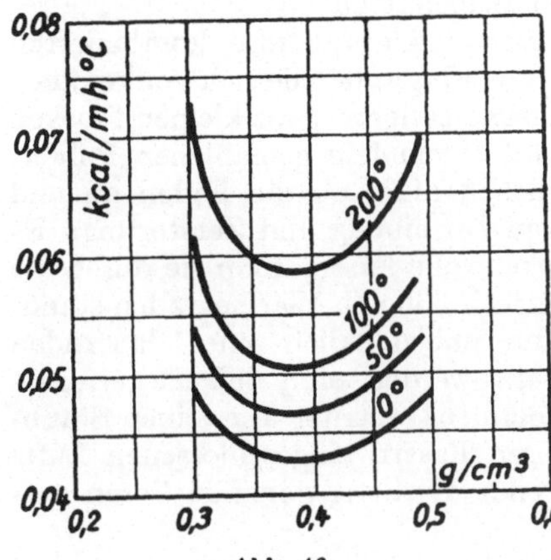

Abb. 46
Wärmeleitfähigkeit von Schlackenwolle.

Die wärmetechnisch günstigste Stopfungsdichte befindet sich demnach bei einem Raumgewicht von etwa 0,40 g/cm³ mit einer Wärmeleitzahl von 0,043 bis 0,058 je nach Temperatur. Der günstige Effekt beruht auf der durch die hohe Feinung der Faser bedingten kleinsten Verteilung der Lufträume sowie dem vermutlich geringen Strahlungskoeffizienten der porenfreien glatten Faserwandung.

Gerade die außerordentliche Feinheit der Faser ist jedoch die Ursache physikalischer Strukturveränderungen, die schon nach kurzer Zeit auftreten, sobald die bei der willkürlichen Stopfung kreuz und quer gelagerte Faser einer gegenseitigen Reibung unterworfen ist. Schon bei der leisesten Erschütterung, etwa bei Vibrieren eines aufgehängten Rohres, können solche Reibungen entstehen.

Die Faser der Schlackenwolle besitzt zwar eine große Biegungselastizität, ist aber gerade gegen Reibungen wenig widerstandsfähig, zermürbt und zerfällt dabei mit der Zeit zu Staub. Damit ist eine Volumenverminderung verbunden, die soweit fortschreiten kann, daß am Boden eines mit Schlackenwolle ausgefüllten Raumes sich nur noch Pulver an Stelle der Faser vorfindet.[1] Die Folge ist natürlich eine erhebliche Verschlechterung der Isolierfähigkeit. Griffiths berichtet über eine

---

[1] Vgl. 1. Special Report No. 5 at the Food Investigation Board, report on heat insulators. 2. Die Kälteindustrie, 1921, Heft 2. 3. Feltone: Isoliermaterial, 1903.

Schlackenwolle von 0,337 g/cm³ Raumgewicht, die folgende Wärmeleitfähigkeiten zeigte:

$$\text{frisch gestopft} \ldots \ldots \ldots \lambda = 0,036 \ \text{bei} -7^0 \ C$$
$$\text{durch Vibrationen zertrümmert} \ . \ \lambda = 0,0522 \ \text{„} \ -1^0 \ C$$

Die Wärmeleitfähigkeit war also durch die innere Zerreibung der feinen Fäden um etwa 45 v. H. angestiegen.

Ganz besonders ist diese Erscheinung festzustellen bei Schlackenwollen, die nicht genügend gereinigt sind und noch viele kleine blasige Kugeln enthalten.[1]) Diese spezifisch schweren Teile führen bei Erschütterungen durch ihre große kinetische Energie ganz besonders schnell eine Zerstörung herbei. Man ist aus diesen Gründen allgemein davon abgekommen, reine Schlackenwolle als alleinigen Füllstoff zu benutzen.

Die Deutschen Prioform Werke verwenden für ihre kombinierten Füllstoffe beste keramische schlackenfreie Flugwolle, die sich vollkommen bewährt hat. Bei der innigen Durchmischung der zu ganz kleinen Flocken zusammengeballten Schlackenwolle mit einem fein gemahlenen Pulverstoff lagern sich die feinen Staubteilchen dicht an die Fäden an und schützen sie in wirksamer Weise gegen Zerreibung und Zerstörung. Es hat sich auch gezeigt, daß die Schlackenwolle-Faser, wenn sie durch die Staubteilchen dicht umhüllt ist, wesentlich höheren Wärmegraden standhält; der kombinierte Füllstoff kann unbedenklich einer dauernden Temperatur von 800 bis 900° C ausgesetzt werden, ohne daß die geringste Veränderung der Struktur und des Volumens eintritt. Die feinen Staubteile unterteilen auch die zwischen den Fasern eingeschlossenen Luftkanäle, so daß kleine, für die isolierende Wirkung günstige Poren entstehen.

Schlackenwolle ist ein verhältnismäßig sehr billiges Material; man hat aus diesem Grunde vielfach Versuche angestellt, die Faser der Schlackenwolle an Stelle von Asbest als faseriges Bindemittel in plastischen Massen und Formkörpern zur Erhöhung der Elastizität und inneren Haftfestigkeit zu verwenden. Die Versuche sind alle vollkommen fehlgeschlagen, was bei dem chemischen und physikalischen Verhalten der Schlackenwolle nicht weiter verwunderlich ist; denn schon durch den Wasserzusatz wird eine Zersetzung insbesondere kalkreicher und schwefelhaltiger Schlackenwolle eingeleitet, die während des Trockenprozesses unter Einwirkung der entstehenden Dämpfe sehr schnell fortschreitet. Anderseits kann auch bei der glasigen glatten Wandung der Faser keine besonders starke Reibung mit den staubkörnigen Teilchen der Masse und damit keine wesentliche Erhöhung der Haftfestigkeit erwartet werden.

3. Literaturverzeichnis.

Wedding, Eisenhüttenkunde, 3. Bd., 1. Buch. 1906.
Fleißner, Eisenhochofenschlacken, ihre Eigenschaften und ihre Verwendung. Halle 1912.
Griffiths, Refrigerating World. April 1922.

----

[1]) Die Unreinigkeiten betragen bei manchen Wollen bis zu 100% des Gewichts der Faser und sinken selbst bei einem sehr guten Produkt meist nicht unter 30%.

VIII. Ruß.

1. Herstellung von Ruß.

Ruß ist amorpher Kohlenstoff in feinster Verteilung. Er setzt sich aus dem Rauch unvollkommen verbrennender organischer Stoffe ab. Je nach seiner Herstellung unterscheidet man:

Kienruß, aus Fichtenharz, harzreichem Holz;

Ölruß, durch unvollkommene Verbrennung von Öl;

Gasruß (technisch am bedeutendsten, seine Gewinnung erfolgt aus Methan, durch Wärmespaltung (DRP. 380833, 380495);

Azetylen (1 cbm Azetylen liefert etwa 1 cbm Ruß und 1 cbm Wasserstoff);

Karbid, durch Erhitzung von Metallkarbiden im Kohlesäurestrom.

2. Physikalische und chemische Eigenschaften.

Je nach Feinheit hat Ruß ein Raumgewicht bis zu 60 kg/m³. Reiner Ruß enthält 99,9 v. H. Kohlenstoff. Bei Erhitzung auf 400⁰ C glüht er und bildet mit Sauerstoff zusammen Kohlensäure. Ruß ist wegen dieser leichten Entzündlichkeit nicht ohne weiteres für hohe Temperaturen zu verwenden; durch Zuleitung von Stickstoff kann man ihn unverbrennlich machen, doch ist dieses Verfahren technisch kompliziert. Außerdem besteht bei Anwesenheit von Stickstoff die Gefahr der Bildung explosiver und, wenn der Ruß nicht vollkommen rein ist, auch giftiger Gase.

3. Eignung als Wärmeschutzmittel.

Die Wärmeleitfähigkeit von Ruß ist infolge seiner äußerst feinen Struktur und der Verteilung des Porenvolumens auf kleinste Lufträume außerordentlich gering; sie erreicht bei niederen Temperaturen und hochwertigen Produkten nahezu den Isolierwert der ruhenden Luft. Smoluchowski stellte bei seinen Versuchen mit Ruß eine Wärmeleitzahl von etwa 0,022 bei normalem Druck fest.[1]

Die Verwendung von Ruß als Wärmeschutz ist trotz dieser vorzüglichen Eigenschaften in der Praxis noch nicht mit Erfolg durchgeführt worden; die Gründe dürften in der Hauptsache in seiner leichten Entzündlichkeit zu suchen sein.

4. Literaturverzeichnis.

Köhler, Die Fabrikation des Rußes, Wien 1912.
Patentliteratur.

IX. Kork.

1. Vorkommen, Entstehung und Gewinnung.

Vom Standpunkt der Botanik versteht man unter Kork die unter der Epidermis der Holzgewächse liegende Gewebeschicht, die aus radial ausgebildeten und eng aneinandergefügten Zellenkörpern besteht. Von

---

[1] Vgl. den Abschnitt „Vakuumisolierungen", S. 120.

Natur aus hat sie die Aufgabe, die unter ihr liegenden Teile der Pflanze gegen Feuchtigkeit und Trockenheit, gegen zu hohe Erwärmung und zu große Abkühlung, zu schützen.

Besonders stark ausgebildet ist diese Schicht bei der danach benannten in Marokko, Algier, Spanien und Andalusien beheimateten, immergrünen Korkeiche, sodann auch bei der in Spanien, Italien und dem südlichen Teil Tirols wachsenden sommergrünen Korkeiche; der hauptsächlichste Lieferant des besten Korkes ist Andalusien.

Die Dicke der natürlichen Korkschicht wächst mit zunehmendem Alter der Bäume und kann bis zu 20 cm betragen. Für die technische Ausbeute wird die Korkschicht in einer Stärke von etwa 5 cm alle acht bis zehn Jahre von den Stämmen gelöst und als Naturkork in größere Ballen verpackt in den Handel gebracht.

2. Physikalische und chemische Eigenschaften.

Entsprechend der dem Kork von der Natur zugewiesenen Aufgabe eines Isoliermittels gegen Kälte, Hitze, Feuchtigkeit und Trockenheit findet man in ihm, wenn man die klimatischen Verhältnisse zugrunde legt, Eigenschaften vereinigt, die ihn schlechthin zu einem geradezu idealen Isoliermaterial stempeln.

Die Korkzellen bestehen aus einem Gerippe von verholzter Zellulose und schließen neben einem beträchtlichen Luftgehalt in der Hauptsache Suberin ein, das man auch Korkstoff nennt.

Nach Mitscherlich besteht Suberin aus:

65,7 v. H. Kohlenstoff
8,3 ,, ,, Wasserstoff
1,5 ,, ,, Stickstoff
29,5 ,, ,, Sauerstoff.

Zeisel & Schmitt haben eingehende Untersuchungen über den Korkstoff veröffentlicht; danach kann man die Korksubstanz als ein unlösliches Gemenge von Anhydriden und Polymerisationsprodukten fester und flüssiger Fettsäuren mit Resten von Glyzerinestern derselben ansehen. Bei jungem Kork sind diese Glyzerinester zahlreich vorhanden, mit zunehmendem Alter des Korks gehen sie jedoch durch Spaltung und Glyzerinverlust immer mehr in die Verbindung über.

Die Destillation von Naturkork liefert Teer, Benzol, Toluol, Naphtalin, Phenole und Ammoniaksalze.

Bei seiner porösen Zellkörperstruktur, verbunden mit einer organischen durchgehenden Imprägnierung durch den Korkstoff, vereinigt der Kork alle an ein Isoliermaterial zu stellenden Eigenschaften in hohem Maße.

Das geringe spezifische Gewicht von 0,12 bis 0,19 des natürlichen Rohkorks beruht auf den an sich leichten Zellulose-Zellwänden, verbunden mit einem hohen Luftgehalt.

Auf den gleichen Eigenschaften beruht auch das geringe Leitungsvermögen von 0,040 bis 0,045 kcal/mh° bei etwa 0° C. Die Wärmeleitfähigkeit steigt natürlich mit der Temperatur, weil sie hauptsächlich eine Folge des hohen Luftgehaltes ist; die Zunahme beträgt etwa 0,001 bis 0,002 kcal für 10° Temperatursteigerung. Vermöge seiner vollständigen Durchdringung durch den Korkstoff ist der Kork sehr wenig fähig, Wasser aufzunehmen; man kann ihm gegenüber den Einwirkungen atmosphärischer feuchter Luft eine gewisse wasserabweisende Eigenschaft zuschreiben. Nach Versuchen von Biquard nahm eine Korkplatte nach 20 tägigem Lagern unter Wasser nur etwa 13 v. H. Wasser auf; die Wärmeleitfähigkeit stieg dabei um etwa 35 v. H.

Weitere wertvolle Eigenschaften, die hohe Elastizität, Geschmeidigkeit, leichte Bearbeitbarkeit, tragen ebenfalls dazu bei, dem Kork eine weitgehende Verwendung zu sichern.

Gegen die meisten Chemikalien zeigt sich Kork ziemlich indifferent, nur Säuren und Laugen in konzentrierter Form, Chlor, Ammoniak u. a. bewirken eine schnelle Zerstörung.

3. Verwendung von Kork in der Wärmeschutztechnik.

Für die Zwecke des Wärme- und Kälteschutzes wird der Naturkork stets zerkleinert und nach besonderer Behandlung verwendet. Der Grund hierfür ist einmal darin zu suchen, daß Korkabfälle bedeutend billiger zu beschaffen sind, weil große Mengen bei der Fabrikation der Flaschenkorke als Abfall zurückbleiben, außerdem erfordern die bei rohem Kork doch immer in gewissem Grade vorhandene Wasserdurchlässigkeit einerseits sowie die geringe Widerstandsfähigkeit gegen höhere Temperaturen anderseits besondere Imprägnierung der einzelnen Korkzellen, um sie für die vielseitige Verwendung in der Technik geeignet zu machen. Zur Erhöhung der Widerstandsfähigkeit gegen Hitze wird der zerkleinerte Kork mit mineralischen Bindemitteln, wie Ton, Kalk, Traß, Zement, Wasserglaslösung u. a., in Anwesenheit von Wasser innig gemischt, geformt und getrocknet. Korkmaterial, das auf diese Weise hergestellt ist, kann Temperaturen bis zu etwa 120° C auch bei längerer Einwirkung ohne Schaden standhalten. Zur Erhöhung der Widerstandsfähigkeit gegen Wasser und Dämpfe wird der Kork mit geeigneten Imprägnierungsmitteln behandelt, die dabei, ebenso wie die mineralischen Zuschläge, zum Abbinden und Erhärten gleichzeitig beitragen; verwendet werden hierfür meist Teer und Pech.

Nach einem älteren Verfahren zur Herstellung von Korkformstücken wird Korkklein und Pech trocken gemahlen, gemischt, mit Tonbrei durchsetzt, und in einer Temperatur über dem Erweichungspunkt des Pechs getrocknet. Eine besonders sorgfältige Imprägnierung mit Pech erzielt man, wenn man einem trocknen Kork-Tongemisch Pech in dünnflüssigem Zustande bei etwa 200° C zusetzt. Beim Einbringen in die Form tritt jedoch leicht eine Entmischung in die einzelnen Bestandteile ein, weshalb die Wasserundurchlässigkeit und die Wärmeleitfähigkeit solcher Fabrikate großen Schwankungen unterworfen sind. Um diesen Nachteil zu beheben, verwendet man für die Formen siebartig gelochte Wände, durch die dann Pech in das vorher eingebrachte Kork-Tongemisch eingepreßt wird.

Wird Kork erhitzt, so tritt eine Destillation der im Suberin vereinigten harzigen Verbindungen ein, die dabei aus den Zellenwänden ausgestoßen werden. Man hat daher auch versucht, die im Kork enthaltenen harzigen

Bestandteile unmittelbar als Binde- und Imprägnierungsmittel zu verwenden. Der zerkleinerte Kork wird dabei in Formen unter Erhitzung auf 200 — 500⁰ C zusammengepreßt, wobei die einzelnen Korkteilchen durch die ausgestoßene Harzmasse verkittet werden.

Beim Erhitzen erfährt der Kork auch eine erhebliche Volumenvergrößerung, die man sich dadurch erklären kann, daß die in den Korkzellen eingeschlossene Luft zusammen mit Feuchtigkeitsdämpfen einen Druck auf die inneren Zellenwände ausübt, dem diese, da sie von Natur faltig und elastisch sind, nachgeben, bis sie unter der Einwirkung der Hitze ihre Elastizität verlieren; sie verbleiben dann nach dem Abkühlen in einem aufgeblähten Zustand. Schon bei Kochen in Wasser vergrößert der Kork aus diesem Grunde sein Volumen um etwa 30 v. H., bei höheren Temperaturen noch mehr, das Maximum wird etwa bei 400⁰ C erreicht. Um ein Verbrennen der kohlenstoffreichen Korkzellen zu vermeiden, muß die Erhitzung in einem sauerstoffarmen Medium erfolgen. Geeignet ist insbesondere überhitzter Wasserdampf, während zur Abkühlung kohlensäurehaltige Luft, z. B. Verbrennungsgase, unbedenklich verwendet werden können. Wird der rohe Kork vor dem Erhitzen durchfeuchtet, so ist der Dampfdruck im Innern der Korkzelle noch größer, und ebenso wird auch eine größere Volumenzunahme erreicht, die bis auf 50 v. H. getrieben werden kann. Die hierdurch und durch die gleichzeitige Destillation des Suberins entstehende Gewichtsverminderung kann ebenfalls bis zu 50 v. H. betragen.

Aus neuester Zeit stammt ein aus Amerika gekommenes Verfahren, bei dem die Expandierung des Korks ohne Anwendung künstlicher Wärme erreicht wird. Der zerkleinerte Kork wird mit Calcium-Carbid innig gemischt, zuvor angefeuchtet, und dann unter Luftabschluß in die Form gebracht. Bei der dann eintretenden Zersetzung des Calcium-Carbids unter Bildung von Azetylengas entsteht eine beträchtliche Wärmeentwicklung, wodurch in ähnlicher Weise durch den inneren Druck die Korkzelle aufgebläht wird. Das bei der Zersetzung des Calcium-Carbids gebildete Calcium-Hydroxyd bewirkt außerdem eine Verseifung der Destillationsprodukte und damit eine Verbindung und Erhärtung der einzelnen Korkteilchen.

Solcher, nach den oben beschriebenen Verfahren, hergestellter expandierter Kork, stellt ein Material von außerordentlich geringem Gewicht und geringem Wärmeleitvermögen dar. Nach Versuchen von Gröber[1]) hatte expandiertes Korkschrot bei einem Raumgewicht von 47 kg/m³ eine Leitfähigkeit von nur 0,029 bei 20⁰ C. Expandierte Korksteine, nur durch die eigenen Destillationsprodukte verbunden, hatten bei einem Raumgewicht von 60 kg/m³ eine Wärmeleitzahl von 0,033 bei 0⁰ C.

Da alle Korkfabrikate bei Temperaturen über höchstens 120⁰ C zerstört werden und durch langsames Verkohlen zerfallen, ist ihre Verwendung auf niedere Temperatur beschränkt. Die hauptsächlichsten Anwendungsgebiete sind: Kessel, Behälter, Leitungen usw. für Sattdampf, Warm- und Kaltwasser, Baukonstruktionen, Kälteanlagen.

―――――

[1]) Vgl. Prioform-Handbuch, S. 77—80.

4. Korkersatzstoffe.

Der verhältnismäßig hohe Preis des aus dem Ausland importierten Korks, vor allem aber die während des Krieges vollkommen unterbundene Einfuhr dieses in Deutschland in großen Mengen bearbeiteten Stoffes, haben zu vielen Versuchen Anregung gegeben, mit Hilfe irgendwelcher Ersatzstoffe ein Isoliermaterial herzustellen, das in allen seinen wichtigsten Eigenschaften denen des natürlichen Korks möglichst weitgehend gleichkommt. Die Versuche sind nie von einem vollständigen Erfolg begleitet gewesen; wenn man ein Material von derselben geringen Wärmeleitfähigkeit gefunden hatte, so war es nicht so elastisch, dauerhaft, oder meist bedeutend hygroskopischer als der Kork. Und umgekehrt, wenn man durch Imprägnierung diese letzteren Eigenschaften, vor allem eine geringe Wasserdurchlässigkeit erreichen wollte, so war die zum Teil erheblich höhere Wärmeleitfähigkeit eine unmittelbare Folge dieser Bemühungen.

Aus der Fülle der vielen, zum Teil patentierten Verfahren seien nur einige genannt.

Als Grundstoffe wurden verwendet:

a) verschiedene Baumrinden, so die der europäischen Kiefer, des australischen Weißbaumes (Melaleuca leucodendron), indische Korkhölzer, die Rinde der Schwarzpappel, der Aloe und die Wurzel des Süßholzes,

b) natürliche Pflanzenteile und Pflanzenfasern wie z. B. Seeholz, ein an den Meeresküsten angeschwemmtes Treibholz, das infolge der langen Lagerung im Wasser und des wechselnden Einflusses von Wärme und Kälte einer Quellung unterworfen wird, und sich durch Formbarkeit und geringe Härte auszeichnet. Ferner Stroh und Schilf, wobei die Inkrustien auf chemischem Wege entfernt wurden, und so einerseits die Haftfestigkeit der Faser erhöht wurde, und anderseits durch die intensive, tiefgreifende Herauslösung der Inkrustien zahlreiche Poren entstanden, die die Wärmeleitfähigkeit vermindern. Ein aus Stroh und Schilf nach diesem Verfahren hergestelltes imprägniertes Isoliermaterial[1]) zeigte folgende Eigenschaften:

Raumgewicht 132 kg/m³

Wärmeleitzahl bei 30⁰ C: 0,05, bei 105⁰ C: 0,075 kcal/m h⁰.

Man kann sich die starke Temperaturabhängigkeit der Wärmeleitzahl dieses Materials erklären, wenn man in Betracht zieht, daß die zwischen den flachen langgestreckten Fasern eingeschlossene Luft in verhältnismäßig großen Räumen ungünstig verteilt ist, und so bei höheren Temperaturen der Strahlungsverlust und die schädlichen Konvektionsströme besonders stark wirken.

Auch gepreßter Schwamm ist hier zu erwähnen, wenn auch dieser Versuch wegen der außerordentlichen Quellbarkeit des Schwammes vollkommen fehlschlagen mußte.

---

[1]) D. R. P. 376078 (1919).

c) Zellulose in Form von Holz oder Holzmehl, wobei durch Behandeln mit Kaliumchlorat und Salzsäure oder Salpetersäure bis zur Zersetzung des ersteren der nach Auswaschen der Chemikalien verbleibende Rückstand besonders weich und geschmeidig ist.

d) Viele Gewebefaserstoffe, Filzarten, ferner Maiskolben, die hier nur kurz erwähnt werden sollen.

e) In dem D.R.P. 167780 wird ein als „Cupren“ bezeichneter Stoff beschrieben; er entsteht durch Einwirkung von Azetylen auf Kupfer oder Nickel, hat ein poröses korkähnliches Aussehen und geringe Härte. Chemisch ist Cupren ein Kohlenwasserstoff, daher brennbar.

Als Bindemittel zur Erhöhung der Haftfestigkeit und Verkittung wurden u. a. verwendet:

Kleister, Stärkemehl, Seifenlösung, Leim, Natrium-Carbonat

Als Imprägnierungsmittel wurden wie gewöhnlich Teer, Pech, Paraffin, Viscose, Harz, Gummi, Öle u. a. verwendet.

5. Literaturverzeichnis.

Mitscherlich, Annalen der Chem., Bd. 75.
Rollmann, Dinglers polyt. Journal, Bd. 207. (1873.)
Bordet, Compt. rend., Bd. 92. (1881.)
Schmitt, Österr. Chem. Zeitung. (1911.)
   „   Journal für prakt. Chemie.
Zeisel, Journal für prakt. Chemie.
Freund, Der Kork, seine Entstehung, Eigenschaften, Gewinnung und Verwertung. Pharm. Zentralhalle, Bd. 55. 1914.
Zeitschrift „Kunststoffe“, 1911, 1917.

X. Torf.

1. Entstehung der Torflager.

Die Torflager der Erde sind aus einer vermodernden Zersetzung gewisser Pflanzen, namentlich der Moose und Algen, zu denen auch je nach örtlicher Lage Sumpfpflanzen, Heidekraut, Meerpflanzen u. a. hinzukommen, entstanden, indem diese Pflanzen, schichtenweise wiederholt sich bildend und übereinander lagernd, nach und nach unter Luftabschluß oder Luftmangel eine Umwandlung, die Vertorfung, erfahren haben. Besonders begünstigt wird die Zersetzung in wasserreichen Bodenschichten.

Vom chemischen Standpunkt besteht sie in der Hauptsache in der Trennung des Wasserstoffes von dem Kohlenstoff der Pflanzenfaser, und bei Vorhandensein von Sauerstoff der Luft in der Bildung von Humussäure. In den tieferen Schichten wird dabei Humussäure durch Verbindung ihres Sauerstoffes mit dem Wasserstoff der Pflanze mehr und mehr in Humuskohle übergeführt.

2. Vorkommen der Torflager.

Die Torflager der Erde, namentlich Europas, Asiens und Nord-Amerikas sind außerordentlich groß. Deutschland verfügt über etwa 2 ½ Millionen Hektar Torfmoore, wovon auf Oldenburg und Hannover (Lüneburger Heide) allein etwa 1,2 Millionen Hektar kommen.

3. Die chemische Zusammensetzung des Torfes.

Nach Analysen von Ritthausen[1]) enthalten völlig wasserfreie Torfe, je nach Alter und Grad der Vertorfung:

Kohlenstoff	50,33 — 54,93 v. H.
Wasserstoff	5,96 — 5,10 „ „
Stickstoff	1,36 — 2,19 „ „
Sauerstoff	40,32 — 31,51 „ „
Unverbrennliches (Kalk, Natron, Magnesia, Kali, Phosphorsäure, Eisenoxyd u. a.)	1,58 — 6,07 „ „

In Zahlentafel 37 ist eine Elementaranalyse bei zunehmendem Grad der Vertorfung wiedergegeben:

ZAHLENTAFEL 37

Elementaranalyse von Carextorf bei zunehmender Vertorfung

(Nach Hoering).

Tiefenlage in m	0,5	1,5	3,5	7,5	11,5
Kohlenstoff .... v. H.	52,88	52,91	52,80	54,49	37,02
Wasserstoff .... v. H.	5,0	5,47	5,11	5,07	3,61
Stickstoff ...... v. H.	2,21	2,24	2,22	2,71	1,74
Sauerstoff...... v. H.	33,78	32,73	32,15	26,49	22,21
Organische Substanzen .... v. H.	93,87	93,35	92,28	88,76	64,58
Rohasche ...... v. H.	6,13	6,65	7,72	11,24	35,42

Die zunehmende Zersetzung der Torffaser zeigt sich demnach in einem Verlust an organischen Substanzen; der Gehalt an mineralischen Bestandteilen steigt.

---

[1]) Ritthausen: Der Torf, Königsberg, 1873.

4. Die physikalischen Eigenschaften.

Die jüngsten Torfe sind die Moos- und Fasertorfe; sie enthalten noch sehr viel unzersetzte Pflanzen, haben infolgedessen eine helle Farbe und eine makroskopische Faserstruktur.

Die älteren Torfarten sind:

Brauner Torf, mit nur wenig erhaltenen Fasern und dunkler Farbe.

Schwarzer Torf, Pechtorf, mit kaum mehr noch zu erkennenden Pflanzenfaserresten, von schwarzem, glänzenden Aussehen.

Das spezifische Gewicht wasserfreien Torfes richtet sich nach seinem Aschengehalt und nach seinem Alter, und steigt mit Zunahme beider. Es schwankt für die einzelnen Torfarten ungefähr innerhalb folgender Grenzen:

$$\text{Moos- und Fasertorf} \dots\dots\dots\dots\dots 0{,}213 - 0{,}263 \text{ g/cm}^3$$
$$\text{Brauner Torf} \dots\dots\dots\dots\dots\dots 0{,}240 - 0{,}902 \text{ g/cm}^3$$
$$\text{Schwarzer Torf} \dots\dots\dots\dots\dots 0{,}639 - 1{,}039 \text{ g/cm}^3$$

Der in der Natur vorkommende Torf besitzt eine außerordentlich hohe Fähigkeit, Wasser aufzunehmen. Nach Hoering vermag junger, wenig zersetzter Fasertorf das 20 bis 24fache seines Gewichtes an Wasser aufzusaugen, während die älteren Torfarten diese Eigenschaft nur in geringerem Maße haben. Frisch gestochener Torf hat einen durchschnittlichen Wassergehalt von 80 bis 95 v. H. des Volumens; das Raumgewicht wird im wesentlichen durch seinen Wassergehalt bestimmt. Es schwankt bei frischem Torf zwischen 650 bis 1300 kg/m³.

Die außerordentlich hohe Wasserkapazität von Fasertorf ist zunächst eine Folge seiner makroskopischen Faserstruktur, sie beruht aber auch auf der mikroskopischen Porosität der einzelnen Fasern. Infolge ihrer Abstammung von pflanzlichen Lebewesen sind die Faserteilchen im Innern von feinsten Haarröhrchen durchsetzt, die das einmal in ihnen enthaltene Wasser mit ihrer kapillaren Kraft festzuhalten vermögen. Es ist aus diesem Grunde außerordentlich schwierig, den Torf vollkommen zu trocknen; ist dies jedoch gelungen, so hat der dann vollkommen trockene Torf im Gegensatz zum feuchten Zustand eine außerordentlich geringe Wasseraufnahmefähigkeit, die man geradezu als Unbenetzbarkeit bezeichnen kann. Puchner berichtet über einen von ihm angestellten Versuch, wobei Torfpulver vom spezifischen Gewicht 1,3 in völlig entwässertem Zustand längere Zeit auf dem Wasser schwimmend erhalten werden konnte; auch dieses Verhalten kann man sich aus der mikroporösen Struktur der Torfteilchen erklären, indem sich rings um die einzelnen Staubteilchen Lufthüllen erhalten, die mit feinsten Haarröhrchen im Innern der Teilchen in fester Verbindung stehen, und von diesen festgehalten werden. Leider ist eine technisch vollkommene Trocknung des Torfes, wenn sie wirtschaftlich bleiben soll, kaum erreichbar, vielmehr hat selbst gut getrockneter Torf immer noch einen Wassergehalt von mindestens 15 bis 20 v. H. und eine entsprechend hohe kapillare Aufsaugefähigkeit.

Mit der hohen Wasserkapazität des Torfes sind auch die starken Volumenänderungen bei wechselndem Feuchtigkeitsgehalt zu erklären.

Wollny beobachtete bei einigen Torfproben bei der Anfeuchtung Volumenvergrößerungen (Quellung) um 46,8 bis 83,8 v. H. Ebenso tritt die Volumenzunahme in Erscheinung, wenn Torf gefriert, und sich das Wasser bei der Eisbildung in den Poren ausdehnt; Wollny beobachtete hier zwischen feuchtem und gefrorenen Torf eine Volumenzunahme bis zu 9,52 v. H. Durch die Ausdehnung wird die innere Struktur des Torfes vollkommen zerstört, und nach dem Auftauen tritt häufig Zermürbung oder Zerfall ein.

Wie das Gewicht des Torfes, so hängen auch seine thermischen Eigenschaften wesentlich vom Wassergehalt ab. Mitscherlich berechnet die Wärmekapazität von Torf in Abhängigkeit von seinem Wassergehalt wie folgt:

Wassergehalt v. H.	0	30	60	90	100
Wärmekapazität kcal/kg^0	0,148	0,347	0,600	0,828	0,902

Ebenso ist auch die Wärmeleitfähigkeit des Torfes vom Wassergehalt abhängig. Karsten gibt hierfür folgende Werte an:

Torferde trocken .... 0,097 kcal/m h^0
Torferde wassergesättigt .... 0,396 kcal/m h^0

Die Steigerung beträgt demnach etwa 400 v. H.

Die Widerstandsfähigkeit des Torfes gegen Hitze ist wegen seines organischen Ursprunges natürlich gering; wenn auch gerade die jungen Fasertorfe wegen ihres geringeren Kohlenstoffgehaltes weniger leicht brennen, als die älteren, so beginnen sie doch oberhalb 120^0 C unter Glimmungs- und Schwelungserscheinungen zu zerfallen.

5. Verwendung von Torf als Isoliermittel.

Wegen ihres geringeren Gewichtes, ihrer faserigen Struktur und der damit verbundenen geringen Wärmeleitfähigkeit, eignen sich insbesondere die Moos- und Fasertorfe für die Verwendung als Wärmeschutzmittel. Der Torf wird dabei wegen seiner Brennbarkeit und seiner großen Hygroskopizität gegen Hitze und Feuchtigkeit imprägniert. Nach den älteren Verfahren werden die getrockneten Torfstücke in Platten, Steine und Schalen, auf das zu isolierende Objekt passend geschnitten, und dann mit einer imprägnierenden Außenhaut versehen. Diese Verfahren, die zwar die geringe Leitfähigkeit des getrockneten Torfes voll erhalten, haben den Nachteil, daß bei der geringsten Beschädigung der nur äußerlichen Imprägnierung diese vollkommen wertlos wird, und die Formstücke alsdann sehr leicht unter Aufnahme von Wasser quellen. Man ging aus diesem Grunde sehr bald dazu über, den rohen Torf vollkommen zu zerkleinern und zu zerfasern, und ihn dann unter Zusatz von Bindemitteln und imprägnierenden Stoffen zu formen und zu trocknen. Die Trocknung wird wesentlich erleichtert, wenn man beim Pressen der Formsteine wenigstens einen Teil des kapillaren Wassers entfernt; jedoch ist hiermit eine Verdichtung und wärmetechnische Verschlechterung des Produktes verbunden. Es hat deshalb nicht an Versuchen gefehlt, das kapillare Wasser durch besondere Aufbereitung zu entfernen; Behandlung mit geeigneten Sulfaten (Eisensulfat, Zinksulfat, Natriumbisulfat

u. a.) soll die Trennung der Faser von dem kolloidal gebundenen Wasser erleichtern. [1]) Nach einem anderen Verfahren[2]) soll die Kapillarfähigkeit dadurch beseitigt werden, daß man den Torf, nachdem er durch Kochen in Wasser gequellt ist, mit schaumigen, auf 200° C erhitzten, Steinkohlenteerpech behandelt; die feinsten Pechteilchen dringen dabei in die hohle Faser ein, zersprengen sie beim Erstarren, und zerstören die Kapillarwirkung.

Torffabrikate, die auf solche Weise hergestellt sind, haben etwa die gleiche Wärmeleitfähigkeit wie entsprechende Produkte aus Kork bei gleichem Raumgewicht. (Vgl. Prioform-Handbuch 1925, Seite 83).

Jedoch bleibt der Torf immer hygroskopischer als der Kork, selbst bei außerordentlich gründlicher Imprägnierung, die nur auf Kosten der Isolierfähigkeit allzuweit getrieben werden kann. Außerdem sind die Torfprodukte mit ihrem an sich hohen Wassergehalt bei wechselnder Temperatur immer leicht einer Quellung bzw. Schrumpfung unterworfen. Wegen der Brennbarkeit können sie ebenso wie der Kork nur Verwendung finden für Temperaturen bis höchstens 100 bis 120° C. Damit beschränkt sich ihr Anwendungsgebiet auf Kessel, Behälter, Leitungen usw. für Sattdampf, Warm- und Kaltwasser, Baukonstruktionen, Kälteanlagen.

Bei letzteren ist eine besonders sorgfältige Behandlung der einzelnen Faser mit wasserabweisenden, abdichtenden Imprägnierungsmitteln geboten.

6. Literaturverzeichnis.

H. Puchner, Der Torf. 1920.
A. Hausding, Handbuch der Torfgewinnung und Torfverwertung mit besonderer Berücksichtigung der Maschinen und Geräte nebst deren Anlage und Betriebskosten. 1919.
P. Hoering, Moornutzung und Torfverwertung mit besonderer Berücksichtigung der Trockendestillation. 1915.
H. Schreiber, Moostorf, seine Gewinnung und Bedeutung. Prag 1898.
E. Wollny, Die Zersetzung der organischen Stoffe und die Humusbildung. Heidelberg 1897.

---

[1]) D. R. P. 344 204.
[2]) D. R. P. 355 479.

Autoren-Register.

Sachregister.